U0918822

绿色建筑的探索与实践
中城联盟■编著
湖南人民出版社
博集天卷
CS-BOOKY

LANDSEA
朗诗地产
DaJa大家
万科
让建筑赞美生命
华远地产
HUAYUAN
中大地产
ZHONG DA REAL ESTATE
锋尚
TIANTAI天泰
万通地产
VANTONE
SunnyWorld
新地集团
立丰集团
LUCKYKING
GOLD MANTIS
金螳螂
成都交大房产
CHENGDU JIAODA REALESTATE
世聯地產
建业
ELDO
BROAD GROUP
远大集团
MOMA当代节能
CIFI GROUP
旭辉集团
宁夏中房
东渡国际
高新地產
Q. U. C. G.
城建地产
南京新城发展股份有限公司
CHERISH-YEARN
海投房产
HODO红豆置业
中粮
COFCO
江苏华建
JIANGSU HUAJIAN
龍基置業
江西益达

YELAND亿城

61家成员企业，开发项目遍布全国100多个重点城市，
每年开放5个入会资格……中城联盟是这样炼成的

联盟联合的力量

——中城联盟成员企业分布图

宁夏中房
Xinjiang
建业集团
Gansu
居易控股
金成地产
Qinghai
高新地产
立丰集团
雅荷地产
Xizang
荣华集团
Sic
蓝光地产
成都交大
龙湖集团
协信集团
人信地产
中天城投
俊发地产
神州天宇
远大空调
大汉城建
广西龙基

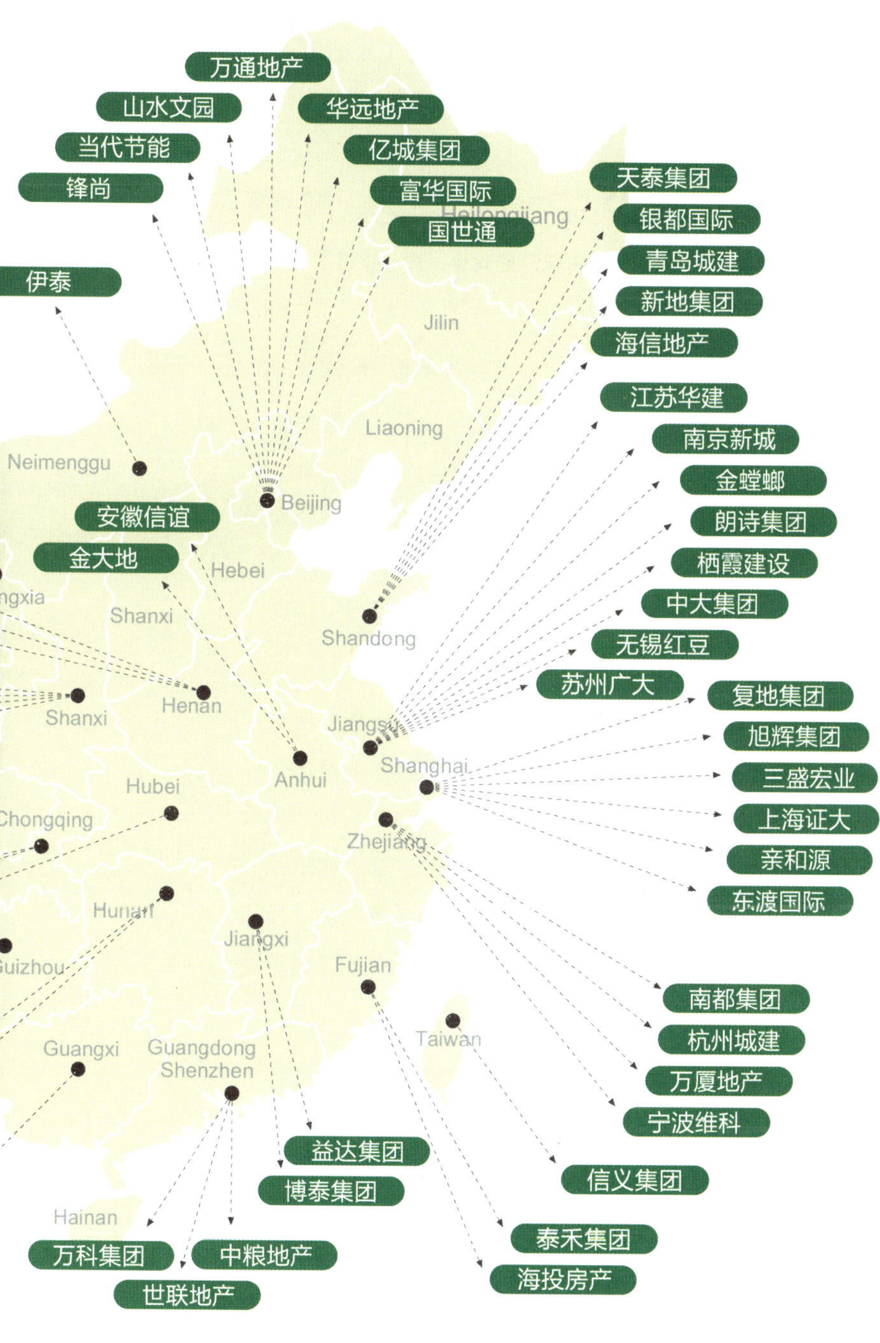
万通地产
山水文园
华远地产
当代节能
亿城集团
锋尚
富华国际
国世通
天泰集团
银都国际
青岛城建
新地集团
海信地产
伊泰
Heilongjiang
Jilin
Liaoning
Neimenggu
Beijing
江苏华建
南京新城
金螳螂
朗诗集团
栖霞建设
中大集团
无锡红豆
苏州广大
安徽信谊
金大地
Hebei
Shanxi
Shandong
Henan
Shanxi
Jiangsu
Anhui
Shanghai
Hubei
Chongqing
Zhejiang
Hunan
Jiangxi
Guizhou
Fujian
Taiwan
Guangxi
Guangdong
Shenzhen
Hainan
复地集团
旭辉集团
三盛宏业
上海证大
亲和源
东渡国际
南都集团
杭州城建
万厦地产
宁波维科
信义集团
益达集团
博泰集团
泰禾集团
海投房产
万科集团
中粮地产
世联地产

目 录

PART4 绿色建筑鉴赏

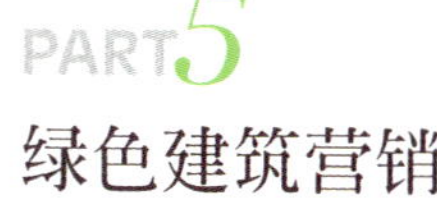

PART5 绿色建筑营销

PART 6

绿色公益

PART 7

国内外绿色建筑评价标准

编者按

畅想绿色未来

中城联盟秘书长　戴大为

中城联盟成立于1999年，是由全国各主要城市的品牌房地产开发商以平等互利为原则组成的策略联盟。现有成员企业61家，项目分布在全国100多个主要城市。经过14年的实践发展，通过信息共享、联合培训、联合采购、联合融投资四个方面，整合各方优势，实现互助共赢，为联盟成员企业创造了更多价值。

联盟每两年通过选举产生新的轮值主席，王石、冯仑、胡葆森、王若雄、孟刚、任志强等成员企业董事长分别担任过这个职务。现任轮值主席是新地集团董事长漆洪波。

中城联盟已经跨入第14个年头，近年来为更好地促进各成员相互交流，每年都会针对各成员企业关心的话题结集出版一本书。如2011年，在紧缩的市场形势下，集合各成员企业经典营销案例的《品牌地产销售力》；2012年，在整个行业都在思考未来发展方向的时候，将各成员企业的发展战略集结成册，出版《赢在战略：品牌地产战略实录》，为联盟各成员企业在转型期理清思路、寻找方向打下基础。

联盟创立之初就提出了成为先进人居理念的实践者，倡导企业的社会公民责任，提出以客户需求为导向的发展战略，打造宜居的绿色环保生态社区。近年来更致力于推动绿色建筑发展，以“畅想绿色未来”为主题，在各个专业领域推广绿色理念，并成立绿色专业委员会，专项研究绿色建筑开发。每年举办绿色建筑研讨会，联盟成员企业也越来越多地投入到绿色建筑的开发中来。

在对绿色建筑的研究和实践中，中城联盟的成员企业推出了许多具有代表性、在行业广受关注的绿色建筑产品，同时，在实践中也积累了很多经验、教训。2013年，我们将成员企业在绿色建筑方面的探索与实践集结成册，出版《绿色建筑的探索与实践》一书，作为内部交流、学习的资料，也希望如实记录中国绿色建筑当下的发展及状况，尽一份企业的社会公民责任。

在书中，将成员企业在绿色建筑实践方面的经验、遇到的问题、未来的探索原汁原味、原原本本地呈现出来，为更多的企业投身绿色建筑提供一个参考的方向。这其中的案例，也许有一些并不成熟，甚至是被批判的，但在征询了成员企业的意见后，大家依然愿意毫无保留地将之呈现出来，因为这就代表了当今中国绿色建筑的原生态，是从“居者有其屋”到“居者优其屋”、从单纯追求居住到追求高舒适度地居住的发展过程当中，中国的企业家所做出的努力和探索。

本书首先从企业家入手展开研究，他们基本是改革开放后第一、二代地产企业家的代表，希望通过他们在绿色建筑开发方面的心路历程，了解当代开发商的绿色情怀。这里有锋尚国际董事长张在东，其从欧美引进先进的技术理念，结合中国的实际情况，推出了绿色建筑，尽管十几年来开发量并不大，但在东兄从未停止对绿色建筑的探索和研究。有当代节能置业董事长张雷，他是一位充满艺术情怀的企业家，开发的当代MOMA项目由著名设计师斯蒂芬·霍尔规划设计，2005获选美国*Business week*评选的“中国十大新建筑奇迹”，2007年获选*TIME*周刊的“世界十大建筑奇迹”。他还不惜持续投入巨资与超前配套，承建空中连廊会所、百老汇艺术影院、库布里克书吧、后山艺术中心、健身房、咖啡厅、酒吧、小型社区聚会场所等独特的艺术结构，营造人文氛围，并陆续引领各类艺术家走进连廊、走进艺术中心，演绎建筑与艺术水乳交融的当代生活，展示了当代企业家的别样情怀。目前当代开发了三个系列的绿色产品线分别是当代万国城MOMA、当代上品格MOMA、当代满庭春MOMA，针对不同的消费需求、城市设计，以求提供全方位的绿色产品。

国内目前专门做绿色建筑、开发量较大的是朗诗集团，已经在九座城市累计开发绿色住宅项目31个。在坚持绿色地产开发的同时，朗诗集团还投入了极大精力用于绿色建筑的研发，先后投巨资在南京、海南、浙江长兴建设了绿色建筑研发基地。每年，集团会拿出不低于销售额1%的资金用于研发，专门从事绿色设计与研发的工程师有200人。2008年还成立了专门从事绿色建筑技术输出的“上海朗诗建筑科技有限公司”，为联盟各成员提供绿色建筑的技术支持。朗诗的同事称田明为校长，也的确如此，很多专门从事绿色建筑的设计人员都是从朗诗这座大学校中走出来的。

张在东、张雷、田明这三位最早从事绿色建筑开发的企业家被王石称为中国地产的“绿色三剑客”，从2008年中城联盟开始倡导绿色战略的同时，分别邀请了这三家企业加入到联盟大家庭来。这三位企业家共同的特点是，心态极为开放，自从他们加入联盟以来，每年都在三家公司轮流组织多次关于绿色建筑的观摩、学习与交流。

万科，这个全世界开发量最大的地产公司也在积极地践行绿建研究，2012 年，万科共计完成 20 个绿色三星级项目，总建筑面积为 166.6 万平方米。其中住宅项目的面积为 122 万平方米，占全国绿色三星住宅面积的 44%。王石说，产业化做好了，自然就实现了全生命周期的节能环保，就是好的“绿色建筑”。我们在建设中会使用更少的木材、更少的水，产生的大气污染颗粒物更少；我们的装修房因为是预制生产的，比现场装配产生的建筑垃圾更少，产生的室内空气污染更少。在使用过程中，因为质量提高了，技术提升了，建筑本身的维护费用大大降低。这都是“绿色建筑”所能带来的实实在在的好处。而这一切的前提，都是在我们的能力提高了、我们在为股东带来更大价值的基础上实现的。对股东、对企业、对客户、对社会、对自然环境，都是多赢的选择。

本书还呈现了万通地产立体城市的宏伟构想，冯仑的想法听起来总感觉像天方夜谭，开始提出“立体城市”的想法时，就在联盟内部会议上专门做了介绍，很多企业家听完后都摇头说，这怎么可能？冯总半开玩笑说：“以前大家都住大院、住平房，现在住楼房不也挺习惯吗？以前觉得派出所必须在大院里，你要是去香港看看，派出所在楼上的多了去了。把一些功能搬到楼上只是个技术问题而已。”对于操作立体城市这样一个巨大而复杂的系统性项目的初衷，冯仑戏称自己是“追求理想，顺便挣钱”，为了这个理想，冯仑动了真枪实弹，光花在立体城市研发方面的投入目前已经超过两亿元。

如今历经了多轮的全球竞赛，立体城市已在西安等城市签订项目合作协议，我们期待在不远的将来，看到万通立体城市拔地而起。

本书编写者还特别采访了多位多年来从事绿色建筑研究的专家、设计师、房地产企业的绿色建筑负责人，他们既是做研究的，也是实践和执行者，从参与标准制定，到参与规划设计、执行，其中也有很多困惑和反思，真实地反映了目前中国房地产行业在绿建方面的实际状状。在采编过程中，我们也对此做了如实记录。比如住建部科技发展促进中心绿标处宋凌副处长坦言《绿色建筑评价标准》在实施了几年以后的不足之处；比如中国建筑科学研究院建筑设计院曾捷副院长对绿色建筑一定要“因地制宜”的强调；再比如当代节能总工程师陈音对业界争论不一的“恒温恒湿”的坦陈分析……

除了对企业家、专家、实践者的专访，以及对成员企业绿色建筑案例的收录，在本书中，我们还特别对万通生态社区、万科垃圾分类、复地古村落保护等与建筑居住相关的公益实践做了记录，希望能借此开启一扇让更多人了解绿色环保生态的小小窗口。

同时，中城联盟的绿色联合采购在筹备的初期，就将战略供应商的选择标准设立得非常明晰：必须是行业内数一数二的品牌；必须有全国性的销售渠道与服务网络；20%的中城联盟成员企业在项目中使用过并给予过推荐的产品；绿色产品与节能产品优先采购。这决定了联合采购的意义已不仅仅是帮助成员企业节约采购成本，更从建筑的源头——建筑部品的采购环节就将“绿色环保”放在首位。另外，因为联合采购的量大，很多部品都是厂家生产后直接运送到项目现场，这大大节约了建筑部品的在库、在途时间，节省人力、物力，实现低碳环保。也是一场绿色联合的实际行动。

说到未来，中城联盟内有专门的绿色专业委员会，每年专门组织绿色主题研讨会，组织成员企业到欧洲考察绿色建筑项目，学习借鉴世界先进经验，期待能为企业探索一条适合中国情况的道路。

非常感谢各成员企业精心的准备与无私的奉献，相信每篇文章都凝集着对美好未来的思考与憧憬；感谢各位绿色建筑专家的无私分享；还要感谢企业家们对绿色建筑的坚持和实践；感谢中国房地产协会城市开发委员会的特别指导；感谢阿拉善SEE生态协会、万科公益基金会、万通公益基金会给予本书的无私支持。最后，更要特别说明的是本书的编写和出版得到了能源基金会中国建筑项目的资助，诚挚地感谢他们对中国绿色建筑的长久关注和支持。

中国的绿色建筑研究和实践还处于探索阶段，还有很长的路要走，我们出版本书的一个重要思路就是期望它能够如实记录中国当下绿色建筑发展的真实状态，并引发思考、共鸣、争议、甚至批评，以期带来更多关于绿色建筑的创新。不当之处，也真诚地希望得到批评指正。未来，我们也会不定期地出版相关书籍，期待更多的企业关注、投身绿色建筑。

衷心祝愿大家身体健康，平安喜乐！

序 言

希望这世界变得更好

中城联盟轮值主席 漆洪波

人类工业化现代化的过程就是大幅提高人均耗能来满足享受的过程。在地球上仅少数人享受现代化成果时，地球上的化石能源尚能供应，但大气环境已不堪负荷——臭氧层被破坏，气候变暖，南北两极冰川的消融在广大亚非拉国家仍处于工业化前期时已经发生。

近几十年来，发展中国家迅速的工业化、现代化进程对自然环境、地球生态的破坏可能超过了之前的总和。中国改革开放三十多年来除了随处可见的现代化成果，GDP提升至全球第二之外，就是成年人再难见儿时的蓝天，难寻儿时戏耍的清澈河水，吃不上安全的食物，喝不上干净的水，也吸不上清洁的空气。我们这代人不仅攫取了地球上亿年来形成的地下宝藏，也污染了河川、湖泊、空气和陆地。从渤海的赤潮、黄海的浒苔，到滇池太湖的蓝藻，从重金属区域性中毒到不断爆出的癌症村消息，从春季北京地区的沙尘暴到一年四季遍布全国的雾霾，从牛奶中掺三聚氰胺到贩卖死猪肉，与环境恶化对应的是道德迷失。我们该问问自己：到我们离开这世界时，我们能说这世界比我们出生的时候更好些吗?

希望这个世界变得更好的人展开了不同的行动。中城联盟的成员积极参与并发挥重要作用的有阿拉善SEE生态协会、壹基金、亚布力论坛等。这些组织成员试图发挥自己的力量去影响政治、经济、社会、文化、环境等诸方面。其中，对环境的关注启发了对绿色节能建筑的探索。

环境污染，尤其是对大气的污染，主要是在能源生产和使用过程中形成的。如燃煤电厂与汽车尾气可能是北京等城市雾霾天气的元凶。建筑耗能与汽车耗能占据了社会总能耗的大部分。其中建筑耗能占社会总耗能近40%，因此减少建筑能源消耗对保护环境至关重要。

什么是最清洁的能源？最清洁的能源是节省下来的能源。所谓绿色建筑包括这样一些尝试：通过节能设计，如更好的保温效果，充分利用自然采光与通风，可以大幅降低建筑物能耗；在更高舒适度的情况下，被动式房屋的采光能耗不到传统房屋的10%。对材料和设备的选择不仅有使用效果、成本的考虑，也要求其在生产过程中注重环保，在废弃时对环境影响更小，发挥市场的力量影响上下游行业的环保意识。对建设过程控制，如对粉尘和建筑垃圾的正确处理可以大幅度减少对环境的破坏。

中城联盟强调自己是一个有共同价值观的房地产开发商组织，绿色环保是共同价值观的核心组成部分。在王石的倡导下，中城联盟最早响应不吃鱼翅的号召。中城联盟成员也是中国最大的生态环保NGO阿拉善SEE生态协会里最大的群体。联盟成员锋尚在2002年就在北京建设了绿色建筑北京锋尚，联盟成员长沙远大集团的张跃早在2006年就关注空气中的PM2.5污染，并开发出高效除尘过滤设备。作为联盟成员的主业，在房地产开发上，联盟90%以上的开发企业都在进行绿色建筑的探索。联盟成员中有最早并最彻底开发节能建筑的锋尚张在东、当代张雷、朗诗田明。万科不仅建设了国内第一座LEED（绿色建筑）白金级的总部办公楼万科中心，王石也是绿色、节能、节材、减少建筑垃圾最积极的倡导者。因为他们的远见和身体力行，绿色建筑在联盟企业中得以全面推广。中城联盟以"畅想绿色未来"为主题，成立了绿色专业委员会，专项研究绿色建筑开发，并与中国绿建委、美国绿建委等机构保持良好沟通。近年来，绿色建筑也因联盟成员由东部沿海传播到中部的南昌、太原直至西部的成都、西安、银川和西宁等城市。

《绿色建筑的探索与实践》这本书记录着联盟成员在绿色节能建筑上的实践与思考。

PART 1

远见者的声音

绿色建筑的探索与实践

王石：
万科“绿色战略”的偶然与必然

万科集团董事会主席 王石

10年前，当建筑节能、绿色环保的理念刚刚在国内兴起时，作为国内房地产行业的领头羊，万科集团却还未以“绿”闻名。

在很多场合，万科集团董事会主席王石都说过，万科进入绿色建筑领域是一种偶然。他所指的偶然，是说万科集团并没有把绿色建筑作为其研究和探索的方向。

但是，请注意，早在1999年，也就是中国取消福利住房制度后真正形成房地产市场的第二年，万科集团就成立了建筑研究中心，广泛研究建筑上的技术问题，比如，如何更好地实现建筑抗震。

这种非常具有前瞻意识的研究初衷很简单：为了给客户提供质量最好、服务最佳的房子。正如王石在此次接受我们采访时所提到的，虽然没有将绿色建筑作为万科集团的研究和探索方向，但是依据万科集团的价值观、产品观，在住宅建筑技术研究的推进过程中，却正好发现其探索符合了行业乃至国际社会对“绿色建筑”的需要。

而这，不也是一种必然吗？

在接受我们采访之前，王石刚刚在亚布力“中国企业家论坛年会”上代表各方郑重发表“亚布力环保联合行动承诺”，表达各界人士对空气、水、食品等中国严峻危机的深切忧虑。显然，多年来，他早已不仅仅将视角投注在万科的发展之上，而是将目光转移至更大范围的与社会发展相关的焦点问题上。

因此，我们与他的这场“绿色”对话，也更多地往转变房地产生产方式，改善人居环境的大范围延伸。除此之外，我们也非常感谢他作为创始主席对中城联盟推进绿色建筑发展所提出的希望和建议。

我们将努力不辱使命！

住宅产业化：万事开头难

中城联盟：1999年，万科集团就成立了建筑研究中心，当时为什么要成立这样一个研究中心？它主要研究哪些领域？

王石：从传统上来说，房地产商自己并不盖房子。建筑的前沿技术和热点问题，应该是建筑商思考的问题。但多年以来，万科都致力于为客户提供质量最好、服务最佳的房子。当我们与建筑商合作时，我们发现需要更多的知识和技术的储备。因此，1999年我们成立建筑研究中心。当时并没有设定住宅产业化与绿色节能建筑为核心研究方向，而是在广泛研究建筑上的技术问题，我记得从一开始我们就研究过建筑抗震技术。

中城联盟：相比绿色建筑，万科集团最先研究的其实是住宅产业化，你们是从什么时候开始关注住宅产业化的？

王石：1999年，远大的张剑就提出要做某种程度的住宅产业化，他们当时提出的是“整体浴室”。这个战略也是从西方借鉴而来，但最终没有被市场接受。当时，我也对这个概念很感兴趣。但二十世纪末的房地产业，核心还是在营销上，很少有人把注意力放在产品上。中国在1998年福利住房制度取消之后才有了真正的房地产市场，房地产行业真正起飞是在2003年以后，在此之前，房地产行业并不是很景气。对于万科来说，发展战略上也有很多需要解决的问题。

直到2005年，我们才开始把目光聚焦在住宅产业化上。2005年9月至2010年4月的五年间，建筑研究中心先后设计、建造了1号至6号工业化实验楼，在充分借鉴日本工业化住宅体系的基础上，万科从建筑主体、结构体系、装配工艺、部品生产到开发流程、项目管理，积累了大量有价值的研发成果，初步完成了工业化技术集成，并建立了万科VSI（即万科“VANKE”的结构骨架“Skeleton”和填充设施“Infill”分离的设计理念）工业化技术体系。

中城联盟：当时是基于怎样的考虑来研究并实践住宅产业化的？

王石：我们一开始探索住宅产业化，是因为发现，在香港、韩国、日本、美国等发达国家，住宅的建筑都是用的PC工法，也就是预制构件，现场拼装。但在国内，这样的工法我们当时还看不到。这种预制建筑的好处是非常明显的：建筑工期大大缩短、建筑质量更标准化，更可控。建筑的材料方面也更节省。于是我们就开始研究这一技术，并将这一系列生产方式命名为住宅产业化。

中城联盟：现在我们都了解到的情况是，万科集团推进住宅产业化的历程有一定难度，最难的是什么时候？

王石：万事开头难。推进住宅产业化最难的时候当然是一开始：这是一个改变路径依赖的过程。我们当时面临的最大压力还不是整个行业，而是企业内部。这也不奇怪，万科成立几十年，每年都在高速成长，大家之前做生意的方式都非常成功，这时候你要告诉他这么做不行，必须换一个还完全没有得到本地市场验证的新模式，肯定会遇到非常大的阻力。

中城联盟：在经历了房地产行业高速和粗放式的发展之后，很多企业都在谈“转型”的问题。从某种意义上来说，万科早在10年前就开始了转型。您刚才谈到来自企业内部的压力，那如何克服？

王石：克服这些阻力其实说起来也没什么神秘的，就是不断地沟通、说服、教育，甚至发挥董事长的“指挥棒”作用。有的时候显得独裁一些。

我的同事们有的时候开玩笑，说“董事长走得太快了，我们都跟不上”，当然，当着我的面他们会再补充一句“但是几年以后就发现，我们不仅跟上了，而且在行业里还领先了”。

中城联盟：从您内心来说，困难的时候，有没有想过不去推动这件事情？

王石：从内心来说，我从来没想过不去做这件事情。因为很明显，所有的发达国家都是这么做的。技术探索的结果也证实确实能带来非常大的好处。我跟每一个同事也好，专家也好，同行也好，聊住宅产业化，他们都同意这是未来的方向。只不过有的人认为还不到时机。

既然认同是未来的方向，那么就应该坚持走下去。一个企业不能只想着眼前的一亩三分地。必须为未来10年、20年做长远规划。

中城联盟：这几年万科推进住宅产业化的力度一直在加强，您认为推进的时机到了吗？

王石：我记得2007年我参加一个电视节目，就是辩论“住宅产业化”。这对全社会都是全新的概念。当时很多人都在现场指责我们的“住宅产业化”是哄抬房价的幌子。但现在来看，一方面过去6年来，中国的房价、社会舆论、甚至面临的金融市场都已经发生了翻天覆地的变化，劳动力成本也不停上涨。

从2011年开始，我们就提出要全面推广住宅产业化。但这并不意味着中国的市场条件已经“成熟”了。这是从万科自己的角度出发的，因为我们已经实践了很多年，对我们的合作伙伴，对自己的能力都有了更多信心。产业化带来的好处是显而易见的，不仅建设周期更短、更节省人工、更节能环保，还更能保证品质。因此我们不希望仅仅停留在纸面上和理论探讨上。

当公司上下都认识到住宅产业化的好处，经过几年的实践也对我们的能力有信心之后，住宅产业化就是水到渠成了。

绿色建筑：偶然中的必然

中城联盟：万科集团在推进绿色建筑时，路径与国内几家同样走在前面的企业似乎有所不同。就像刚才您提到的，万科最初是在推进住宅产业化，并没有非常主动地宣扬企业的绿色理念，这是否像您此前多次提到的那样，万科进入绿色建筑领域是一种偶然？

王石：在很多场合，我都说过万科进入“绿色建筑”是一种偶然：我们并没有将绿色建筑作为我们的研究和探索方向。但是依据我们的价值观、产品观，在住宅建筑技术研究的推进过程中，我们发现我们的探索正好符合了行业、乃至国际社会对“绿色建筑”的需要。

从这种意义上来说，万科的“绿色建筑”也是一种必然，我们不是因为要迎合社会上对“绿色”的需要而给自己“染绿”，而是自己发现了绿色建筑的价值，并形成了自己的绿色建筑价值观。

研究住宅产业化，并不仅仅是把房子从现场浇筑改变成预制拼装。在研究的过程中，我们的整个产品理念也随之改变：比如装修房。装修房实际上是客户的需求。当客户开始需要装修房时，我们发现，从最开始的产品设计到工程管理，都必须开始考虑装修工程，否则就会面临一系列的问题。

更进一步的是，装修房对质量的要求更高，用户可能能容忍毛坯房的找平有点偏差，但装修房哪怕是踢脚线接缝上的一点瑕疵，都是用户难以接受的。那么如何解决这些问题呢？我们发现只有依靠住宅产业化，只有依靠工厂化的生产，才能保证质量，为客户提供满意的产品。

因此我们才把装修房作为住宅产业化的第一步，因为这是切实有市场需求，而且实现起来也相对容易的一步。

再比如建筑节能，万科与很多开发企业最大的不同是，我们建设的小区，都采用自己的物业。因此在房子交付之后，我们还将和客户持续交往。因此建筑节能的问题我们也很早就发现了。如果我们在前期建筑节能方面做得好一些，后期在物业服务上就能做得更好，给自己、给客户带来的麻烦都少一些。这些都是我们自己的总结和思考。

因此，无论是预制拼装、装修房，还是节能减排，我们都是主动开始做的。只是在2009年我去参加哥本哈根的气候变化大会之后才发现，我们这些工作，和国际、和未来的趋势不谋而合。

装修房工业化、预制拼装、建筑节能，都是因为我们希望为客户提供更好的房子，实践我们的价值观和理想。我们将这些理念整合成了“住宅产业化”，从整体思考整个住宅产业链，从产品规划设计、工程管理，到施工、内装修，再到交付、物业服务，各个环节上都以“产业化”的模式去思考。最终，我们发现，当我们将这些都做好时，就实现了“绿色建筑”。

中城联盟：虽然国家标准对“绿色建筑”有明确的定义，但是我们在和其他企业交流时发现，大家对绿色建筑多少还是有些不同的认识，实现的路径也不太一样。您如何理解“绿色建筑”？

王石：产业化做好了，自然就实现了全生命周期的节能环保，就是好的“绿色建筑”。我们在建设中会使用更少的木材、更少的水，产生更少的大气污染颗粒物；我们的装修房因为是预制生产的，比现场装配的产生的建筑垃圾更少，产生的室内空气污染也更少。在使用过程中，因为质量提高了，技术提升了，建筑本身的维护费用大大降低。这都是“绿色建筑”所能带来的实实在在的好处。而这一切的前提，都是在我们的能力提高了，在我们为股东带来更大价值的基础上实现的。对股东、对企业、对客户、对社会、对自然环境而言，都是多赢的选择。

对于万科而言，我们不是因为赶时髦而开始谈论绿色建筑的，而是因为我们的价值观和理念确确实实走在了世界前列。在深圳建科院的帮助下，我们对第三代万科工业化住宅的生产建造过程中的节能环保指标进行了统计，结果如下：

每平米能耗（千克标准煤/平米）	约15	19.11	–约20%
每平米水耗（立方/平米）	0.53	1.43	–63%
每平米木模板量（立方米/平米）	0.002	0.015	–87%
每平米产生垃圾量（立方/平米）	0.002	0.022	–91%

中城联盟：下一步在推动绿色建筑发展方面，万科集团还会做哪些事情？在您到美国游学以后，对于中国房地产行业未来的发展趋势，绿色建筑发展的方向是否有新的认识？

王石：建筑只是房地产所涉及领域的一个方面，当我们实现了绿色建筑的目标之后，进一步的目标是希望推进整个房地产产业链的绿色和节能环保。

举个例子，如果有一个从建设到使用维护都非常节能环保的小区，但这个小区因为规划的问题，所有的住户都必须拥有两辆以上的汽车，每天开车几十公里上下班，甚至出去吃个饭都需要开车。这样的建筑，本身是环保的，但生活在其中的人的生活方式，是环保的吗？他肯定比生活在市中心、每天通过公交地铁出行的人消耗更多能源，甚至可能幸福感更低。因为不方便。

当然，不能要求所有人都把“节能环保”作为非常重要的价值，但是，节能环保的生活方式是能够变得更有吸引力的：如果能让公共交通变得更便捷，让小区的生活功能更完善、更方便，人们会更少地使用汽车和高速公路。这样的生活方式，在西方正开始变得主流：美国这20年来，人口在持续增长，但是机动车保有量却几乎保持不变，也就是说，美国人开始更愿意生活在大城市，通过公交出行。这不是因为他们想“环保”，而是这种生活方式更便捷。

所以，房地产行业的节能环保，并不仅仅是绿色建筑能够解决的问题。这需要我们全社会的共同努力。需要我们全社会重新思考，我们到底想要什么样的城市，甚至什么样的发展战略？作为房地产商，我们所盖的房子，其实是适应整个社会对未来10年、20年的生活的想象的。但这种想象却并不明晰。因为我们也不清楚中国的“城镇化”将往哪个方向走。

当万科实现绿色产业化以后，甚至当中国整个房地产行业都实现了绿色产业化以后，我们下一步需要思考的问题是，房地产商到底如何能为整个社会的节能环保做出贡献。

寄语中城联盟

中城联盟：作为中城联盟的创始主席，您如何评价中城联盟内企业在绿色建筑领域所取得的成果？又如何评价联盟在推动绿色建筑方面所付出的努力？

王石：中城联盟的很多企业都是行业的领军企业，至少是区域性的领军企业。生存和发展都没有什么太大问题，中国的房地产市场是一个高度分散和本地化的市场。实际上是大家都不再和对手竞争，而更多的是一种合作的关系。只要房地产市场持续健康发展，那么所有的成员企业都能获益。

中城联盟在推动绿色建筑的过程中，确实起到了很大的作用。至少在沟通信息、传递理念方面影响巨大。但在推动行业自律和自治方面，中城联盟还需要进一步加强工作。

中城联盟：中城联盟绿色施工正在推广之中，您有哪些建议？

王石：在促进行业的健康发展方面，中城联盟下一步需要考虑的问题是，中国的房地产商需要为用户提供怎样的产品？我们如何能更好地制定标准，促进行业的健康发展。

这方面，“绿色施工”是一个非常好的尝试。但还不够，谁都知道，减少施工现场的扬尘和用水，会对施工带来很多好处：质量更稳定、周期更短。但很多时候不是企业不愿意做，而是做不到，无论是从成本的角度还是从能力的角度。

这或许是中城联盟未来能够继续努力的方向之一：如何促使成员企业们意识到，要在品质、能力上追求卓越，推动整个行业的进步。这方面，万科愿意继续与中城联盟保持良好的互动。

万通控股董事长 冯仑

冯仑：从“黄鹂鸟”到“绿帽子”

万通“绿帽子” 前世今生

冯仑要“戴绿帽”的事，通过其人大鸣大放的段子式传播，加之其中度影响力的作用，可谓广为人知了。

要知道，在汉语言的文化语境下，千百年来，但凡正常的中国男人，最唯恐避之不及和深恶痛绝的，就是“戴绿帽”。所以，越南男人来中国，就只有军帽、安全帽和钢盔可伺候。要是挑剔样式，还想在市场上买一顶戴上，那真是比大海里寻针还难。

“绿”，是颜色词。“绿帽子”，是“绿”的派生词。本直译“绿颜色的帽子”即可。就是这么一顶本没什么可值得产生联想浪花的帽子，却因有着声名狼藉的过去，而产生了意味深长的引申义——妻的背叛、不忠、出轨、偷情，而成为男人奇耻大辱的代名词。

据说，最早大约是宋末有位布商的婆娘红杏出了墙引出来的。宋代通讯，基本靠吼。布商在家与否，婆娘没法将信息传递给野汉。后来，家里的绿布给了她灵感。她就跟相好约定，只要布商戴着她特意关照的“绿头巾”出门，就代表布商要远行，野汉便可前来幽会。这个办法，起初很好用。布商顶着“绿头巾”高高兴兴前脚出门去，野汉子后脚大大方方进门来。一女两男，相安无事。

可俗话说，没有不透风的篱笆。更何况布商家的篱笆外，还住着一位好事的邻居。这位邻居，可能还是个军事迷，以篱笆为掩体，通过多次近距离隐秘观察后，成功破译了婆娘的“绿色信号旗”。要说这天底下，要论传播速度，就属偷人养汉的风流事传得快。就这么着，经过一场又一场添油加醋的大肆宣扬，男人们脑袋上的“绿头巾”几乎绝迹了。

到了元代，来自草原上的统治者，不知是有意承袭汉人的约定俗成，还是嫌恶汉人那绿颜色帕子，在没有征得民意的前提下，硬是要把“绿头巾”当工装，按在了妓院伙计的头上。自从不清白的“绿头巾”成了青楼男杂役专属的身份象征，也就成为男人更加忌讳的不祥之物。

时光进入二十一世纪，意想不到的是“绿帽子”基因“突变”，逆袭翻案，成了生态、环保、低碳的代名词，受人追捧。而逆袭的过程中，最为“绿帽子”卖力号呼的一个关键人物，就是冯仑。

冯仑还是那个冯仑，一个盖上了“段子哥”印戳的人。一个戴了“绿帽子”要为“绿帽子”翻案另立新说的人。他的说，一如既往地妙语连珠、生动鲜活，但离不开段子。他的段子，一如既往地离不开男人女人、私情、床笫、风流、江湖、野史。形而上，形而下，说自己、说企业，都是这色儿。只是主色调有所调整。原来，是黄。现在和未来，定的是绿。就连这“帽子”也得绿。作为个人，他有信心通过自己的影响力来引导“绿帽子”进入房地产市场；作为企业领导，他有能力通过有效地分配资源，部署一个战略，制定若干执行战术来推动“绿帽子”目标任务的达成。

“绿帽子” 大和尚

冯仑说，一个好的企业就是一座好的庙，一个好的企业家就是一个好的大和尚。一个想要有所作为的人，一个负责任的企业家，应该有这样一个历史的意识：经常在历史中确定自己的位置，然后寻找未来的方向，留下过去的足迹。

冯仑又说，万通要“吃软饭”“戴绿帽”“挣硬钱”。要将绿色观变成贞操观。

冯仑还说，理想如同墙上的美人，不付诸努力永远只能驻足观赏，只有把墙上的美人变成炕上的媳妇，生了孩子，才算是筑梦踏实。

在中国活命，真是不敢抛弃传统。如果谁敢将冯氏“仑语”进行混搭串烧，那么，谁就很有必要出门扛根避雷针。因其极度伤风败俗，雷公电母必须挺身而出。

冯仑的段子，混搭出笑话，串烧必惹火。单摆浮搁，脉络清晰，逻辑井然。万通地产绿定义包括两个层面的涵义：一是人与自然的和谐共存；二是人与人之间的和谐共存——企业与社会的和谐共生和企业与大众的和谐共生。

绿色为万通的核心竞争力。这个竞争力包括产品竞争力、服务竞争力、道德竞争力。占领了这三个制高点，万通就成了一种天生的斑马，而非由白马画成的斑马。

出于安全需要、市场需要和竞争的需要，万通从公司价值观上，不停塑造和追求未来的贞操。所谓的未来贞操，就是绿色、环保。

冯仑看贞操，重女轻男。当然，这也是在遵照一种习惯。这种习惯就是，说男人的操守，眼睛往往会向上看，重点在于男人立场、品德上的心理失贞。而女人的贞洁，往下看，内容是下半身的生理失贞。裤带以上的范畴，明显不符“仑语”重口味的格调，所以，尽管有男人中极品如吕布之徒，也并未被冯氏“仑语”收入。

相反，布商婆娘那种，才是冯仑的关注重点。这跟他看过很多农村题材的小说有关 。小说里的女人，不管是给丈夫“戴绿帽子”偷汉子的，还是自由恋爱反抗封建礼教的，反正只要贞洁不在，就要受皮肉之苦，甚而付出生命的代价。历史上这么多女人惨重的代价，足以警世，让人学乖。不论男女，不论职业、企业、行业，要想存世，就必须有操守底线。

冯仑深深地意识到了这点，他要万通“占领贞操的制高点”，所以，也就有了万通企业纲领性的“绿贞操”之说。企业，不仅要有战略竞争力，还要有战略的道德竞争力：“十年之前可能企业的诚信是最重要的道德标准，但十年以后诚信或许不是太大问题，企业贷款必须准时还。而这时，绿色环保可能成为一个公司最大的道德标准。我们要着眼于未来的贞操，公司才能够跨越现在的是非。我希望万通在五年以后成为社会主流价值观支持的公司。我们用五年时间打造我们未来的贞操。”

遵循“言必行，行必果”的行动纲领，在冯仑的积极推动下，万通公司主动提出戴上“绿帽子”，启动了绿色供应链，打造绿色品牌。2008年，万通在地产行业内，率先提出要把绿色公司战略作为公司的一项长期、根本战略。战略从三个维度全面推进：第一，价值观；第二，产品系列；第三，员工行为校正。

为此，万通地产每年拿出利润的0.5%，万通实业每年拿出利润的1%交给万通公益基金会制度化、专业化地进行公益事业。其在汶川大地震中组织志愿者到灾区的爱心帮助时间为8216小时。企业第一个发布制度，所有员工每年有4天带薪公益假期；而在绿色产品方面，万通地产每年拿出营业额的0.5%，设立绿色新产品研发基金，并且启动绿色供应链，打通绿色产品的“经脉”。未来5年，万通地产开发总量要达到1000万平方米，全部要戴上以国家绿色建筑3星标准为主的“绿帽子”。预计减少碳排放244.55万吨。商用物业采用相关技术标准更成熟的LEED认证。

"生命，在于折腾"是冯仑的座右铭，也注定他不会是个安分的人。当万通四平八稳地戴上"绿帽子"，步入正轨，他就要弄点伟大的困难玩玩了。

这个伟大的困难，就是"立体城市"。2009年12月8日，在哥本哈根"中国商界气候变化国际论坛"上，冯仑爆出超级宏伟的新型城市建设计划：在大约两平方公里的土地上，打造一个建筑面积600万至1000万平方米，可容纳15万至20万人口，城市中50%劳动人口本地就业，实现节地、节能、中密度、高强度的立体城市。此言一出，语惊四座。思想家冯仑，瞬间成了"地产狂想家"。这是个比当初莱特兄弟想让飞机上天还要惊人的想法。

"伟大是熬出来的，所谓熬，就是有时候前进不得倒退不得，就待在那儿。"熬，是一种胶着的内心体验。毕竟，伟大的困难，玩起来也很困难。好在，冯仑早就有了心理准备："没有困难，那不可能，你只是改变困难的类型。老是一失恋就上吊的困难，你基本上就废了，心理不畏惧是对困难的最佳选择。"

"试玉需烧三日满，辨才需待七年期"。看客们，请稍安勿躁，冯仑正在创造历史。成与不成，都在享受这个"熬"的过程。

人到底能走多远？其实自己并不知道，谁知道呢？心知道，脚知道。

"绿帽子" 好方丈

一个优秀的大和尚，不是自扫门前雪的住持，而是兼管他庙瓦上霜的方丈。优秀的老方丈，仅办好自己住的一丈四方之室，那也是不够格的。听冯仑语，见其行，冯仑算是个"好方丈"。

冯仑是中国首家房地产策略联盟机构——"中城联盟"的发起人和"新住宅运动"的倡导者之一。作为"中城联盟"的创始人之一，不论是否是在轮值主席的任职期间，他都在不遗余力地积极促进中国房地产行业大踏步地向绿色迈进。

"绿帽子"，过去是羞耻，今天是荣誉。他希望每个地产同行头上都能扣上这么一顶。如果说前几年绿色住宅在中国叫"渐成趋势"，那现在绿色住宅在中国的发展就已经成为了大势所在了。全面推行绿色建筑无疑是一场革命，首先面对的就是人们的意识转变问题。未来肯定会分化出做绿建筑做得很好的企业，而这些企业在生存的机会、产品吸引客户方面会好一点，企业节能环保的社会责任感会有进步，但并不会形成挤出效应，把别人的路堵死。我们着重发展的都是企业的竞争力，客观上对其他企业起一个带动作用，这种带动作用并不会形成一个硬的淘汰机制，而是一种软影响力。

目前，中城联盟有61家企业，这些企业发展绿色概念的意愿都非常强烈。大部分企业都倡导绿色地产，绝大部分企业在做绿色建筑方面的实践。企业最敏感、最关心的还是绿色建筑成本的问题。

为解决造成的"戴绿帽"初始成本的增加，中城联盟绿色地产联合采购开创了一种全新的采购模式，通过联盟内企业联合的力量，不仅获取经济收益，亦通过联合采购组织搭建了一个信息沟通平台，为集团采购工作找到了一个顾问团，必将助力采购管理工作和采购专业水平的提高。

截至目前，中城联盟绿色地产联合采购已成功组织完成2011年度与2012年度共两批联合采购工作。2013年度第三批联合采购已于2012年12月14日在西安正式启动。

"绿帽子"传教士

要想让"绿帽子"深入人心，仅在寺庙里当住持、方丈还不够，冯仑还要走出去，做传教士："我现在有点像传教士，反正见谁都说。"

传教要远行，要传播，要扩散，冯仑马不停蹄，圈子里圈子外都不懈怠。冯仑的段子，冯仑的个人魅力，不仅影响到企业、行业，还渗透到了社会最基本的单位个人。这是最难能可贵的。

如果单听冯仑总结自己（将来墓志铭）：资本家的工作岗位，无产阶级的社会理想，流氓无产阶级的生活习气，士大夫的精神享受；喜欢坐小车，看小姐，听小曲；崇尚学先进，傍大款，走正道。会觉得他是很资很享受的中产感觉：有钱有闲、有物质享受，有内心体验、有精神享受，是一种活生生的存在感。

其实，不然。自从冯仑爱上"绿帽子"，并将其视为宗教般的信仰，传教布道才是他真正的生活主旋律 。

冯仑的个人电子杂志《风马牛》，目前已突破百万份。在内容上，绿色环保占了相当的比重。其实，说什么，怎么说，都不重要，重要的是说完后的响应程度。

对冯仑言论响应程度最高的，要算是风马牛集中营的营员。 风马牛集中营，成立于2007年，最初以冯仑的个人电子杂志《风马牛》读者俱乐部的形式存在，提供读者与冯仑面对面交流的平台。风马牛集中营，最高长官——营长，就是冯仑。营员叫他“冯营”。这个营是个非常松散的民间自由团体，营员来自五湖自海。其中，相当一部分是无产阶级自由职业者和白手起家的创业者。这些有能力、有活力、有想法，没权爹、没阔妈、没背景、没组织，没雄厚资金、更没有安全感的年轻人能聚在一起，向心力所在就是冯仑的一句话：“人不能成为神，但可以努力成为在神隔壁的人；人很难成为伟人，但至少可以努力去成为伟人的朋友。”

在偶像坍塌的时代，他们视从民营企业里野蛮成长出来的冯营为精神领袖。冯仑懂他们。冯仑曾调侃中国的民营企业的三个境界：小姐心态（服务至上）、寡妇待遇（没人疼，没人爱）、妇联追求（积极要求进步，承担环保责任，做企业公民）。这，也是这个群落的生存状态。

集中营一年有若干次跟环保相关的集体活动。比较固定的是每年春天发起一次环保行动，已经让绿色深入人心。类似在“冯营”的捐助支持下推出的环保剧《神也别嘚瑟》，也很令营员喜欢。

尽管风马牛营员和营长一年也就见那么一两次面。平时，大家只是通过通讯工具跟冯营长有着稀松的联络。但营员对冯营长的高关注状态，大概仅次于冯营家人和属下。冯营对环保的热衷，也深深影响到了他们。他们是“绿帽子”坚定的拥护者和执行者。其中，有两位甚是突出。

一位是粤仔。二十多岁，个体户，搞互联网，属创业起步阶段。别看粤仔年纪小，却留着几绺老练的山羊胡。从形象看，有几分吊儿郎当，一副看谁谁不服、见谁谁不忿的德行。他自称魔兽人机探索的始祖，创造了多项魔兽争霸的世界纪录。别看粤仔服的人不多，但他服冯仑。因为，他懂得，在这个寸金难买寸光阴的世界上，对你最怀善意的人，是那些肯花时间保护你小自尊的人。更何况，冯仑还是在他徘徊在柳传志楼下近二十天而不得见，几近崩溃的时候，来帮他坚定自己伟大创业信念的贵人。

现今，这个粤仔，事业还在爬坡，业绩也就平平，但响应起冯营的绿色号召，却做得极为细致。什么响应地球关灯一小时、路上捡垃圾破烂弄个好玩的东西、不用一次性筷子、公交地铁出行、洗菜的水来冲马桶、注意节电节油节气……这些随手的环保行为对粤仔来说，都太弱了。

他的绿色环保早就升级：比如说，用淘米水来洗脸（节水，还护肤）；用洗完碗的水来煮汤（节水，食物精华二次回收）；穿滑轮上班(省钱，还不排二氧化碳)；骑发电自行车（锻炼，还能储电）；把仓鼠和盆景养在一起（鼠便可以给盆景营养，盆景的氧气可以供仓鼠呼吸）。要说，这仓鼠在粤仔那儿讨生活也真不易，吃完拉出的利用了不算，就连蹬着轮子转的能量也不放过。下一步，粤仔就打算利用小鼠的能量实现发电煮饭的伟大梦想。如能成功，人必发疯，鼠必成精。

另一位是北方汉子。四十岁左右，民营企业家，做夕阳红产业。六年前认识冯营的时候，创业三年多，正处在快速发展期。他个人的各方面能力都面临挑战，尤其是战略制订和管理能力方面亟待提高。其因自觉身份低微，没有利用价值，每次向冯大腕提出问题，都会担心被嫌弃，而不免惴惴。想不到的是日理万机的冯营，每次都专门抽出时间来与之见面交流。这让北方汉子很感动，欲拜冯营为师，但冯不肯，说是“你就叫大哥挺好”。后来，这位兄弟成了冯仑“绿帽子”的追随者。原来对汽车严重依赖，之后在冯营的带动下，喜欢上了骑车运动。经常一天骑行一百多公里，来回于北京和老家之间。为了吸引更多人加入绿色环保行列，他几次打算跟冯仑骑车去海南。虽然最后都是因为时间问题而没有成行，但环保低碳生活的绿色观念，已经深入到了他生活的方方面面，进而渗透进了他执掌的企业。

榜样的力量是无穷的。

孟刚：
居者健康是
绿色建筑的第一要义

成都交大房产董事长 孟刚

2013年1月26日，是成都交大房产开发有限责任公司（以下简称“交大房产”）开发的第一个健康低碳住宅——归谷国际住区正式对外亮相的日子。其甫一亮相就得到了业主以及业内专家的认可与好评。追求健康低碳的发展方式及为百姓开发健康低碳的住宅也使交大房产获得了业界的认可。

交大房产为什么要打造这样一个产品，这一产品是如何实现的？围绕这些问题，中城联盟与国家“十二五”低碳建筑技术集成与运用课题负责人、享受国务院特殊津贴专家，同时也是交大房产董事长的孟刚进行了探讨。

健康是住宅开发的核心

中城联盟：在您看来，健康住宅主要指什么？它与绿色建筑是什么关系？

孟刚：今年1月1日，国务院办公厅转发了国家发展和改革委员会与住房和城乡建设部的“绿色建筑行动方案”。这一行动方案非常明确地说明了什么是绿色建筑，绿色建筑是在建筑的全寿命期内，最大限度地节约资源、保护环境和减少污染，为人们提供健康、适用和高效的使用空间，与自然和谐共生的建筑。这里对绿色建筑还用了三个限制词，分别是健康、适用、高效。首要是要保证居住者、使用者的健康，这也是我反复强调的一句话，绿色建筑的第一要义是健康的理论依据。

从另外一个角度说，如果一个建筑达到了节地、节能、节水、节材的要求，却无助于人的健康，这样绿色建筑还有什么意义？所以从人本主义的层面讲，绿色建筑的第一要义也必须是健康。

因此，将理论与实际结合，健康住宅应该是这样一个概念：要有一个有益于人身体健康的舒适环境，同时又能最大限度地节能、环保，与自然和谐共生。并且，随着污染的日益严重，在人们对居住健康的呼吁又日渐高涨的情况下，国家相关部门十分有必要也有责任将居住健康的问题突出出来，并引导和规范住宅开发建设时要特别注重健康，呵护生命。

多年来，国家住宅与居住环境工程技术研究中心规划了一个“健康住宅”的评价体系，这一评价体系虽然不是国家标准，但对于健康住宅开发是一个有力的推动。其突出了居住环境的健康性，对住区环境、住宅空间、空气环境、热环境、声环境、光环境、水环境、电气环境、景观环境等做了四十一项明确的考评规定，如在住宅“空气环境”中就有建筑对风的形成、周围空气品质、室内空气质量控制、厨卫通风换气、装修污染控制等五方面的要求。但是，这个“健康住宅”的评选在操作上并不理想。中国的事情就是这样，沾上了商业化就麻烦，就很难纯粹。

在这种情况下，成都交大房产作为一个有强烈社会责任感的开发商，觉得有必要以身作责，在健康低碳住宅方面走出一条道路来。不但要把健康住宅的口号喊响，还要完善健康住宅的技术体系，让健康住宅真正落地，真正把国家要求的“健康、适用、高效”三大要素落实在产品上，起到引导示范的作用。

中城联盟：有人说，健康住宅可以把雾霾关在门外，是这样吗？

孟刚：先不说雾霾的事情，我们先来看看一些发生在我们身边的事情与报道。中国首次发布的《2012中国肿瘤登记年报》显示，全中国每分钟会有六个人确诊为癌症，并呈现出发病年轻化趋势及地域化等特点。在癌症病种方面，肺癌又居全国恶性肿瘤发病首位。

来自成都市疾控中心的数据显示，2006年至2011年间，成都市报告死亡率位列前三位的恶性肿瘤是肺癌、肝癌、胃癌，其中肺癌占整个癌症患者死亡人数的24.93%；而从2011年的监测结果来看，男性患恶性肿瘤的死亡率几乎达到女性的两倍。

那么，这日益严重的肺癌是怎么造成的呢？

现在逐步清楚了，是空气污染。世界卫生组织认为的空气污染物主要有四个方面：可吸入颗粒物、臭氧、二氧化氮和二氧化硫。在这四种空气污染物中，可吸入颗粒物对人体的影响要大于其他三个污染物，并且难以改善。

我们都知道，可吸入颗粒物通常会用两个指标表示，一个是PM10，一个是

PM2.5。

PM10，在我们国家是什么状况？在这方面，我们国家是世界上污染最严重的区域之一，特别是京津地区、成渝地区和长三角地区。以北京为例，在世界十大最脏首都中名列第十。好在PM10的主要污染源在建筑活动、道路扬尘和风，这类颗粒物多造成上呼吸道疾病，一般不会致命，相对也好处理些。

严重的是PM2.5。PM2.5就是粒径小于2.5微米的细颗粒物，主要来源是石油燃烧。自2012年年末以来，全国大范围连续出现雾霾天气，雾霾天气与PM2.5是正比关系，雾霾越严重，PM2.5污染越严重。交大房产几年来一直在采集PM2.5数据，并做了很多分析。从全国说，北京因地理和气候原因，峰值可能更高但变化也很快，来场风就没事了；上海和广州因受海洋性气候影响，也相对较好；而成都就不容乐观，由于地处盆地，风又较少，因此一有雾霾就会连续多日，缓解十分困难；其空气污染程度也多次在全国120个城市中位列末位。

PM2.5与健康有多大的关系？世界卫生组织报告称，以PM2.5为主的空气污染，已经成为危及人类健康和生命的第一杀手，导致一系列呼吸系统和心血管系统疾病的增加，甚至会影响到生殖和神经系统。美国有研究指出，当每立方米的空气的PM2.5增加10微克，即可增加8%的肺癌死亡率及4%的总死亡率。

中国工程院院士钟南山前不久也公开表示："PM2.5每立方米增加10个微克，相关呼吸系统疾病的住院率可以增加到3.1%；如果灰霾从25微克增加到200微克，日均的病死率可以增加到11%。北京10年的肺癌就增加了60%。"广州气象专家吴兑经过多年研究也发现，发生严重灰霾7年后，就会出现肺癌高发期；且灰霾将取代吸烟，成为肺癌致病的头号杀手。

为什么PM2.5具有如此严重的致命性？首先，PM2.5只有我们头发直径的1/28，细小的颗粒能穿透人类的过滤系统，直达心肺，进入血液；其次，由于能够进入心血管系统，它会愈积愈多，且很难排除；再次，更为重要的是，漂浮的颗粒物都会沾附、携带空气中的细菌、病毒和重金属等物质，其进入人体后会大大加剧人体患病的概率，对人体的致命危害可想而知。

大多数人的一生中有80%的时间在室内工作和生活，因此，在目前恶劣的大环境下，健康住宅第一位的任务就是一定要解决室内空气品质问题，给居住者、使用者一个有助于健康的小环境，把雾霾污染关在门外，这是健康住宅开发的关键与核心。

开发低碳健康住宅应是行业目标

中城联盟： 交大房产对于健康住宅开发的标准是什么？

孟刚： 交大房产对于开发健康住宅的标准概括来讲有三条：一是要符合住房和城乡建设部的绿色建筑星级标准，二是居室环境要高于既有标准，三是空气清洁要优于世界卫生标准。

这三条准则与我刚才所说的健康住宅的定义是一致的，这就是交大房产几年来一直坚持的、今后也绝不会动摇的发展方向，也是归谷国际住区自始至终坚守的开发纲领。

如果用刚刚交付使用的归谷国际住区来衡量以上三条标准，将会更加清晰。

归谷国际住区项目不仅承担着国家"十二五"低碳建筑技术集成与运用的研究课题，也是四川省第一个取得住宅性能最高3A标准的项目。

归谷国际住区的室内环境、温湿度是可控的，采光是满足标准的，噪音几乎是隔绝的，空调风感是感觉不到的。总之，整体产品与技术体系高于国家现行标准，个别地方还高出很多，比如地板架空20厘米，解决了隔噪、防潮、保温、管线暗敷等一系列问题；全系统一体机平均风速0.3米/秒，对着人脸吹也不会有感觉等等。

归谷国际住区室内空气所能实现的清洁度，不仅大大领先于国内，并且足以媲美国际。以PM2.5和PM10为例，我们国家的标准分别是35微克每立方米和50微克每立方米，世界卫生组织的是25微克每立方米和50微克每立方米；但归谷国际住区，室内风口的PM2.5和PM10可以长期保持在14微克每立方米左右和30微克每立方米左右，比世界卫生组织要求的标准还要小很多，空气清洁度非常好。

今后，交大房产的所有开发项目，无论面对的消费者与定位如何，都会按照我们认定的健康住宅三条准则来执行，只是采用的标准、运用的技术和设备不同而已。

中城联盟： 看来，交大房产在健康住宅开发方面已经形成了成熟的技术应用体系。

孟刚： 是的，交大房产在这方面的成果可以从以下几个方面来说：

在技术层面，交大房产目前采用的技术体系、分析检测体系已经相对成熟了。2012年年底，成都市城乡建设委员会曾带领几十人到我们的体验房考察，考察当天下午14时40分，室外PM2.5为91微克每立方米，室内出风口只有5微克每立方米。这样的测试结果还有很多，所以我们的技术体系已经很成熟、很稳定了。

在设备层面，我们有一个大致分类，一类是户式一体机，是包括空调、新风、空气净化和热交换等功能于一体的设备，其已经是定型产品，主要配置于高档住宅；一类是分体机，是传统空调的升级替代品，包括空调、新风和空气净化三个功能，主要配置于普通住宅；还有一类是单体机，主要功能是新风和净化，主要用于既有住宅室内空气品质的改善。当然，每一类还分别有不同的产品，这些技术和产品交大房产都具有完全的知识产权，已经获得了二十多项国家专利。

在项目层面，上述三类设备已经在归谷国际住区及其他项目中应用了。我们还计划，每一类设备和产品，都要有落地的示范楼盘和项目，让更多的人享受健康舒适的生活。

另外，为了推动低碳健康住宅的发展，我们还会设立研发基地及建立以室内空气品质为主的健康住宅地方标准，推动这一产品的发展。

中城联盟：您如此大力度地推动健康住宅是为了什么？对于房地产行业的发展及产品提升又会产生什么样的结果？交大房产未来产品开发的目标是否也是低碳健康？

孟刚：人类对于客观世界的所有认识都是渐进的，就像我们逐步认识PM2.5的危害性和治理雾霾的紧迫性一样，对健康住宅的认识和实践也同样如此。

对于交大房产来说，我们希望所实践的产品能够代表一种发展趋势，能够引起行业更多的关注与投入。而这也应该是行业的趋势与关注的重点。为什么这样说呢，以归谷项目为例，我们先看看它的技术指标和相关参数：设计节能指标按照综合节能率80%设计；建筑体型系数：＜0.35；外墙及屋面传热系数（K）：＜ 0.6W/（m2・K）；三层玻璃塑钢窗+外遮阳的传热系数K：＜ 2.0 W/（m2・K）；楼板保温隔热层传热系数（K）：＜1.6 W/（m2・K）；温度及空气质量系统是集全新风、空气净化、热交换、温度二氧化碳智能控制于一体化的户式中央空调系统——夏季室内温度可控制在24℃～27℃，冬季室内温度可控制在18℃～22℃，室内湿度≤70%，室内新风平均风速：0.3米/秒，二氧化碳浓度智能控制（当室内二氧化碳含量＞700PPM时，系统将自动加大送风量，降低浓度），室内空气质量：优（过滤≥0.5um可吸入颗粒物），室内噪音：＜40分贝（国家一级标准）；照明系统是全系列新型LED灯具（220伏电压）。

为什么要重点来说这些技术点与数据情况，一是要让外界知道交大房产是在实实在在地做产品，在做低碳健康住宅；二是要引导市场，作为有社会责任感的开发商，有责任让业主买到实实在在的好东西。

另外，在国家工业化、现代化的进程中，空气污染必然伴随其间，治理空气污染需要全社会的努力。在这个大背景下，交大房产的开发实践证明，只要重视了居住者的健康，采取一定的措施，多花一些成本，是完全可以解决室内小环境的空气品质问题的。其实，这也是交大房产在变相地用自己的实际行动向社会宣示：在严重空气污染的环境下，房地产企业是完全有能力为社会提供一种减少危害、低碳健康的产品的。

总之，只有人健康了，节能、环保、绿色的建筑才有存在的意义，并且全社会都要认识和树立“居者健康是绿色建筑的第一要义”的观念，共同推动低碳健康产品的发展、百姓生活品质的提升以及行业的升级。只有如此，房地产行业才能持续健康地发展。在这方面，政府也要引导和鼓励，一定要把居者健康真正摆在绿色建筑第一要义的地位上去重视、去管理，这样通过全社会的推动，才能普遍推动低碳健康住宅产品的发展，推动行业的可持续发展。

张在东：“耐住寂寞”的绿色建筑先锋

锋尚国际董事长 张在东

2002年，当北京锋尚发出“告别空调暖气时代”的宣言，正式横空出世时，缔造者张在东曾被人视为“疯子”“骗子”。

十年后，他已凭借北京锋尚和南京锋尚两个注定要在中国绿色建筑发展史上成为经典的项目赢得江湖地位，提起当年面对的质疑，他轻松的语调间却又夹杂了几分复杂的成色。

环顾中国房地产行业，锋尚国际实在是一家非常另类的企业。在房地产行业高速发展的时期，所有企业都在攻城略地，朝着“百亿”“千亿”的目标加速冲刺，但锋尚却用了十年时间踏踏实实地只做了两个项目。作为董事长，他得具有何等的定力？

其实他并不讳言，自己曾不止一次有放弃的想法，但来自同行的敬意、来自业内的认同，这些感动让他一直“耐住寂寞”，坚持到了今天。

直到2013年1月1日，国务院办公厅以国办发1号文件转发国家发改委和住建部制定的《绿色建筑行动方案》，将绿色建筑的发展提高到国家战略的高度，张在东说，自己就像“久旱逢甘霖”，真的感觉绿色建筑发展的好时代到了。

而在前两代产品之后，锋尚又会推出怎样超前的技术和项目，已经成为业内普遍关注的焦点。但一涉及此，他就会神秘地说，现在还没到公布答案的时候。

无须怀疑的是，“技术与艺术的完美结合”“绿色生态”“健康品质”这些不时从他口中蹦出的理念，一定会在第三代产品中得到彻底的实现。

“工程师的头脑、艺术家的心灵”

张在东是乔布斯的粉丝，这已是业内皆知的事情，这大概是源于他iPhone从不离手，言必谈及乔帮主。

“乔布斯是一个拥有‘工程师的头脑、艺术家的心灵’的人。”他说。而这句话用来形容张在东，大概也毫不为过。

他是中国建筑行业中最早接近“西方技术”的人之一，也因此靠创新本事起家。二十世纪九十年代，他曾经率先用电脑设计出中国最早的DOS版建筑效果图和CAD施工图纸。由于当时建设部正在为如何让设计院“甩掉图板”而犯愁，他的小公司也因此获得了中国民营的第一张“甲级设计资质”，他本人也被破格任命为建设部勘测设计协会副秘书长，并靠领先的“画图手艺”一周赚上几十万，数钱数到手软。

这让张在东决定不再受甲方开发商的气，而要去盖自己理想中的房子。但是别人搞房地产都是先拿地，他却是先到处打听有没有房地产专业的研究生。在别人都在跟乡长喝酒圈地时，他拎着大书包，每天在中国人民大学投资系的教室里苦苦研读了二十九门课程。没过几年，他又跑到中国社会科学院金融所读起了博士研究生。而当别人都在用资金的高杠杆拿地扩张时，他却执拗于绿色建筑，一心一意搞技术。

当然，光有技术，在张在东眼里，远远不够，还必须跟艺术完美结合。2001年，当时乔帮主还不像今天这般红遍中国，张在东看起来已经像《乔布斯传》里写的那样，执拗地追求细节的完美——所以，说张在东学乔布斯？不，只是英雄相惜而已。

在圈内流传最广的一个段子就是锋尚的卫生间整砖对缝的故事。据说，当年张在东在德国看到这样的施工技术，就心驰神往了，请了两位老外工人回来在工地上指导施工，并不惜让整个项目停工，等待整砖对缝的实现。要知道，当时可是北京锋尚开盘前的关键时期，连公司其他高层都不能理解，为了抠这一个细节而浪费时间，有必要吗？

日后，当回忆起张在东当年的举动时，锋尚国际副总裁陈亚君说，自己现在才逐渐领悟到董事长当年执着追求的深意。“从技术上来说，整砖对缝可以避免切割，不但减少浪费，还避免了扬尘，对保护环境有好处；从艺术上来说，它呈现出来的视觉效果真的很美，而当人生活在一个美好的环境中时，也会不自觉地追求细节的完美，会提高个人的素养。”

引领绿色建筑风潮

为了追求那一点细节上的完美，北京锋尚经历了一个冬天的等待。2002年，甫一推出，它就聚集了业内所有的眼球。

一千六百多篇报道，建设部领导前来考察，张在东不断地接受采访，北京锋尚彻底火了。日后，万科董事会主席王石对北京锋尚诞生的意义有过这样的评价：“张在东用市场化的手段解决了建筑节能问题。”

事实上，当时国内尚未形成绿色建筑的概念和理念，现在回想起来，让张在东深以为豪的一点是：“不夸张地说，北京锋尚在建筑节能上做到了第一。”

这对于他而言当然远远不够。于是，在北京锋尚推出四年后，他又用一个大手笔——2006年推出的中国第一个、世界第五个“零能耗”住宅项目——南京锋尚再度引爆行业关注。2009年7月，南京锋尚国际公寓更以先进的节能环保创新技术而捧得“联合国人居奖（中国）最佳范例奖”。

如今距离南京锋尚推出已有差不多七年的时间，张在东似乎稍显沉寂，他在研究什么，下一个项目会给业内带来怎样的惊喜？即使是王石和冯仑问起他，他都是一副慢条斯理、不紧不慢的样子，不正经地回答：“在看《水浒传》呢。”

这一次，在我们的好一番追问下，他总算抖了一点底：“实际上，这些年来我也是不断地在琢磨绿色建筑这件事，认识也是在不断地深入，得出了很多和主流观点不太一样的结论。”

比如，对生态社区的营销，房地产广告往往冠以“低密度”“低容积率”这样的字眼，但张在东说：“大错特错。”

“恰恰相反，生态应该是高密度的，这不就是绿色建筑‘四节一环保’要求中‘节地’的要素吗？”

还有，绿色建筑一定是增加成本的吗？张在东又说：“不，绿色建筑是可以省钱的。”至于如何省钱，他说，一是节材，去掉不出于功能所需的装饰，“就像女人一样，不过于化妆就能省下不少钱”；二是着眼于结构上的设计，“偏心受力会让建筑扭曲，为了安全，一定要加大材料量，那就不要玩偏心受力，老老实实地设计为轴心受力好了”。

不过，再往下深问，他又玩起了猜谜游戏：“这就必须下人的功夫去研究，研究成精了就知道如何省钱了。”

据悉，他还在研究水，研究如何让小区里70%的水再生利用；研究垃圾，研究如何让95%的垃圾不出小区就能转化为资源；他还研究地板，研究铺怎样的地板对人的关节有好处，实现住宅的保健功能。

至于如何能够实现，他还是那四个字："无可奉告！"

好吧，那就期待加等待吧，等待锋尚第三代产品惊艳亮相的那一刻。

伟大的使命

在2009年12月份召开的哥本哈根气候大会之后，气候变化引起全球关注。也是在那一届大会上，张在东宣称，中国的节能技术不落后于西方。

此后，他的眼光更不仅仅只是瞄准房地产开发这点事情。此次采访，在锋尚的会议室里，他庄重地给我们念了这样一段话："顺之者昌，逆之者亡。二十一世纪的世界潮流就是绿色工业革命与绿色发展，科学发展观的实质也是绿色发展。绿色发展是前人栽树后人乘凉，是功在当代利在千秋。"

他还用一系列图片向我们展示了气候变化和环境污染所带来的危害，图片上，地球满目疮痍的样子，让人触目惊心。

也正因如此，虽然锋尚远远称不上是一家大型企业，但张在东却为公司赋予了伟大的使命："在人类拯救地球的第四次工业革命中，在中国城镇化的绿色发展中，担当实现中华民族复兴梦的先锋。"

但是在中国，房地产行业依然走着粗放发展的路径，因为房地产开发而破坏环境的现象比比皆是。因此，他不断地呼吁："过去我们总说要可持续发展，但是现在生态已经负债了，必须用绿色思维去发展经济，让经济发展与能源消耗脱钩，促使生态赤字向生态盈余转变。"

当别的开发商都在拿地开发项目时，张在东为何会独具这样一份心系天下的情怀和使命感？兴许，与《水浒传》给他的影响密不可分。

他曾不止一次说过，锋尚的定位是左手乔布斯，右手水浒传，眼睛瞄准生态绿色建筑。"左手乔布斯"，非常好理解，他是技术出身，当然对不断创新有着天生的执着，但"右手水浒传"，却不免让人有几分费解。

对此，他解释说，《水浒传》里面的"忠义"是他最为推崇的，"忠义"就是对国家的忠诚和对同事、朋友的义气。"讲义气"再翻译一下就是"够意思"。"同事之间要够意思，朋友之间要够意思，对客户要够意思，对供应商合作伙伴也要够意思，对国家更要够意思，对地球同样也要如此。”

于是，锋尚成了全国唯一一个在上班时间可以随便看《乔布斯传》和《水浒传》电视剧的公司。张在东对员工最好的褒扬，就是称其为“忠义两全之人”。

“忠义两全”，用以发展绿色建筑，自然就是不能只看重房地产开发所带来的短期利益，而应着眼于开发行为本身对地球所造成的影响，考虑到项目与环境的关系，考虑到我们能为子孙后代留下什么。

“很多人是手里只有几百万，就敢拿价值上亿的土地。前十年囤地多的企业赌赢了，我们这种研究技术的赌输了，因为没下注。”虽然张在东承认，房企在过去的十年里大量拿地的策略有其道理，但他对这样的开发仍不认同，“现在绿色经济时代已经到来，后十年，锋尚一定会抓住绿色发展的潮流”。

在中城联盟成立十周年之际，应王石等之邀，张在东给联盟内几十位董事长好好地普及了一番绿色建筑的知识。那一刻，他感到这是业内对他过去十年付出的最大的认可。

“中城联盟内的企业在中国房地产行业中都是遥遥领先的，在下一个十年，一定会通过更实质的工作来推动绿色建筑的发展，而锋尚一定还会领先行业。”他的态度，如此坚决。

“十年磨一剑”“时势造英雄”，可是机会总是会留给有准备的人，命运总是会犒赏曾付出过艰辛的人，不是吗？

张雷：打造绿色、低碳、科技王国

当代节能置业董事长 张雷

在当代集团，有一个众人皆知的故事：非洲的草原上，一天清晨，太阳正升起。一头非洲羚羊睁开眼睛，看着天边的太阳，它想的第一件事是："我要跑得比谁都快，否则，我将被狮子吃掉！"一头狮子睁开眼睛，看着天边的太阳，它想的第一件事是："我要跑得比谁都快，否则，我将被饿死！"动物靠速度生存，企业也只有在快速发展中才能独领风骚。要快速发展，还要在稳健中求发展，像竞走一样双脚不能离地。如果离开稳健，就等于盲从、盲目，就要摔跟头。

但是，在中国房地产行业，成立于2000年的当代节能相对年轻。显然，要在这个行业具备竞争力，靠步对手后尘的方式显然很难实现，必须打造与众不同的能力。而绿色节能成了当代营造差异化的方向。

于是，从万国城MOMA开始，当代节能一路抵制诱惑，将尚不为市场所认可的绿色、节能、生态建筑作为企业战略专心打造。这些年来，生存在异常红火的国内房地产行业，如果不坚持绿色战略，当代节能可能赚钱比现在多得多。然而，那不是当代节能董事长、创始人张雷的追求。

"造最节能的建筑，建最舒适的房子"，这是张雷自2000年当代节能成立伊始就定下的发展目标，并且坚持至今。

中国经济发展转变之机

作为一家靠自身能力滚动发展的民营企业创始人，张雷之所以敢确立绿色战略，并不是因为他有花不完的资金，可以去不计成本地投入，而是他较早意识到了中国经济发展模式的转变，并且在实践之中逐步摸索到了一条绿色商业化的模式。当代节能必须向市场提供舒适而节能的住宅产品，才能够打造自己差异化的品牌形象和竞争能力。

2000年初，中国颁布了一系列关于节能减排的法律法规：

2000年2月18日，原建设部颁布《民用建筑节能管理规定》（建设部令第76号），该规定自2000年10月1日起施行。《规定》中称："国务院建设行政主管部门负责全国民用建筑节能的监督管理工作""对不符合节能标准的项目，不得批准建设。""建设单位应当按照节能要求和建筑节能强制性标准委托工程项目的设计。"

2000年3月20日，国务院发布并施行《中华人民共和国水污染防治法实施细则》（国务院令第284号），规定：对实现水污染物达标排放仍不能达到国家规定的水环境质量标准的水体，可以实施重点污染物排放总量控制制度。

张雷是学法律的，他敏感地意识到，在中国历史上，旗帜鲜明地用法律文件强调节能减排，这还是第一次，而这无疑是国家释放出来的一个重要信号。"所以，从那时起我开始关注并积极推动中国绿色建筑及建筑节能的发展——当然，在那个时候不叫绿色建筑，还是比较模糊地统称节能减排，或者叫节能建筑。"

但是真正下定决心做，已经是2001年下半年的事情。毕竟，要统一公司高管团队的思想和认识，下定决心进军节能建筑房地产领域这个还未有开发商涉及的领域，对于任何一个公司而言都不是轻而易举的决定。

当时国内没有成熟的案例，张雷将视线转向了高校和国外，希望绿色建筑能带领当代在房地产的市场竞争中从红海走向蓝海。"从那个时候起，我们就决心所有的新开发项目都做节能建筑，而且要做就做最好，成为中国乃至世界节能地产界的前两名。我们就是从那时候起，和天棚辐射、恒温恒湿、体形系数、LOW-E玻璃（即低辐射镀膜玻璃）这些专业术语结缘，以至到今天成为我们公司每一个员工呼吸间必然讨论的话题。"

用市场化的手段推进绿色

万国城MOMA是国内率先引进欧洲高舒适度、低能耗建筑技术的住宅项目之一，而这个项目也是当代节能踏上绿色征途的起点。

实际上，2002年之前，当代已经在万国城盖过5栋楼，但那一期建筑只是按照国家规范的节能标准设计建造的，并不是张雷理想中的绿色产品。在他的定义中，绿色住宅一定是在设计阶段就用系统化的绿色节能思路，因地制宜地节能、节地、节水、节材。

在一个技术积累为零的市场做绿色住宅开发，需要巨大的投入，如果不能为此找到一种合理的商业经营模式，那么，这充其量只能算是一种无法长久坚持的“公益”事业，而不是健康的企业行为。因此，绿色商业化经营是张雷实现绿色战略的关键。

“把绿色住宅产品，定位于高舒适度、高品质的高端市场。”张雷期望消费者即使不冲着绿色埋单，也会冲着高舒适度埋单。于是，从启动万国城MOMA项目开始，他们就从源头上尽可能地保证高品质。他们不惜成本地聘请瑞士苏黎世联邦高等工业大学（ETH）Bruno Keller教授和Dietmar Eberle教授担任项目总设计师。当时Keller和Eberle对中国市场几乎不了解，请他们在中国市场上设计住宅，风险极大。但是，决心已下的张雷，决定不给他们任何框框条条的限制，让他们尽情地按照自己对绿色建筑的理解去设计。然而，他们设计的样板间出来后，却引来了一片反对声，当代节能请来的国内顶级专家几乎没有人认可这种建筑：“太不符合中国人的住宅习惯了！”

顶着一片否定，当代节能小心翼翼地推出了第一栋楼，那个没有阳台酷似写字楼样式的住宅。可是，市场结果却出乎所有人的意料，房子供不应求。它的恒温恒湿以及建筑质量和品质吸引来了大批客户。随后的另一栋楼是在消费者的饥渴需求中诞生的。

欧洲建筑设计师在这个住宅的设计和材料选择上，都遵循最高品质的标准，而当代节能在执行上也丝毫不打折扣。比如，设计要求地脚线必须与墙面平齐，而不是像国内其他住宅那样后贴上去突兀出来。这是一项很麻烦的工程，要在墙下端开出地脚线然后再贴、再做墙面，但是，这个设计可以少占住宅空间，并且由于没有凸出而让灰尘难以附着。对于这样一项品质细节设计，当代节能在缺少设备的前提下，宁愿用“笨”办法动用大量人工，也要一丝不苟地实现。同时，他们还投入资金去培训施工管理人员和作业人员，让他们充分理解绿色建筑并正确操作。

从2002年到2005年，万国城MOMA一经问世，就在京城引起轰动，由于业内几乎没有接触过节能住宅，因此，各大高校、各大房地产企业都在关注万国城MOMA，张雷和总工程师陈音也到各大高校和企业做了很多介绍。适逢2003年“非典”期间，万国城MOMA采用的同层排水系统、干湿分区、无地漏构造等成为克制“非典”的法宝利器，经受住了市场的考验。

2007年，当代节能更进一步，建造了当代MOMA。按照陈音的说法，万国城MOMA侧重于建筑节能，而当代MOMA的设计重点则是绿色生态和可持续发展理念。后者由美国建筑大师Steven Holl设计，不仅从技术的角度解决了能耗问题，还从布局上解决了建筑与环境相融的生态可持续发展问题。

空间巨大的市场，促使张雷和当代节能的绿色战略有效地实践下去。其一方面在太原、南昌和长沙等地探索不同气候、不同资源条件下的建筑解决方案并推出当地的MOMA住宅；另一方面，则在北京继续探讨和实践更深层次的绿色建筑理念。

2009年，当代节能响应原建设部的号召，向70/90住宅进军，也就是完成绿色建筑“四节一环保”中节地的指标，提出了设计满庭春产品的构想。张雷表示：“这对当代节能是一个非常大的考验和挑战。一个是跨区域管理能力的培养和构建，一个是产品成本的优化。节能建筑的成本通常会比其他建筑的成本高10%到15%，而满庭春产品线本身就是面向普通大众老百姓的。当然，一旦建成，对节能建筑在全国的推广会非常有利。最终我们也成功地研发出了‘冬暖夏凉有热水’的满庭春产品。”

当代得与失

推动绿色建筑十余年，张雷说，过程是“酸甜苦辣，五味杂陈”，“作为节能建筑领域的领军企业，我们没有要国家一分钱的补贴，做到现在全国开花，达到节能建筑面积400万平米的规模。而我们作为企业，不仅仅是建造节能建筑，还要运营，还要盈利。节能建筑的很多事情不是简单地把图纸画出来就好的。设计思路问题，产品选型问题，造价控制问题，施工工艺问题，客户接受问题，产品验收问题，设备运营维护问题，设计改进问题，等等，都需要我们自己去面对、去解决。”

而也恰恰是这十年对于绿色建筑的执着与坚持，让当代节能失去了大好的向其他普通房地产企业一样的资本积累的机会。张雷说，当代本可以规模做到更大更强。言语间虽有遗憾，却不失坚定。而说到当代节能所收获的，他认为，是通过建造绿色建筑，积累了大量建造符合中国国情的、可以良好运营节能建筑的经验教训。“此外，最大的收获还在于积累了大量各个层次的经营管理节能房地产企业的人才，非常优秀的年轻人才——我们公司的平均年龄是30.5岁。还建立了全国各地运营节能建筑的数据库，收集整理了大量的气象资料，这些都是我们公司无与伦比的宝贵财富。”

随着国家对建筑节能的要求越来越高，尤其是在国务院以1号文件转发《绿色建筑行动方案》之后，越来越多的开发商开始对绿色建筑予以关注。张雷认为，很多企业家其实都是发自内心地愿意拥护政府的号召，为节能减排做一些事情，而打造绿色建筑无疑是房地产开发商们可以采取的最为现实的途径。“问题是，理想美好，困难重重啊！他们将面临我们十年间走过的荆棘坎坷。”

他说，十年间，当代节能不断地向社会输送各个专业的建筑节能的人才，很多公司在高薪挖人，“但是，如果企业不能建立起自己良性的造血机制，就很难做好绿色建筑”。

这也许就是张雷十年摸爬滚打感受最深的一点吧。

不断挑战，不断超越

说到自己在绿色建筑推进过程中的角色定位，张雷更愿意把自己比作开拓者。“我们不断地挑战和超越自我，在绿色低碳节能减排方面，一直走在我国各个房地产企业的前列。同时，我们也不断地调整自己的发展方向，找到更适合我们自身和我们国家房地产企业发展的道路。我们更多地是向国际优秀的国家学习，我们学习德国的建筑节能理念和设计技术，学习日本的建筑设计理念和生活方式，学习美国的酒店式管理理念和服务理念，老年公寓的管理理念和服务理念。通过学习、引进、消化和吸收，我们不断地完善和提高自身的技术水平和管理水平，同时也将国外的先进技术理念和管理服务经验带回国内。”

站在更高的起点上，他对当代节能下一步的发展有了新的展望。“我们企业现在在绿色节能和可持续发展方面有了长足的进展，下一步需要解决的问题是，如何处理和对待二十一世纪挑战人类的两大主题：人口结构和可持续发展之间的关系，如何有效解决人口结构老龄化对年轻人抚养四位以上老年人的社会负担和可持续发展之间的关系。”

他认为，我们需要创造一种绿色老年生活方式。而为了解决好绿色老年的生活方式问题，当代节能对此也进行了深入的研究。

张雷表示，绿色老年的生活方式，就是指以居住为主体的绿色老年综合性可持续发展社区生活方式。“我们在整体开发的同时，将根据多功能组团型社区不同功能的组团型进行分期、命名，并成立独立的有限责任公司进行开发建设，多功能主要包括居住、体验、研发、商业、办公、等。组团型主要包括销售型、持有型、租赁型。”

“绿色老年产业中心，绿色老年家园主动节能系统，绿色老年家园被动节能系统……”当当代节能的绿色积淀与人口老龄化的全球性问题结合在一起，又会给业内带来怎样的影响力呢？想必还会有万国城MOMA曾经带来的震撼吧！让我们拭目以待！

田明：敬畏自然才能有所得

朗诗集团董事长　田明

“我们只做绿色建筑。”

这既是朗诗集团董事长田明的理想，也是朗诗集团一直以来的坚持。

十年来，不管是在江苏南京本部，还是进军外埠市场，朗诗集团一直在坚持开发绿色科技地产。在田明看来，这样的坚持是有价值的，它代表着可持续发展之路，亦代表着人类对于自然的敬畏。

“人类的发展要可持续，对社会对环境要友好，不能单纯为了追求经济利益来损害环境，赚昧心钱，那样总有一天良心上会过不去。进取，是我们的精神面貌，我们无论是做绿色建筑，还是公益事业，都会一直坚持。”田明说。

这样的坚持也使田明及他所掌控的朗诗集团受到了业内的尊重。地产界思想家冯仑就曾表示：“绿色科技住宅肯定是未来发展趋势，像朗诗这样坚持下来很不容易，所以我说要学习田明好榜样。”

绿色建筑就是蓝海

“我现在经常带着红外成像仪看世界，看一栋建筑哪些地方是绿色、哪些是红色，我发现很多建筑墙体是偏绿的，但窗户是红色的，意味着大量的热从中跑出来。”田明说。

现在的田明已成为了绿色科技住宅领域的专家，从政策支持、产业配套到技术匹配，他都能说出其中的重点与不足，优势与劣势。

但在十年前的2002年，他还只是一个偏居一隅的小型房地产企业的总经理，还不知绿色科技住宅为何物，是一次考察改变了他以及他所领导的企业的命运。回过头来梳理，这也是一个企业家善于思索与勇于尝试、不甘落伍积极进取的结果。

2002年，一个偶然的机会，田明在北京考察时，接触到了绿色科技住宅，这种住宅不仅恒温恒湿、居住环境舒适，且耗能低。这样的住宅一下子击中了田明。

随后，他开始关注这一住宅产品，并查阅相关资料，发现中国几乎所有的建筑都是高能耗建筑，其消耗的能源已占到中国社会总能耗的30%。

“尽管当时人们对于节能减排、节能建筑还知之甚少，但国家已经开始着手推进了，在我看来，建筑节能降耗必将成为国家推动的重点，也将符合国家可持续发展的政策思路。同时，绿色科技住宅虽然在国外已经普及，但在中国还是一个新鲜的概念，仅有少数几家房地产企业有所涉足，可谓战略上的蓝海。”田明说。

回到南京后，田明开始着手收集与绿色科技地产有关的信息，并着手寻找人才研发相关技术，并计划着要开发这样的项目。

经过两年多的准备与研究，2005年，朗诗集团在江苏推出了它们的第一个绿色科技地产项目——朗诗绿色国际街区。其实，在朗诗集团内部，这是一个备受争议的项目，很多股东、董事对这样的住宅投了反对票，但这并没有让田明的脚步停下来，他相信自己的判断。

没有停下来是对的，当这一项目投放市场后，市场给予了它们极高的评价与认可。也因这一项目的成功，朗诗集团确立了绿色科技地产的发展道路。

目前，朗诗集团开发的房地产项目全部是节能建筑，节能率达到65%以上，大部分的项目综合的节能率（主动+被动）达到80%。有数据表明，朗诗集团每建造一套科技住宅，就相当于二氧化碳减排3吨/年，节能折合约1000千克油；以一棵树平均每年吸收18.3千克二氧化碳计算，相当于种植大树164棵，这些指标在国际上也处于领先地位。

不像其他企业，在这十几年的发展中，它们将更多的精力放在了圈地拓展上，朗诗集团则是将更多的精力放在了技术研发上、绿色科技地产的升级上，但朗诗集团并未因此落后，反而成为了领先者与标杆。根据连续三年对行业上市房企的跟踪研究，朗诗集团的ROE（净资产收益率）是整个行业上市房企平均水平的两倍，更成为很多企业学习的样板。

向着可持续进军

很多时候，田明也成了一个绿色建筑发展的推动者。无论是在房地产行业的论坛上，或面对媒体的访问，他呼吁最多的一是希望国家加大对绿色建筑的支持力度；二是希望更多的企业加入进来，推动建筑节能降耗。

在田明看来，尽管国家也在力推绿色建筑，但国内当前的政策环境并不利于绿色节能建筑的推广，原因是关于节能的政策国家各个部门并不统一，常常是政出多门，没能形成一致性的政策体系。同时，绿色节能建筑还要与普通建筑在同等条件下拿地、交税、参与市场竞争，其节能成本并没有找到“埋单”的人。面对这些问题，需要国家相关部门出台具体的措施加以修正与支持。

与此同时，他也常常思考行业的未来，“每每看到那些匆匆赶工出来的住宅，我就想，这些房子是否安全、舒适、环保、人性化？是不是对于形式上的美过于关注，对于住宅的内涵品质关注太少？”田明说，房地产已经红红火火发展了二十多年，粗放式的规模扩张模式是不可持续的。在这样的大背景下，房地产业必须进行绿色转型，必须走上节约化、低碳化的绿色发展道路。

因此，朗诗集团要坚持绿色化的发展道路，并致力于成为中国绿色地产的标杆企业。“我相信未来会越来越好。”田明说。

未来，朗诗集团将会由一个具有绿色科技特色的房地产公司转型为以绿建科技能力为核心，集绿色地产开发、绿色科技服务、绿色养老产业以及绿色金融服务为主要内容的绿色集团公司。该战略要求实现两个关键的战略性转型：由业务单一的专业化公司向相关多元化的集团公司转型；由重资产型产业向轻资产型产业方向转型。

PART 2

实践者的心路

绿色建筑的探索与实践

陈音：
思索绿色建筑的本质

当代节能置业股份有限公司
副总裁 、总工程师、总建筑师

从2002年到2005年，万国城MOMA在京城引起的轰动，让建筑节能界记住了一个词："恒温恒湿"，而它也几乎成为当代节能MOMA系列产品的标签。但也正是"恒温恒湿"这一点，让当代节能的MOMA系列产品受到争议。不止一位学者曾表示，"恒温恒湿"将人与自然环境相隔离，长久待在恒温恒湿的房子里，会让人体失去适应不同气候和环境的能力，并非健康的居住方式。也有学者提到，通过设备的运行去营造"恒温恒湿"的环境，增加了能耗，并非节能的表现。

而当十年以后，万国城MOMA和当代MOMA两个项目都已经经过北京市场的检验之后，回顾当年提出的"恒温恒湿"这个口号，当代节能总工程师陈音坦承："更多还是出于市场营销的需要。"他解释，MOMA系列产品的特点其实是"高舒适度、低能耗"，即：保持温度和湿度在人体舒适的范围之内，比如冬天室温不低于20℃，夏天室温不高于26℃，而且在大幅度提高居住品质的同时，还能将能耗控制在一定范围内。

的确，哪怕是在今天，要从专业的角度去阐释建筑节能、绿色环保的理念，也还没有得到广大置业者的接受和认同，那么，从营销的角度提出一个消费者容易理解的形象说法，用市场化的方式推进绿色建筑的发展，让置业者真正体会到绿色建筑所带来的居住品质的提升，又何尝不可呢?

对于由政府主导"自上而下"推动的中国绿色建筑行业而言，除了对技术与系统的研究之外，对"绿色营销"进行研究，让置业者更加理解绿色建筑的本质，加大市场的接受度，同样是摆在从业者面前的一个课题。

期待业内达成深层次的共识

十年前，绿色建筑理论刚开始在国内学术界讨论，房地产行业则完全没有绿色建筑的概念，生态住宅、健康住宅、建筑节能等众多新鲜概念轮番流行，却鲜有开发商能真正地理解这些概念的内涵。最典型的一个例子是，十年前当有的楼盘以生态住宅作为营销的卖点时，其宣扬的却只不过是做好小区绿化而已。“绿化”=“绿色”，这正是中国绿色建筑发展早期留下的痕迹。

如今，十年过去，和很多业内人士一样，陈音感叹，十年间中国的绿色建筑得到很大的发展，但他认为，即使到了今天，业内对绿色建筑仍然没有达到“深层次的共识”。

他指出，从中外的绿色建筑发展就可以看到，中国对绿色建筑的认识与国外是有差异的。“中国绿色建筑强调‘四节一环保’，其中，就环保而言并没有量化的指标，全部评价体系均强调对资源、能源的节约。有些国家的绿建标准从建筑与人、建筑与环境之间的关系出发指导建设活动，值得我们借鉴。”

“人们的各种建设活动大都是对自然环境有负面影响的经济活动，盖房子会改变地貌、砍伐树木、破坏植被、消耗资源和能源。所以在建设之初，我们需要谨慎地评估建设活动对环境的影响，如何在满足人们消费需求的同时减少对环境的负面影响，这些问题都值得我们去深思。”他说。

当代节能MOMA系列产品受到业内人士质疑的一点是，它的单位面积能耗较高。对此，陈音用当代集团长期采集的实际能耗数据为依据表达了自己的观点。“首先，无论是万国城MOMA还是当代MOMA，它们肯定是符合住宅节能要求的，而且比国内现行建筑节能性能指标更高，它的实际运行能耗（采暖与空调共计42kWh/m^2a）也低于当前北京市普通住宅的采暖能耗，而且是在全年维持高标准室内舒适度的运行状态下达到的能耗水平。单纯强调降低建筑能耗有一定片面性，我们的目标应该是在大幅度提升住宅居住品质的前提下控制建筑能耗的增长。建筑能源消耗的多与少不能说明问题的全部，还要具体分析能源的使用情况，看它是不是应该用的，是否是得到高效利用的。”

从北京走向全国

而在北京取得成功以后，当代节能也积极地在全国市场进行布局，将绿色、节能、生态的理念传播到更大的范围。

陈音介绍，当代节能重点研究了夏热冬冷气候区的长江中下游地区、西南地区和寒冷气候区的华北地区，根据不同气候区制定不同的建筑技术策略。

夏热冬冷的长江流域对中国经济的影响最大，这一区域冬季有六十天左右的寒冷天气，并常有雨雪天气，传统住宅室内阴冷潮湿，居住舒适度很差。随着中国人居生活品质、生活水平不断提高，长江流域的人们首先要解决的正是冬季取暖、夏季制冷的问题，一般采取的方式是电采暖或是空调制冷、制热。但现行的分户冷暖空调制冷、制热设备，尤其是在冬季，能源利用效率非常低下，而且无法保证室内温度。

因此，当代节能针对夏热冬冷地区的气候特点，比如在长沙、南昌的项目之中，就采用水源、地源热泵作为制热设备，冬天进行集中供暖，系统能效能够达到4.0以上。夏天利用地下水等天然冷源进行住宅辅助降温，能耗仅为制冷机的1/10。此外，还采用热泵制热提供24小时热水。

不过，这种创新的高舒适住宅系统在二三线城市现在还面临着市场接受度的问题。陈音说，虽然这一区域的老百姓有冬季采暖的需求，但按照中国建筑标准，这一地区是非采暖地区，他们没有体验过集中采暖所带来的舒适感和便利性，因此，每年收取采暖费需要物业与业主很好地去沟通。此外，集中供应热水系统虽然供水品质好、加热费用低，但目前也还没有被业主所了解，虽然用高效率的设备集中提供热水能耗仅为家用电热水器能耗的一半，但是由于用量很少，当代节能仍然感受到了前期投入所增加的成本以及设备运营费用等方面的经济压力。

因此，陈音也希望，媒体能进行正确的引导，让老百姓更全面、客观地认识到绿色建筑能给他们带来的实际好处，不仅仅从节约水电煤气费等角度去评价节能建筑的价值，还要从居住品质、环境效益等外部效应去衡量。

打造绿色能力导向的供应链

在做万国城MOMA项目时，当代节能主要依靠国外的设计、咨询公司整合技术策略，很多重要材料设备也要依赖进口。但在后来的太原、长沙和南昌等项目中，当代节能已经是项目的主角，能够根据项目的实际需求规划绿建方案，负责资源的配置和整合。按照陈音的说法，经过多年的项目实践积累后，当代基本上掌握了绿色建筑的设计和技术集成方法。与此同时，近年来国内也已经成长起一批关注绿色建筑、具有相关能力的建筑设计师、材料部品制造商，逐步形成了先进绿色建筑的供应链体系。因此，当代所需的设备和材料现在可以百分之百地从国内获得。

十年的发展，是当代节能沿着绿色战略升级爬升的过程。与此相对应，它们的供应链打造，也是强调能力而不是简单看重成本。实际上，早在2002年，当代节能就制定了针对供应商能力要求的“五个三”标准，供应商要来投标，必须符合这些标准。而随着建设规模的增加，特别是在二三线城市的开发展开后，其供应链成本优势也逐渐体现。

在当代节能的供应商管理系统中，存有四千多家配套企业信息，当代节能的供应商就来源于这个资源池中。对于供应商的筛选，当代节能通过十个评价环节，包括招投标、签合同、跟厂商的付款结算、入户等，并依据这个评价把供应商分成五个等级。级别越高，在当代节能那里享受到的商务政策就越好，比如能获得更高的付款比例、投标保证金减免等。不过，为了维持四五级供应商的能力水平，当代节能每年都会在这两个高级别队伍中实行10%的淘汰更换比率，这样也能给低级别的供应商提供一个努力奋斗的希望。

此外，要打造成熟的供应链体系，必须让合作伙伴基于一个平台用一套标准协同。因此，当代节能把整个项目进行模块化分割并形成标准化。为了这个需求，当代节能研发中心于2002年成立。它们的职能就是针对每个项目进行总结，把一些能沉淀下来的技术和方案进行标准化，比如标准化的窗系统、温度控制系统等。

这些标准化的部件系统，不仅是与供应商合作的技术基础，也能提升供应商在供应链中的地位和能力。对于渴望做大做强的供应商来说，这样的提升无疑具有吸引力。开利公司就是一家这样的提升者。与其他房地产企业合作时，开利只是一个空调产品提供商，但是，在当代节能的绿色供应链中，开利上升为温度控制系统解决方案提供商，它的控制范围超出了它原来的产品级别。

在系统级供应商的开发和培养方面，当代节能董事长张雷甚至亲自操刀。比如，在与开利合作之初，他就前往与对方探讨深入合作的可能。此前，开利认为只要把新风机组和水冷机组卖给当代节能就可以了，但是，张雷指出，开利只提供单独的产品，产品之间如何匹配、如何获得最佳效果等问题， 就没有专业机构来解决。而缺少专业的整合，开利产品的使用效果就会打折扣。“既然开利已经积累了整合技术，比如数控等，为什么不能往上游跨一步成为整合这些产品的系统供应商呢？”张雷的点拨让开利看到了商机所在。而当开利升级为系统供应商后，当代节能的供应链能力也随之提升，比如，它的技术专业化程度得到提高，对供应链管理的复杂度却随之降低。

呼吁市场化政策推动绿色进展

相比国外绿色建筑的发展，陈音认为，我国比较匮乏的是绿色建筑技术和管理经验的沉淀积累，还有与国家节能建筑配套的建材工业体系支持。以“11·15上海静安区高层住宅大火”事件作为案例就可以看出，我国在节能减排的建材及工程施工管理的道路上还有很多需要探索的地方。

虽然近两年来国家连续出台相关的政策支持绿色建筑的发展，但在陈音看来，这些政策多以财政补贴的方式对绿色建筑进行鼓励，虽然有其好处，但还是呼吁出台更多市场化的政策手段，比如，在交易税、转让税等财税政策方面向绿色建筑倾斜。

他提到，在欧洲，获得能源证书的房子在二手房市场上就会更受欢迎，因为它不但舒适节能，而且在二手房买卖时能得到税收优惠，这就能提高绿色建筑的市场接受度，也会鼓励开发商更积极地开发绿色建筑。

虽然当代节能已经在打造绿色供应链方面积累了很多经验，但陈音同时表示，还需要拓展产业链的融合程度，比如，和建筑设计师在绿色建筑的理念方面达成更多的共识；又比如，加大建筑专业节能减排人才的培养力度，其中包括提高建筑施工工人的技能水平。

十年发展路，当代节能有得有失，有艰辛有收获；未来十年，绿色建筑有着更广阔的前景，而当代节能已经走在通往又一个十年的路上。

陈音，在当代公司担任总工程师，负责技术管理工作，长期专注于绿色建筑的理论研究与工程实践，具有丰富的经验。陈音具有工程学和管理学的专业背景，高级工程师技术职称，任职于企业之前曾在大学执教。他还担任了住房与城乡建设部顾问专家、中国绿色建筑与节能委员会委员、中国建筑学会绿色建筑专业委员会委员、中国城市科学研究会绿色建筑与节能专业委员会委员、中国可再生能源学会理事等社会工作。

王蕴：住宅产业化战略下的绿色践行

万科企业股份有限公司
建筑研究中心 总经理

当逐渐被视为绿色建筑的先行者和领导者时，万科董事会主席王石却更愿意将其归结为一种偶然，是“无心插柳柳成荫”。

2004年是万科成立二十周年，这一年，万科制订了未来十年的中长期发展战略规划，把千亿级企业作为企业成长的新目标，这意味着万科规模化发展时代的来临，如何在高速扩张期保证产品质量，也自然纳入万科战略思考的范畴。

“为了向客户提供质量可靠、居住舒适的房子，从2004年开始，万科致力于建造方式上的变革”，万科建筑研究中心总经理王蕴称，“我们期望通过建立一套标准化的技术和管理体系，解决不同城市产品质量有差异的难题。”

被赋予这一任务的万科1号实验楼于2005年建成；两年后，2号和3号楼也相继落成。在整个研发过程中，万科对日本住宅生产的工业化技术体系有了整体和全面的把握，对预制装配方式有了直观的认识，也由此确立了以日本工业化技术体系为核心的产业化发展之路。

工业化的好处显而易见，除了缩短建筑周期，还能减少传统建造方式对环境的破坏。从2007年4号实验楼的研发开始，万科委托深圳市建科院对整个施工过程的能耗状况做实时监测。研究报告显示，能耗、水耗和垃圾排放量分别降低了23%、79%和9%。

2007年，上海新里程20号楼开盘销售，这是万科的第一个工业化项目，这栋12层住宅采用工业化建造模式，比传统方法缩短了70天的工期。而且每平方米的水耗、能耗及垃圾排放量也达到或者超过了4号实验楼的数据。“新里程”成为万科在建造技术变革上的一个新起点。此后，万科工业化项目开工面积持续增长，至2012年，已经达到277.69万平方米。

作为中国地产行业的领跑者，从根本上讲，万科想改变的是行业传统的生产方式和发展模式，推动行业整体水平的全面提升。如今，装修房、工业化和绿色建筑已成为万科中长期发展战略的三大支柱，万科也开启了中国住宅行业的全面绿色时代。

住宅产业化的领军者

“住宅产业化”起源于二十世纪六十年代的日本，通俗地讲，住宅产业化就是先将房子的各个构件、部品和模块在工厂的流水线上生产出来，然后再运到施工现场像搭积木一样进行建造拼装。这种生产方式被认为可以严格控制质量，同时还能实现绿色和环保。但要真正实现住宅产业化，不仅仅需要采用工业化的建造方式，住宅用构件和部品也必须实现标准化、系列化，这其中涉及到行业上下产业链相关资源的整合，这显然不是单靠一家企业就可以轻易实现的，但具有理想主义色彩的万科仍扮演了先行者的角色。

1999年，住宅产业化的纲领性文件——《关于推进住宅产业现代化提高住宅质量的若干意见》出台，万科成为了第一个响应的开发商，并于当年成立了建筑研究中心，拉开了住宅产业化的序幕。

通过建立工业化中心进行前期的技术和人才储备，2006年，万科在距深圳六十多公里的东莞松山湖科技产业园区获取200亩土地，正式开始工业化的全面实践。记者看到，面积2000多平方米的预制混凝土生产车间装备精良，工序井然，产业工人正在流水线上生产预制构件，没有漫天飞舞的扬尘与轰鸣运作的搅拌机，完全改变了传统建筑工地脏乱差的印象。

“工地光鉴可人，一尘不染，上面还在施工主体，下面商场已经开业了。”王蕴在日本考察时，曾惊讶于当地工业化施工环境的整洁。更令她印象深刻的是，日本建筑工人清一色的工装，上班时间规律，有固定的休息日，与汽车、电子等其他行业的产业工人无异。从某种程度来说，这是工业化生产所带来的最直观变化。而今天，这一幕从万科的研发基地开始，逐渐在万科遍布全国的工地中开始慢慢变成了现实。

从2005年开始，这里诞生的预制砼构件，通过严谨的施工组织和先进的机械设备，逐步搭建出分布于基地各处的2至6号实验楼。这些建筑是上海万科新里程、北京万科中粮假日风景等中国首批工业化住宅项目的雏形，也是万科充满雄心的工业化和绿色建筑计划的发轫。

由于建筑行业能耗主要分为建造阶段和使用阶段，当别的开发商还仅仅关注到绿色技术应用对于降低建筑物运营维护能耗的影响时，万科早已在国内兴起了“工业化住宅”的行业技术变革，推行绿色建造方式。与此同时，万科也强调绿色住宅概念在万科产品中的推广应用，减少住宅产品在使用过程中的能耗。

现在，万科还提出了关注建筑物“全生命周期”能耗的理念。“我们认为应该将视角延伸至建筑部品生产甚至原材料开采的过程中，从生产、运输直至使用的整个过程，同时也包括后期的拆除回收利用，整个生命周期都要考虑能源的消耗。站在这样的角度去考量，才能合理地评价一个建筑是否是真正可持续的。”王蕴称。

坚定推进装修房

在工业化战略之外，万科还有一个重要的战略：装修房。

从起步初期，大规模地推广装修房便存在资源整合上的难度，如何对材料采购、施工节点、工期、质量检测各个环节进行有效把控，对于任何实施装修房战略的企业而言都是一个巨大的挑战，为此，万科也曾一度面临装修房质量投诉上的压力。但暂时的困难并没能动摇万科的决心，理由很简单，在万科看来，从毛坯房转向装修房，是行业未来的趋势，万科未来绿色战略的发展计划中，第一步就是要做到装修房。

推行装修房的优势是毋庸置疑的。根据中国建筑科学技术研究院数据显示，中国建筑施工垃圾占城市垃圾总量的30%，而二次装修垃圾平均为2吨/户。装修房交付可以基本消除装修过程中的二次污染，减少90%的装修垃圾，为客户节约大量的时间和精力，也大大减少邻里间装修不同步而导致的相互干扰。此外，企业在装修施工中要面对的所有困难，个人装修时也会遇到。相对于单个的消费者，企业的专业能力、市场地位，其实都具有更为明显的优势。而除却环保的因素，装修房带来的集采和部品标准化也将极大地优化供应商资源、节约成本和人力。

规模化的装修房量相当可观，但整个行业仍处于手工作坊的时代，很容易导致质量问题。如何有效管理供应链、优化施工流程，强化工程关键节点的评估检测，面对这些问题，万科已经在积极思考并应对，如何用更加工业化的方式解决装修房问题。

万科在2012年年报中披露，截至 2012 年底，万科交付的房屋，装修房占比超过

80%。这是行业迄今为止前所未见的装修房交付规模。也正是由于万科对装修房战略的坚持，并在遇到问题后不断寻求解决方案，才能为切实保障装修房的产品品质，提供一条可行的路径。

大规模推广绿色建筑

2007年，全国第一个绿色三星认证项目——深圳万科城4期推出，初步展现了万科在绿色建筑领域的雄心。据介绍，从2011年6月1日开始的万科新开工项目必须走集团内部流程审批，需要按照绿色一星的标准进行设计。

在全面推广绿色一星建筑的基础上，万科显然还有更高的追求，那就是积极推动绿色三星项目。值得万科人自豪的是，2010年，在全国申报绿色三星的住宅面积中，万科的三星住宅面积超过了全国总面积的一半。2011年，万科通过绿色三星级认证的项目共计273.7万平方米，占全国三星项目总面积的41.1%，其中住宅268.4万平方米，占全国的50.7%，相当于每两栋绿色三星住宅中就有一栋是万科所建。

而万科2012年年报显示，2012 年，公司共计完成 20 个绿色三星项目，总建筑面积为 166.6 万平方米；其中住宅项目的面积为 122 万平方米，占全国绿色三星住宅面积的 44%。

同年，万科建筑研究基地的一系列实验设施陆续投入使用。万科住宅实验塔作为国内首个、全球最高的高层建筑设备系统性能测试实验塔，已正式启动运营。它通过科学的方法对建筑、给排水、暖通等设备系统进行实测研究，实验塔将为国家行业标准制定提供科学、规范的依据。

万科还与全球最大的独立性非政府环境保护组织之一的世界自然基金会（WWF）签署谅解备忘录，就未来 5 年的环境保护和绿色可持续发展等方面达成合作意向，成为首个和 WWF 签约的中国企业。万科2012年年报指出，和 WWF 的合作将使公司在碳减排、生态保护和森林保护方面获得更多的专业技术支持，为公司推广绿色战略、强化持久竞争力提供助力。

最具标志性意义的是，由北京市政府牵头、万科承建的全球最大绿色建筑主题公园在2012年10月正式开工建设。在不久的未来，北京市绿色建筑公园将成为国内最先进的绿色建筑理念推广平台。

这是万科积极推动的一个公益性项目，集绿色建筑、研发基地和产业孵化园于一体，承担着向公众展示绿色建筑和引领产业发展的功能。在全球处于能源危机的背景下，发展绿色建筑已经成为未来人居的主题。如何提高民众对绿色建筑的接受度，在绿色建筑刚刚起步的中国，成为一个不可回避的问题，而万科，再次担起了解决这一难题的重任。

社会责任与企业竞争力的天然结合

回顾十几年来走过的路，万科甘苦自知。

王蕴至今仍记得万科在刚刚推行住宅产业化时遇到的困境。上海新里程20、21号楼是万科把工业化和节能建筑推向市场的第一个项目。为了确保不出现任何问题，万科甚至用不同方式做了两栋实验楼，一种是日本技术方案，一种是本土的方法。“在做具体项目前，先盖一个实验楼来预演，这不是常规做法，设计施工花很多时间和精力。”

项目正式实施后，施工工序如何组织、预制构件、吊装设备的物流节点如何保障……这些问题接踵而至，与做实验楼时相比，更为复杂和棘手。

更关键的是，一旦万科要将工业化大面积推广，却发现缺乏可供参照的整体系统性技术标准。万科在工业化探索进程中，与相关部门共同编制了深圳、上海等地的地方性技术规范，但至今仍未有关于全国统一的标准规范出台，也一定程度上制约了工业化的发展。

不过用脚投票的客户并不知道这一切。事实上，北京万科中粮假日风景、深圳万科第五园等工业化建造的住宅项目，售价并没有比同类产品更贵。

在王蕴看来，坚持推进住宅产业化的企业应该得到政府实质性的鼓励。她以日本、新加坡、香港为例，这些国家或地区的工业化起步时期都是政府推动起主导作用。香港的公屋、新加坡给中低收入者的租赁型用房，这些项目都大量使用混凝土预制方式，政府也出台了鼓励政策。比如香港对建筑的预制外墙、阳台等部分予以豁免容积率的优惠政策，可以基本补贴因工业化而带来的成本增量。

所幸的是，这家充满理想情怀的企业已经看到了更为明朗的前景，政策和行业的些许转变已经开始为积极践行绿色理念的企业提供了更多机会。2012年，财政部和住建部联合发文，宣布将通过政府财政补贴等方式全面提速中国绿色建筑发展；2013年，《绿色建筑行动方案》的发布，又将绿色建筑提到了国家战略的高度。

就像王石曾经说过的："我们当初都不知道碳减排怎么回事，只是偶然发现了工业化与节能的一致性。"对于万科而言，住宅产业化能给万科带来更快的周转率，更稳定的质量管控，这是万科本身业务的提升，但它还符合节能减排的趋势，这实际上是社会责任与企业竞争力的天然结合。在中国绿色建筑行业更为明朗的前景之下，正是社会责任与企业竞争力的完美结合，心怀梦想，脚踏实地，让万科更坚实地走向未来十年。

王蕴，1975年出生，武汉大学硕士学历。2000年加入万科企业股份有限公司。曾任集团规划设计部研究中心副经理、集团工程管理部工厂化研究中心经理、建筑研究中心助理总经理。

周柏生：亿城的绿色建筑初尝试

亿城集团股份有限公司 副总裁

在房地产业内，虽然亿城远远算不上绿色建筑的行动先锋，但作为副总裁，周柏生对绿色建筑的关注却早在十年前就开始了。

“那时我还在别的公司，为了做好一个坡地环境的项目，专程去马来西亚拜访了绿色建筑领域的专家。那位专家把建筑、环境、植物融为一体，设计出了非常绿色生态的建筑。通过进一步的了解，我们才知道，对植物的利用不仅仅是为了美观，还有调节温湿度、提高室内舒适度的作用。”周柏生回忆道。

而这实际上就是被动式的设计。此次难忘的经历，让他一直对被动式设计念念不忘。

2009年，由中国房地产工程采购联盟和部品企业联合国内开发商组团赴德国考察节能建筑，周柏生也是考察团成员之一。正是那次考察，让他对被动式设计有了更为深入的了解，并找到了平衡绿色建筑投入和回收之间关系的途径。

德国生态节能建筑考察之旅

那次赴德国考察，国内的开发商们主要深入了解了德国的被动式节能房、节能写字楼，与德国能源署探讨了建筑节能标准和节能技术，还考察了艾默生数码涡旋压缩机技术和超低温数码涡旋热泵技术。

其中，德国的被动式节能房给周柏生留下了深刻的印象。“德国的被动式节能房是多种技术的集成，涉及外墙保温系统、可再生能源系统、新风系统等。而给我感触较深的有三点：一是外墙外保温系统，德国外墙外保温系统的厚度达20公分，节能效果明显。二是换热置新风系统，北方住宅冬天基本不开窗，新风量不足，采用这个技术可以解决室内新风量的问题。三是太阳能光热技术和地源热泵系统联动供热，利用太阳能热水供暖，弥补了太阳能供热稳定性差的问题，联动采用地源热泵进行热补充，是一种很好的节能方式。”

当然，由于德国与中国的国情不同，在德国，即使是被动式节能房，投入的成本也相对较高，在周柏生看来，这是在中国很难达到的。“比如，德国外墙外保温系统的厚度达到了20公分，在户与户之间也设置了隔离层，不但起到降噪的作用，两户之间的热保温和隔离性能也很好。这是因为包括德国在内整个欧洲的能源价格相对较高，业主愿意在前期投入较高的成本，保证日常使用过程中能够节约能源，但中国的能源价格相对较低，短期内还很难说服业主为前期投入的成本埋单。”

但他依然认为，虽然很难照搬德国被动式节能房的技术，被动式节能的理念依然可以运用，而这其实可以减少前期的投入。“很简单，通过建筑上的设计更多地利用自然采光、通风，既能减少后期能源的消耗，达到绿色节能的效果，又因为减少了设备的投入而节约了成本。如果将投入全部花在设备配置上，一旦设备出了问题，维修是一笔很大的支出，很有可能造成成本无法回收。”

此次考察之旅，让周柏生难忘的还有艾默生超低温数码涡旋热泵技术。他说，目前一些空调存在的问题是，当室外温度低时，制热量过少，不能满足供暖的需要。当室外温度低至零下15℃时甚至不能开机运行，空调室内机需要配置辅助电加热器以达到要求的室温，制热时的效率低，而且室内温度过低。“所以在北方地区，人们还是得为夏季制冷和冬季采暖配置两套不同的设备。但艾默生超低温数码涡旋技术即使在零下25℃下也能正常运行，在严寒的北方地区只需要一套冷暖空调系统，就能同时满足冬季采暖和夏季制冷的需求。这就减少了前期投入的费用。”

亿城总部大楼的绿色思索

而亿城总部办公大楼的建设，为其在绿色建筑方面学习和思考所积累的知识提供了极佳的实践机会。

周柏生说，亿城总部办公大楼作为公司的一个标志，公司高层有一个共识，那就是一定要把它建成绿色节能的、能体现亿城对当代绿色建筑思考的工程。而在这一过程中，借鉴国内的成熟经验同样非常重要。

在他看来，在国内的开发商中，招商地产对绿色建筑的研究和实践可谓是首屈一指。“招商地产设立了以林武生博士为首的研究团队，长期对绿色建筑进行研究，并且在招商地产总部大楼中将研究成果付诸实践，取得了非常好的节能效果，这是很难得的。”

他所言的招商地产总部大楼，也就是业内鼎鼎有名的南海意库，也有“绿色建筑教科书”之称。该项目在原三洋厂房的基础上改造而成，最大限度地保留了原厂房的模样，从内部对其进行改造，变成一座有创意的绿色节能典范项目。

如果前往参观，这座六栋四层建筑外围的绿植、大树、玻璃墙、流水相映成趣的景致，都会给参观者留下深刻的印象，周柏生同样也不例外。而从最终决定保留旧厂房，并对其进行功能改造使其重新焕发新时代建筑的活力，而不是大拆大建这点来看，南海意库天生就具备了招商地产绿色的基因。

看得出来，周柏生对南海意库定是研究多时，该项目采用的技术，他一一脱口而出。

“比如，玻璃拔风‘烟囱’，通风效果非常好。”由于深圳临海受季风影响，常年可利用的风力资源比较丰富，虽然不能满足发电条件，但是如果在建筑设计的时候有考虑，作为自然通风却十分理想。南海意库在改造设计时，将内中庭作为热压通风的竖向通道，利用屋面设置的六个玻璃拔风“烟囱”将室内外热冷空气形成置换对流通风。玻璃烟囱采用电动百叶通风口，可根据空调季和过度季的不同需要启闭风口。

“又比如，自然采光，节省了很多电能。”公共建筑进深一般较大，人工照明与室外光照在窗口附近区域形成重叠，造成能源浪费。南海意库在改造中充分考虑上述影响，内中庭顶部为玻璃棚且布满太阳能光伏电池板，该顶棚具有良好的遮阳效果又有一定的透光率，采光效果很好。此外，该建筑的“垂直＋水平”的遮阳模式，在室内的遮阳也可以改善室内的自然光照，防止眩光的影响。而光是这项绿色技术，每年节约电耗就可达约10万至11万度。

“还有温湿度独立控制空调系统。”深圳的气候雨量充沛空气湿度大且持续时间长，全年有近80%的时间内空气湿度接近80%，常年空气湿度较为温和，极端高温时间短，太阳辐射强度大。在一般情况下，空调同时负担起了降低空气温度和以冷凝方式除去空气湿度的双重任务，这样就不仅需要消耗过多能源，而且由于出风温度很低导致人的舒适度下降。南海意库项目在改造中采用了溶液除湿新风系统，该系统具有新风除湿、除尘、灭菌杀毒、全热回收等功能。经过处理后的干冷新风经送风系统进入室内与室内湿热空气混合，完成空气除湿。送风系统每小时置换室内空气一次，达到了生态环保的效果。与此同时，该空调系统也非常节能，实测数据显示，南海意库平均每平方米建筑耗电量仅为40度左右，而用普通空调，每平方米的耗电量是120度。

也正是出于对南海意库所用技术的了解与信任，在亿城总部大楼设计之初，林武生博士的研究团队就被请来担当咨询工作。而经南海意库实践成功的玻璃拔风“烟囱”、自然采光、温湿度独立控制空调系统等技术，也会被应用于亿城总部大楼之中。

这座正在施工的大楼，会给业内带来新的惊喜吗？

精装修法则

虽然就绿色建筑的实践而言，亿城还是新军，但正如多家房地产企业在接受我们采访时提到的，精装修本身对绿色建筑的打造意义重大，绿色建筑与精装修是密不可分的，这也是包括万科在内的龙头企业坚持推进精装修的原因之一。而亿城在打造精装修住宅方面，积累的经验可谓是非常丰富。

周柏生介绍，2002年底到2003年初，亿城就改变了设计流程，使精装修设计前置，当第一轮建筑户型方案做完后，从精装修设计角度，给户型提出反馈意见，确定好适当的尺度、点位，并将此反馈给建筑师，由建筑师将设计要求发送给土建设计院的各个专业设计师。2008年精装修设计流程进一步完善为户型优化和精细化，在优化的基础上进行细化，实现了所有点位模块化。

“而从节能环保和节省材料的角度而言，做好精装修住宅设计的模块化与标准化非常重要。如果点位施工不到位，后期需要拆改，就会造成大量的浪费，与绿色建筑的要求是背道而驰的。”他说。

而从另一个角度来看，当售后空间、功能空间进行标准定制之后，对应材料也较容易进行批量化采购。再溯源到供应商的工厂，标准化的采购意味着标准化的生产，也更容易在生产过程中对材料使用进行统筹考虑，最大限度地避免材料浪费。

而在亿城总部大楼之后，亿城集团将在秦皇岛北戴河新区打造的一个规模达60多万平方米的度假区项目，也将全力打造绿色生态建筑。

周柏生说，一方面，北戴河新区管委会领导的意识非常强，主动提出希望亿城能打造被动式设计的绿色建筑，为高端旅游度假区的其他项目树立一个示范，并且可以给予资金上的补贴。另一方面，随着休闲旅游度假时代的来临，人们在旅游度假目的地所逗留的时间越来越长，这也为旅游项目的绿色节能提出了新的要求。

而伴随着北戴河旅游度假项目设计、施工、运营的全过程，亿城此前对绿色建筑的思索与实践将会有更大的施展舞台。

周柏生，1966年4月出生，建筑学硕士。2006年至2007年3月任金地集团股份有限公司北京公司设计总监；2007年4月至2009年11月任亿城股份总裁助理兼设计研发中心总经理；2009年11月至今任亿城股份副总裁。

谢丹：万通地产低碳谋略

万通地产创新研发中心　副总经理

万通地产正在谋划成为中国低碳地产领域的NO.1。

早在2008年，万通地产就提出了全面践行绿色公司战略。经过四年多的研究筹划和实践，万通地产在绿色产品、供应链、创新研发制度等方面都取得了长足进展。

刚刚过去的一年，万通地产在国内地产界率先推出了《万通低碳建筑标准》（北方采暖地区居住建筑），并与中国建筑科学研究院联合发布了合作研究成果《低碳住宅与社区应用技术导则》，首次在国内以北方采暖地区第一个绿色三星级项目为基础，探索研究国内建筑物碳排放通用计算方法。

与此同时，万通地产开发的北京万通中心、天津万通中心、杭州万通中心、上海万通新地中心等项目，先后荣获了美国绿色建筑委员会颁发的LEED金级认证。

业内人士表示，在不远的将来，房地产企业和项目的绿色及碳减排，已经不是一个市场差异化的选择，而是一个必须的选择。

万通地产已经抢先开拓了低碳建筑研究市场，为企业未来转型升级低碳地产、把握碳汇市场机遇赢得了发展先机。

建筑减排压力空前

在2009年12月的哥本哈根气候变化会议上，中国政府宣布，到2020年，单位国内生产总值二氧化碳排放，比2005年要下降40%到45%。

2012年1月13日，国务院发布《“十二五”控制温室气体排放工作方案》，其中明确了到2015年全国单位国内生产总值二氧化碳排放比2010年下降17%的减排目标，要求全社会大力开展节能降耗，优化能源结构，努力增加碳汇，加快形成以低碳为特征的产业体系和生活方式。

而降低建筑物能耗，被公认为是实现全球气候目标的最为关键的因素。

据统计，自二十世纪七十年代末开始，我国建筑消费的运行能耗占社会总能耗的比例已经从10%上升到26.7%，如果再加上生产环节的能耗，建筑能耗的总量大约要占到社会总能耗的47%。

而且，随着我国城市化进程的推进，建筑总量不断提高和居民生活水平的持续改善，建筑用能比例和相应的碳排放比例还将逐步提高。著名的麦肯锡国际咨询公司、中国建筑科学研究院和国家发改委能源所先后独立发表的关于中国未来建筑碳排放的预测报告中，都不约而同地确认了中国建筑行业的碳排放总量和所占比例在今后二十年将不断增长的趋势。

建筑行业的减排成为我国应对气候变化的关键点，一方面是因为建筑行业碳排放总量和比例呈增长趋势，另一方面也因为建筑行业的减碳潜力最大，成本最低。

2012年5月初，财政部和住建部联合对外发布《关于加快推动我国绿色建筑发展的实施意见》（财建[2012]167号），确定了2012年高星级绿色建筑的财政奖励标准：二星级绿色建筑每平方米建筑面积可获得财政奖励45元，三星级绿色建筑每平方米奖励80元。奖励标准将根据技术进步、成本变化等情况进行调整。

此外，还表示中央财政将支持绿色生态城区建设，引导低星级绿色建筑规模化发展。对符合条件的绿色低碳的生态城区给予资金定额补助，资金补助基准为5000万元，并对建设突出的绿色生态城区相应调增补助额度。

与此同时，我国开展碳交易试点也进入研究落实阶段。发改委发布通知，同意北京市、天津市、上海市、重庆市、湖北省、广东省及深圳市开展碳排放权交易试点。目的是为落实“十二五”规划关于逐步建立国内碳排放交易市场的要求，推动运用市场机制以较低成本实现2020年我国控制温室气体排放行动目标。

而且，随着国际、国内碳汇、碳中和与碳交易的完善，碳减排问题将成为可以衡量、可以转换成利益的经济问题。由于在清洁发展机制（CDM）项目上，西方主要国家不同意在2012年之后中国继续参照发展中国家的标准，因此国内未来很可能出现单独体系的碳汇和碳交易体系，这是各行业包括房地产行业在内未来必须面对的问题。

“综合以上种种因素，万通地产愈发意识到，建设低碳建筑、降低碳排放，建筑行业责任重大。”万通地产创新研发中心副总经理谢丹表示，房地产行业向低碳转型符合国家的战略目标，是产业升级、提高企业核心竞争力、提高项目品质的重要战略。房地产企业和项目的绿色及碳减排，在不远的将来，已经不是一个市场差异化的选择，而是一个必须的选择。

万通地产发现，开发商如果可以做到因地制宜，合理控制成本，再加上政府的补贴机制，做低碳建筑就完全可能变成一件有利可图的事情，而不再是仅仅依靠企业社会责任去做的公益事业。

洞悉低碳建筑大势

就建筑领域来讲，如何减少能源与资源消耗、降低碳排放、促进社区与城市可持续发展，成为最具有挑战性的问题。

早在2008年，万通地产就向外界披露："绿色公司战略将是万通地产未来的一个核心竞争力。"绿色公司战略的核心是：绿色价值观，绿色行为规范，绿色产品与服务。

万通地产先后建立了创新产品研发基金、新品发布会制度，启动绿色供应链计划，与美国绿色建筑委员会（USGBC）开展了战略合作。

但是，如万通地产一样，国内很多地产企业也陆续认识到了发展绿色建筑的先机，大批优秀企业积极参与到绿色建筑领域，万通地产只是其中的普通一员。

"一时间，很多建筑打出了绿色建筑的宣传口号，但是仔细调查发现，很多企业甚至连这些建筑为什么低碳、低碳到什么程度都没有说清楚。"谢丹说。

因为现有的绿色建筑标准认证侧重于定性，定量的东西比较少。在2012年以前，国内建筑行业还没有具体的低碳建筑的评价标准，甚至连建筑的二氧化碳排放量的核算方法都没有。

国际和国内研究中的低碳建筑标准多放在政策层面上，并且由于地域跨度大，气候差异大，所定标准多具有理论上的意义，但在指导建筑碳排放的实测与核算上具有一定难度，尤其是难以对地产商的经营模式转变起到决定性作用。

也没有地产商自主开发具有知识产权的低碳建筑标准，以指导地产行业向低碳地产全面转型。

此时，已经做了两年多相关研究的万通地产猛然洞悉，建筑行业迫切需要这些标准，哪个企业能够率先研究出好的方法，就能成为后来者的标杆和依据，就有可能成为行业领先的基础标准。

在低碳地产领域，万通地产如能第一个建立低碳建筑标准，打造低碳建筑与社区，对我国应对气候变化和建筑业产业升级和房地产企业转型，具有多重重要意义。

同时，低碳建筑研发，从碳总量计算、碳优化、碳减排项目认证、碳市场交易着手，一方面可以推动促进公司绿色建筑产品的深化发展，另一方面可以从产品碳认证的量化角度，建立万通地产独一无二的碳公信力。

尤其是在当前众多伪低碳建筑以碳减排为噱头自说自话的大环境背景下，可以获得更鲜明的市场认知和接受。此外，万通地产通过低碳项目的具体操作实践，自我培训，建立机制，对应对未来市场变化也具有重要战略意义。

正是洞悉了上述国家政策调整与市场需求的契机，万通地产决定开展低碳建筑研发。

抢滩低碳建筑研发

自2010年起，万通地产积极开展与中国建筑科学研究院、中国社会科学院等国内外优秀科研机构的广泛合作，在执行国家绿色建筑标准的基础之上，研发制定适合万通地产自身需求的低碳建筑标准，建立企业碳排放计算方法学。力争将万通实践绿色建筑所做的碳减排贡献科学量化，并指导未来新建项目的设计建造，以提前应对未来国家强制性减排压力及可能的碳汇市场机遇。

2010年11月，万通地产与中国建筑科学研究院签订了低碳建筑领域的战略合作框架协议。通过签署此合作框架协议，双方在低碳建筑领域中的合作达成共识，共同依据现有资源与资金，开展合作框架中列明的合作活动。主要在以下四方面展开了合作：

一是研发《低碳住宅与社区应用技术导则》。导则于2012年12月已公开出版。万通地产以万通天津生态城新新家园为唯一示范项目，对《导则》进行了专项适用性研究。通过对项目的分析，对比条款落地应用情况，证明《导则》对指导实际工程走向低碳，具有较高参考价值和实际指导作用，同时验证该项目成功为住宅建筑的低碳之路提供了优秀示范。

二是制定《中国建筑物碳排放通用计算方法》。统一中国建筑物碳排放计算边界和计算方法是中国建筑节能和推广低碳建筑的核心问题。一个国际国内认可、通用有效的建筑物碳排放计算方法是既有建筑碳排放基准比对，是中国建筑物碳排放总量估算和发展分析预测等相关问题的重要支撑。

三是开展低碳城市的能源系统研究。主要研究内容包括：能源结构发展研究、城市级可再生能源利用规划、低碳城市中建筑节能措施研究。

四是开展低碳地产与绿色生活创新发展研究。主要内容包括：低碳建材发展研究、低碳装修发展研究、绿色生活方式研究。

与此同时，万通地产与中国社会科学院城市环境与发展研究所（可持续发展研究中心）合作，开展了《万通低碳建筑标准》（北方采暖地区居住建筑）的研究和编写工作，目的是为万通地产提供一套可实施、能监测、易推广的低碳建筑标准，降低居住建筑在生命周期中能源消耗和碳排放，引导万通地产向低碳地产转型中走在全国乃至世界前列。

2012年7月15日，万通地产和中国社会科学院城市环境与发展研究所在北京召开了《万通低碳建筑标准》项目成果汇报暨结题会。与会领导和专家对万通低碳建筑标准给予了高度评价。认为《万通低碳建筑标准》实现了低碳建筑标准从无到有，从定性到量化细化。

铸就低碳地产先锋

万通地产的低碳建筑研发志存高远。

据了解，在研究制定《中国建筑物碳排放通用计算方法》时，万通地产选取了一栋典型建筑，进行了科学设计条件下运营阶段碳排放量对比计算。实践证明，万通典型绿色建筑的碳排放计算量大大低于参考建筑，单位面积碳排放强度为42.39kg/m^2.年，远低于同期设计或建造的建筑平均碳排放量水平73.6kg/m^2.年，减排率达42.43%。

如今，以万通中心为代表的商用物业，产品线全系产品均按照美国LEED标准建造。北京万通中心、天津万通中心、杭州万通中心、上海万通新地中心已先后荣获美国LEED金级认证；住宅产品上，力争获得中国绿建三星认证体系专业认可或美国LEED住宅社区银级认证。天津万通生态城新新家园已经荣获华北地区首个绿色三星标识，北京万通天竺新新家园正在进行LEED住宅社区银级认证。

万通地产也已经品尝到了低碳地产战略带来的胜利“果实”。

2013年3月7日，在2013第十三届中国房地产发展年会上，北京万通天竺新新家园获得“2013中国人气绿色楼盘嘉奖”；天津万通生态城新新家园主打绿色低碳主题数次开盘，均在短时间内销售完毕。

根据万通地产绿色公司战略，2010年至2014年期间，万通地产总共预计开发项目1000万平方米，全部符合绿色建筑标准，预计将减少碳排放244.55万吨。

谢丹还希望，万通地产研究制定的上述低碳建筑标准能逐渐上升为低碳建筑领域的行业标准，并为国家标准的出台提供参考，甚至成为低碳住宅国家标准的一部分。

万通地产已经树立了低碳地产领域的领先地位，并获得了先驱优势。未来，万通地产能否成功应对国家强制性减排压力以及可能的碳汇市场机遇，发展成低碳地产领域的“龙头老大”，还需拭目以待。

谢丹，主要负责万通地产所有在建项目的绿色建筑技术管理、支持与把控工作，在项目实施过程中主要负责其绿色技术路线部分的制定。

具体参与工作主要有天津万通生态城新新家园、天津华府、北京万通中心、杭州万通中心、北京天竺新新家园、北京龙山小镇等项目。为公司绿色战略实施和绿色技术推广应用，奠定良好的操作基础，提供有力的技术支持。

联手中国建筑科学研究院和中国社会科学院，合作创立了《低碳建筑标准》及《中国建筑物碳排放通用计算方法研究》等国家级和住建部低碳建筑相关研究课题并将初步的研究成果公开出版。

曾剑龙：把握绿色建筑发展潮流

锋尚集团锋尚科技公司 总经理
锋尚低碳研究院 院长

2002年，当北京锋尚以“告别空调暖气时代”的宣言轰动京城房地产市场时，现锋尚国际低碳研究院院长曾剑龙还在清华大学攻读博士学位。

也正是在这所国内绿色建筑研究领域的第一学府中，曾有学者质疑过锋尚“告别空调暖气时代”的口号。让锋尚国际董事长张在东记忆深刻的是，在北京锋尚推出之后，他曾经到清华大学介绍项目的技术特点，可是当场就有专家站出来对项目提出质疑之声。

有关北京锋尚这一项目以及围绕它产生的质疑，也被当时正在从事建筑物理研究的曾剑龙所关注。

无独有偶，同样是在北京市场，当代节能开发的MOMA系列产品提出的“恒温恒湿”的理念也曾饱受争议。现在回忆起来，当代节能总工程师陈音称，“恒温恒湿”更多是出于市场营销需要而提出的口号。曾剑龙也持同样观点，他认为，“告别空调暖气时代”的宣言同样地更多是出于市场营销的需要。

北京锋尚国际公寓是中国首例应用欧洲高舒适度低能耗环保优化设计理论设计建成的公寓式住宅建筑，“当时连很多节能产品都是直接从欧洲进口的，国内的厂家并没有这样的生产能力，可想而知，在国内不具备相关理念的情况下，如果没有一个响亮的口号，市场营销会有多难。从某种意义上而言，有争议才会有关注，这也是北京锋尚在市场营销层面做得比较成功的地方。”

但是，争议归争议，到底宣称“告别空调暖气时代”的北京锋尚仅仅是一个噱头，抑或是真的能达到预定的节能目标？只有数据能说明问题。

就这样，曾剑龙所在的课题组联合中国建筑科学研究院物理研究所一起对北京锋尚项目进行了实地检测，这也被他称为是“为房间安装心电图”，看实际节能效果是否能达到原先设计的指标。

经过一年时间的实测，数据显示，北京锋尚项目每年每平方米可以节约4.9千克标准煤，200平方米住宅一年能节省一吨标准煤。由于该项目没有采用市政供暖，而是自设锅炉房，课题组也对采暖能耗进行了核算，计算得出的采暖费用约为每平米13块钱，而当时北京市市政采暖的费用为每平米30元。

当时国家执行的是建筑节能50%的标准，而实测结果显示，北京锋尚已经达到了节能80%的效果。十年以后，直到2013年，北京市执行的建筑节能标准也才达到75%。

此次项目实测的经历，让曾剑龙对锋尚国际的理念有了深入的认识，也让双方之间的缘分有了一个美妙的开始。从清华大学毕业以后，他曾经加入中建国际，参与过“水立方”的设计。2007年，应张在东之邀，他正式加入锋尚国际，并且参与了南京锋尚的研究及建设过程。

两代锋尚产品领跑全行业

用张在东的话来说，北京锋尚在建筑节能领域做到了“天下第一”，但在他的心里，这远远不够。于是才有了北京锋尚的“升级版”——南京锋尚项目，它研究和实践的是“零能耗”的理念。

北京锋尚的核心技术是天棚低温辐射采暖制冷系统，主要配套技术是健康新风及干挂饰面砖幕墙聚苯复合外墙外保温，此外还采用了外遮阳卷帘系统、垃圾处理系统、防噪音系统、水处理系统等。

而南京锋尚作为中国第一个零能耗的住宅项目，除了具备北京锋尚的优点外，还安装了分户智能控制系统，可根据室温对设备进行自动控制，住户也可自行调节温湿度，更有利于行为节能。

南京锋尚的另一个特点则是采用了大量可再生能源系统。也正是通过这个项目的实践，锋尚国际对“零能耗”的概念有了非常深入的理解。

曾剑龙称，零能耗是国际学术界一个专有名词，它并非是指完全不耗能，而是指建筑在实现低能耗基础上，用太阳能、风能等可再生能源达到节约或者不使用传统能源的目的。

他提到，南京锋尚可以说是将近上百场会议调查基础上产生出来的项目，来自全世界的各地专家给锋尚出谋划策，也为锋尚实现这套理论奠定了基础。比如项目中运用的一项地源热泵技术，整个小区所有冷热源都是由地源热泵提供，通过这个系统把夏季的热量存储到地下，然后在冬季的时候提取出来，同时可以实现很高的系统能效，为居住者提供非常舒适安静的居住空间。此外，外墙围护结构的保温也基本上达到欧洲的节能标准。“包括断桥铝合金、电动外遮阳等系统，在欧洲运用得非常广泛，而这其实是成本最低，而效果最好的一种节能措施。”

而南京锋尚项目不但为锋尚国际再一次赢得市场，赢得行业地位，还得到了世界的认可，得到联合国的赞许。

2009年7月，在印度首都新德里，由联合国人居署主办的“可持续发展城市化战略峰会暨联合国人居（中国）优秀范例奖”颁奖典礼上，南京锋尚国际公寓以先进的节能环保创新技术，受到各国评委的集体赞誉，捧得“联合国人居奖最佳范例奖”。联合国人居署专家表示，希望以此表彰锋尚在推动清洁能源解决方面做出的杰出贡献，并鼓励全球住宅开发越来越多地采用清洁能源。

2010年7月，联合国副秘书长、联合国环境规划署执行主任阿希姆·施泰纳来到南京锋尚小桃园项目。尽管只逗留了短短的四十分钟，但是该项目给他留下的印象却是深远的。他表示：“提到住房改革，很多人会说没有技术、没有钱，但锋尚通过智力和聪明智慧，向大家证实了走环保住宅这条路是可能的，环保建筑需要设计者、建设者、投资者和使用者共同对环保做出承诺才能实现。”

“实现低碳甚至是‘零碳’，需要的不仅是技术，还有强烈的社会责任感。正是因为有了这两者，锋尚才成为了建筑业为遏制全球变暖的标杆性企业。”阿希姆·施泰纳在听完张在东对项目的介绍之后，如是赞扬。

“你们为中国为世界环境保护做出了努力。锋尚零能耗建筑应在全世界推广，以降低建筑能耗。”这是阿希姆·施泰纳的赞许，也代表了联合国及世界对锋尚的认同。

积极推动观念的改变和技术的普及

在南京锋尚项目之后，作为中国绿色建筑领域的领头羊之一，锋尚国际并没有加快市场开拓的步伐，而是做了很多推动观念改变和技术普及的工作。

2009年12月份在哥本哈根举行的联合国气候变化大会上，张在东宣称，中国建筑节能减排的空间很大，但中国的节能技术不落后于西方。

曾剑龙称，张董事长的观点是有研究和实践支撑的。“比如第一个观点，我们通过锋尚两个项目的实践已经证明，通过增加墙的厚度，通过使用节能的技术，对于节能减排可以起到事半功倍的效果。而张总的第二个观点实际上是锋尚多年来对世界上节能环保的项目进行调研得出的结论。我们发现，在国外所采用的所谓的先进的节能环保技术，在锋尚项目中都有使用。所以我们认为在房屋的低能耗、零能耗技术方面，中国在这些方面并不比西方差。”

但如何能更好地推动绿色建筑的发展？他认为，关键在于观念的改变和技术的普及。比如此前业内存在着认识上的误区，认为绿色建筑一定是增加成本的，“但绿色建筑的要求是‘四节一环保’，能够实现‘四节’，绿色建筑一定是节省成本的，节省成本本身就是最大的绿色”。

而相比十年前北京锋尚需要从国外进口很多产品的状况，现在国内已经有很成熟的技术储备，本土化的生产也会降低成本。

十年间，从中央到地方，各级政府对绿色建筑的支持力度也是越来越大，加上行业调控的大背景，开发商必须要提高项目的周转率，而品质高的房子无疑会加快项目的销售速度。

iPhone带来的启示

张在东喜爱iPhone，推崇乔布斯，业内皆知，这也影响了全公司上下。这种影响很有可能不仅仅停留在产品设计层面，还将影响到锋尚国际未来的发展模式。

锋尚国际不是一家传统的房地产开发商，没有走囤地开发的路，而是执着于技术，那么，锋尚的技术储备，将要如何释放，并对中国的绿色事业起到更大的推动作用呢？

曾剑龙表示，锋尚更倾向于成为绿色生态技术的集成商，在将绿色生态、智能家居、云技术等整合起来后，与别的开发商合作是不错的选择。

在iPhone面世之前，乔布斯等待了很多年，等待技术的成熟，等待生产成本到达市场可以接受的程度，等待产品臻于完美。而从南京锋尚推出至今，六年已经过去，也许，锋尚所要等待的好时机真的已经来到。

而中城联盟下一步所要推进的“绿色战略”也让曾剑龙充满了期待，他说，中城联盟盟员企业每年申报绿色建筑认证的项目占到了全国的一半以上，下一步，也希望联合联盟内更多开发商一起开发更多绿色建筑项目。

联合的力量，对于绿色建筑发展的推动，同样巨大！

曾剑龙，博士，2006年毕业于清华大学建筑学院建筑技术科学系，主要从事建筑物理、建筑节能领域的研究。先后参加过科技部、建设部“十五”“十一五”等科技攻关项目，在建筑能耗模拟方面的研究，获得过国家科技进步奖。在国内外权威杂志和学术年会上发表过十余篇科技论文。作为锋尚研发团队的负责人，负责建立先进的技术研发机构以及先进的资源整合中心，利用全球优势资源整合锋尚核心技术系统，为锋尚低碳地产创造高附加值产品，实施公司品牌战略。

谢远建：朗诗集团十年绿色科技探索路

朗诗集团股份有限公司
执行副总裁、首席技术官

这是一场自下而上的革命。

2003年至2006年间，中国绿色建筑发展的前夜。这一阶段，在中国房地产领域正悄然发生着一场革命，一些寻找差异化发展的企业开始以绿色建筑为载体发展、前行。令它们没有想到的是，这一发展规划实则推动着中国建筑业这一耗能大户在节能减排，在推动着中国绿色建筑的发展。

朗诗集团就是这样的一家企业。

2002年，成立刚刚一年的朗诗集团，因为董事长、总裁田明的一次北京考察改变了发展路径。这一次，田明首次接触到了绿色科技术住宅，在他看来，这一产品将是未来的方向。于是，向着“百年老店”进军的他们终于找到了一条发展路径：走绿色科技地产之路，其他概不涉及。

这样一条道路尽管很少有人走，却是正确之路，也成就了朗诗集团。在竞争激烈的房地产行业，朗诗集团从一个没有地、没有品牌、没有资源、资金只有1000万的企业，逐步实现“弯道超越”，至2012年，资产规模已达百亿元，成为了房地产行业绿色科技地产的标杆性企业。在首个绿色住宅项目“南京国际街区”获得成功的基础上，自2006年起，朗诗集团相继进入无锡、杭州、苏州、常州、上海、绍兴、武汉、成都等城市，绿色足迹逐渐走向全国。

这些年，朗诗集团不仅推出了“绿色人居”“1.5升房”及正在试验的“帕多瓦住宅”等引领性产品，推动了绿色科技住宅技术的升级与革新，也带动了更多企业的参与；更在建筑业节能减排呈现了成果，按照朗诗集团现有的总开发面积400万平方米计算，每年节约用电量约10 000万kWh，CO_2减排量约10万吨。

成绩的背后，是朗诗集团10年艰难探索的历程。

绿色科技住宅探索

过去，印刻着艰难与思索。

朗诗集团成立于2001年，那时它还是一个名不见经转的偏居南京一隅的小企业，发展与产品模式与市场上其他企业一样，走的是一条常规的普通住宅的发展路线。

尽管是首个项目，并获得了成功，但田明并没有感受到喜悦和成就感。在那样一个竞争激烈的市场中，他的企业还是很小，在南京市场也没有一席之地。但他却希望它能成为“百年老店”。

2002年，在北京考察期间的一个偶然机会，他接触到了绿色科技术住宅，一下子击中了他。他思索着：中国几乎所有楼房都是高能耗建筑，其消耗的能源占到中国总消耗能源的30%多，而建筑节能降耗正符合国家可持续发展的政策思路。同时，绿色科技住宅概念虽在国外已经普及，但在中国，还是一个很新鲜的概念，仅少数几家房地产企业有所涉足，可谓战略上的蓝海。

回到南京后，他决定在朗诗集团开发的第二个项目上引入绿色科技的技术与产品，在南京市场上推出绿色科技住宅。

这是一个创新的想法，但也是一件风险极大的事情。

彼时的中国市场上，还没有“绿色建筑”这一提法，甚至建筑节能也才刚刚提出，绿色建筑在房地产领域更是一个新名词，一个非常边缘的产品，很少有企业涉足。“圈地”“圈钱”还是很多房地产企业发展的经典模式；在市场层面，客户的认知度几乎为零，他们所关注的还是楼盘的绿化与地段；在政府层面，也没有形成推动绿色建筑发展的相关政策，甚至连基本的定义都没有。

“当时有很多反对的声音，包括很多董事、股东，他们觉得朗诗集团去冒这个险没有必要，就赚点钱吧，他们都没有考虑未来公司长远发展需要去走什么道路。”朗诗集团副总裁、首席技术官谢远建回忆道，当时会议开得很激烈，但支持朗诗集团研发绿色产品的寥寥无几。

市场风险及股东们的反对并没有阻碍住朗诗集团在绿色科技住宅领域的探索。

2004年，朗诗集团开始为自己的第一个绿色科技住宅做着准备——朗诗国际街区。3月1日，朗诗集团成立了为这一项目专门成立了技术研发部，通过对国际、国内同类项目的考察，确定了绿色科技住宅十大科技系统，以实现住宅的“恒温恒湿恒氧”。

“但是，对于这样一个带着绿色建筑光环的项目在推向市场后，会获得怎样的反应，当时我们包括田总心里其实是没有底的。”谢远建说。

这是一个高舒适度、低能耗的项目，采用了十大科技系统，这些技术的应用意味着建筑成本的增加，若想获得赢利，必须增加售价。当时，朗诗国际街区周边楼盘的价格为5000元/平方米，其定价为8000元/平方米。

高出市场3000元/平方米，能卖出去吗？

抱着试试看的心理，朗诗国际街区如期开盘了。市场给予了这一项目极大的热情，第一次开盘的100套住宅于开盘当天就售出了70套。

这一项目投放市场的成功给了朗诗集团极大的信心，也使他们看到了一条适合企业发展的道路。在他们看来，随着经济的发展以及人们生活水平的提高，住宅的舒适度及健康一定会在未来成为人们选择楼盘的重要指标，建筑业节能减排也必将在国内推行，这是国际趋势。

彼时，朗诗集团也做了一个决定，只开发绿色产品，其他产品如普通住宅、商业地产一概不做，集团所有的资源、精力都投入其中。

时至2005年，国家也开始从节能减排层面关注绿色建筑的发展，开始着手制定相关政策与标准推进与监管中国绿色建筑的进程。

2006年3月7日，我国首部绿色建筑国家标准——《绿色建筑评价标准》出台，成为我国绿色建筑发展的里程碑。这是我国第一部从住宅和公共建筑全寿命周期出发，多目标、多层次地对绿色建筑进行综合性评价的推荐性国家标准。

国家在政策层面的努力与推动，以及国内能源紧缺的形势，使朗诗集团意识到，绿色科技住宅的道路走对了。

执着于绿色科技

相比于普通住宅而言，绿色科技住宅意味着更大的科研投入、科技研发。唯有如此，才不至于在市场的复制与模仿间被消蚀殆尽，成为先烈。

自2004年决定开发绿色科技住宅开始，朗诗集团便加大了科技研发的投入与力量。这一年，朗诗集团成立了技术研发部，通过对国际、国内同类项目的考察，确定了绿色科技住宅十大科技系统，实现了住宅的“恒温恒湿恒氧”，打造出南京朗诗国际街区等绿色科技住宅，得到了客户认可。

其中地源热泵系统的选择体现了朗诗集团研发人员和管理层敢于冒风险的创新精神。研发之初，朗诗集团的研发人员四处搜索相关技术信息，对地源热泵技术尤其关注，发现了地源热泵同高舒适度低能耗住宅系统特性的匹配度极好，大大优于当时同类项目中大型制冷机组加锅炉的能源选择。在毫无科技住宅风险评估的情况下，朗诗集团决定将地源热泵技术加进来，开创科技住宅的先河。同时，通过对地源热泵与天棚辐射+置换新风系统的组合，不仅实现了室内环境的高舒适度和健康，更因为这一系统的创新大大降低了能耗。作为朗诗集团的第一代产品，南京朗诗国际街区系列，一个夏季的耗电量和普通的民居相比，节约了50%。

从南京朗诗国际街区开始，朗诗集团所有住宅项目全部走绿色低碳路线，基本特征是：室内高舒适性、空气清新健康、普遍采用了地源热泵和太阳能等可再生能源技术，综合节能率达到了80%以上。并且，朗诗集团所有项目要求是精装修项目，以避免资源的浪费和环境的污染。

在保持绿色地产开发的同时，朗诗集团还投入了极大精力用于绿色建筑的研发，先后投巨资在南京、海南、浙江长兴建设了绿色建筑研发基地。每年，朗诗集团会拿出不低于销售额1%的资金用于研发。

为了更好地发挥技术优势，朗诗集团还先后成立了上海朗诗建筑科技有限公司、上海朗诗节能技术有限公司、朗诗欧洲建筑科技有限公司等专业建筑研发机构，并收购了一家甲级设计院，共同组成了朗诗集团目前的绿色科技技术平台，为朗诗集团的发展提供技术支持。

此外，朗诗集团还与国内外知名高校、科研机构合作，比如丹麦DTU（丹麦科技大学）、清华大学、同济大学、中国建科院、上海建科院等，共同对绿色建筑技术进行研发试验。截至目前，朗诗集团已经申报专利150多项，参加了“十一五”“十二五”国家课题研究，并参编了国内多个绿色建筑相关的技术标准。

在绿色科技产品推进上，2010年，在第一代产品的基础上，通过将研发成果应用到住宅领域，朗诗集团在南京、杭州、上海三个城市同步推出了朗诗第二代产品——“1.5升房”，分别针对高层住宅、公寓、类别墅产品，这三个项目都采用了更加丰富和更加实用的技术。

"1.5升房"，即在满足室内温度夏季不超过26℃、冬季不低于18℃的情况下，每年每平方米建筑能耗不超过1.5升燃油。根据这一定义，非节能建筑一般会达到十几升燃油，国标要求的50%节能率的建筑大约是6.5升燃油。

朗诗集团第二代产品的一个重要特点是促进了业主自身的"行为节能"，业主可以对温度进行调整，有三个调节档位，满足不同人群对于不同温度、舒适度的要求。最主要的是，有了这三个档的微调，通过制定相应的物业收费标准，鼓励业主行为节能。

"例如冬天可以将温度设为22℃、20℃、18℃，18℃的冬天是很舒适的，22℃则是过于浪费；如果不能调节或收费标准不分档，业主一定会选择将温度开到最暖，如果分为三个档位并分别收费，大部分的消费者会选择18℃，这样就实现了行为节能。"谢远建说。

除了舒适节能外，朗诗集团的二代产品也做了很多健康方面的工作，包括对空气污染的处理，空气中的污染包括物理污染、VOC（挥发性有机物）化学污染、生物污染等。对于这些污染，朗诗集团第二代产品是从内外两个源头加以控制。室内的空气污染主要来自于室内装修的散发，他们与清华大学、上海建科院合作，共同建立了建材VOC散发库，在装修选材之前就进行散发模拟，从而指导装修设计及选材，从源头控制污染源。室外污染则主要是通过过滤的方式，它们在集中新风系统设有初中效两道过滤，过滤等级达到了PM1，有效拦截了PM2.5。从这两个方面，朗诗集团的第二代产品实现了室内健康环境的营造。

另外，在南京的钟山绿郡项目中，它们还选择了几栋楼作为第三代产品"帕多瓦"住宅的试验。"帕多瓦"是什么样的住宅呢？那是2010年，朗诗集团研发和管理团队在一系列国外学习考察后，经过连续几天会议，在意大利小城帕多瓦明确了更舒适、更健康、更人性、更绿色的新产品研发方向，并确定在钟山绿郡进行小规模试验性建设。因此，这几幢建筑被称为"帕多瓦"住宅。"帕多瓦"是朗诗集团第三代产品的研发试验品，它代表了更舒适、更健康、更人性、更绿色的产品研发方向。例如，利用可调式玻璃百叶形成住宅内外的热缓冲空间，按照1升房标准配置的建筑围护系统，设置可拆分的室内空间组合等。

2012年，朗诗集团又针对首次置业人群研发了"首置型"住宅项目，采用户式空调和户式新风的模式，保障低总价，在住宅刚性需求群体可以承受的基础上，让更多的消费者能够拥有自己的舒适、健康、节能的绿色住宅。

朗诗集团对研发的重视及研发团队不懈的坚持，不仅使朗诗集团持续领跑国内绿色节能建筑市场，也为提升我国绿色建筑节能产业的技术水平、对社会的发展产生深远的推动意义。

目前，朗诗集团正在着力开发位于浙江省湖州市长兴县太湖之滨的大型研发基地，这个研发基地一方面做绿色建筑整合设计、建筑节能、环境保护、建筑智能化、可再生能源开发利用、建筑装修装饰一体化和各种各样部品的测试和试验等工作，并作为承担集团会务和培训一体化的专业基地；另一方面以绿色人居系列产品为着力点，满足于朗诗集团自身的差异化竞争产品研发和服务的持续发展。

朗诗集团的深绿战略

专注开发绿色建筑的朗诗集团目前已成为了房地产行业绿色科技住宅的领军企业，并将这一产品引入到了南京、无锡、武汉等城市，推动了当地绿色建筑的发展。

在这一过程中，朗诗集团也极大地推动了建筑业的节能减排，根据计算，朗诗集团住宅的节能标准比国家要求的50%节能标准年用电量节约25kWh每平方米，年CO_2减排量25Kg每平方米。节能减排效果非常显著。按照朗诗集团现有的总开发面积400万平方米计算，每年节约用电量约10000万kWh，每年CO_2减排量约10万吨；另外，按照朗诗集团每年新增开发面积50万平方米计算，每年增加的节电量约1250万kWh，增加的CO_2减排量约1.25万吨。

从2002年的一次考察决定开发绿色科技住宅开始，到2012年的十年间，朗诗集团完成了一个从小企业到绿色科技领军企业的蜕变。对于未来，朗诗集团又制订了新的发展战略“深绿战略”，将从一家具有科技特色的房地产公司转型为以绿建科技能力为核心，集绿色地产开发、绿色科技服务、绿色养老产业以及绿色金融服务为主要内容的绿色集团。

谢远建，国家一级注册建筑师，高级工程师。毕业于中欧国际工商学院EMBA，硕士学位。2003年至今任职于朗诗集团股份有限公司，历任技术研发部主任、产品研发中心总经理。现全面负责集团产品打造管理。

PART 3

专业者的方向

绿色建筑的探索与实践

宋凌：
绿色建筑评价标识制度不断完善的过程

住房和城乡建设部科技发展促进
中心绿色建筑发展处 副处长

我国自2008年4月开始实施绿色建筑评价标识制度，经过将近五年的发展，绿色建筑评价标识的发展状况已经成为衡量我国绿色建筑发展状况最重要的指标。

那么，历经五年，我国绿色建筑发展的状况如何？绿色建筑评价制度还有哪些需要完善的地方？又该如何看待业内曾经围绕“绿标”而产生的争辩？

我们采访了住房和城乡建设部绿色建筑评价标识管理办公室主任宋凌，通过她的视角去透视中国绿色建筑的发展。

从导则到标准

说到绿色建筑，2006年3月7日原建设部和国家质量监督检验检疫总局联合发布，并于同年6月1日正式实施的《绿色建筑评价标准》已经为业内所熟知，这是我国第一部从住宅和公共建筑全寿命周期出发，多目标、多层次地对绿色建筑进行综合性评价的推荐性国家标准。

但事实上，在《标准》之前，2005 年10 月原建设部、科学技术部颁布的《绿色建筑技术导则》已经给出了绿色建筑的定义，而“四节一环保”的要求，在该《导则》中也已经提出。

宋凌认为，作为导则而非标准，这部《导则》的实际操作性不强。“当时只是学界对绿色建筑研究得比较多，业界还很少有人真正地关注，开发商中只有锋尚、当代等少数几家企业在用自己的方式去推动绿色建筑的发展，但这些方式是否就是正确的，业内也莫衷一是。”

什么样的建筑才是绿色建筑？当时有一些开发商在宣传时偷换“绿色建筑”概

念，使人们对“绿色建筑”的概念产生了误解：有人误以为小区草坪多、建筑屋顶上种植花草就是绿色建筑；也有人认为绿色建筑就是豪华建筑，等等。因此，如何确定一个建筑是否是绿色建筑，是否真的节约资源、舒适健康和环保，就需要一把标尺来衡量。而以《绿色建筑评价标准》为基础的“绿色建筑评价标识”体系，就是住房和城乡建设部用来衡量和评价中国绿色建筑的一把标尺。

绿色建筑评价标识制度建设

2008 年4 月14 日，原建设部科技发展促进中心受原建设部委托成立了绿色建筑评价标识管理办公室（以下简称绿标办）专门负责绿色建筑评价标识的研究与管理工作。

“但刚开始评价标识的时候发觉很难，《标准》涉及的专业、内容太多，我们请来的专家都说评不了，最后只能是确定十七八个专家共同评一个项目，推进的速度非常慢。”宋凌说。

正因如此，2008 年10 月，通过2008 年度开展的绿色建筑设计评价标识工作，绿标办完善了绿色建筑评价标识的管理制度。包括：修订了《绿色建筑评价标识实施细则》（以下简称《实施细则》），组织编制了《绿色建筑评价技术细则补充说明（规划设计部分）》，制定了《绿色建筑评价标识使用规定》，成立了绿色建筑评价标识专业委员会和制定相关工作规程，并进一步完善了绿色建筑设计评价标识的申报评价程序。

其中，《绿色建筑评价标识管理实施细则（修订）》明确将绿色建筑评价标识分为“绿色建筑设计评价标识”和“绿色建筑评价标识”，分别用于对处于规划设计阶段和运行使用阶段的住宅建筑和公共建筑，有效期分别为两年和三年，并明确了全国和地方开展绿色建筑评价标识的组织管理制度及程序。

而为了规范评价标识的使用，依据《管理办法》，《绿色建筑评价标识使用规定》对获得绿色建筑评价标识证书和标志（挂牌）的单位提出了使用要求，包括使用方式、使用范围及法律责任等。

此外，为提高评价标识评审质量，绿标办设立了绿色建筑评价标识专家委员会。为充分发挥绿色建筑评价标识专家委员会的作用，依据《管理办法》，绿标办制定了《绿色建筑评价标识专家委员会工作规程》，规定包括委员会组成、委员资格和职责以及委员会聘任和管理制度。

依据《实施细则》对工作程序的规定，绿标办还制定了针对绿色建筑设计评价标识的网络评价标识程序和绿色建筑评价标识的纸质材料评价标识程序。

为了更好地把绿色建筑的理念与工程实践结合起来，使细则更加完善，使绿色建筑评价更加严谨、准确，使评价结果更加客观公正，更加具有权威性，住房和城乡建设部建筑节能科技司委托建设部科技发展促进中心等单位共同编写了《绿色建筑评价技术细则补充说明（规划设计部分）》和《绿色建筑评价技术细则补充说明（运行使用部分）》。

其中，《绿色建筑评价技术细则补充说明（规划设计部分）》针对规划设计阶段的补充说明，考虑了不同时期项目参与申报产生的一些历史遗留问题和不同地区差异造成的技术争议问题。对于定量指标，细化了指标计算方法；对于定性指标，细化了定性评价原则，使评级方法具有可操作性和合理性。

而《绿色建筑评价技术细则补充说明（运行使用部分）》（试行稿）则结合《绿色建筑评价技术细则补充说明（规划设计部分）》，细化对运行一年以上建筑的实际运行使用情况的评价，包括对施工记录材料的要求、运行监测数据的要求和现场检查或检测的要求等等。补充说明的细化原则是：力求在证明材料足以被取信的前提下减少因绿色建筑评价标识而增加的检测内容，尽量与现有建设环节中的检测内容相一致。

“通过这些技术细则和实施细则的补充，现在的《标准》已经具备了很强的执行力度。又由于2008年以后逐渐有一些项目根据《标准》去设计建造，能够参评的项目越来越多，因此在2010年以后，标识项目得到了较快的发展。”

“绿标”之辩

然而，说到“绿标”，其与国外评价体系的对比，始终是一个绕不过去的话题，而围绕这样的对比，国内也曾经产生过争辩。

对此，宋凌说：“很难一概而论地去评价‘绿标’比国外的标准好还是不好，只能说，‘绿标’是符合中国国情的。”

她进一步提到，各国建设行业的情况相差甚大，中国建设业有以下两个特点：一是由于中国建筑量大，为保证其建设质量，中国建设行业在各个建设环节的监管制度严于他国，并非设计主体和建设主体所在行业自身认可就行，而是基于我国行政管理制度而设立第三方机构进行监管，以确保监督管理的有效性，例如，由专门的审图机关进行施工图审查、专门的监理机构进行竣工验收等；二是建设行业的国家标准或行业标准是结合中国实际建设水平和相关技术应用水平而制定的，这样既保证了标准的可实施性，又可以在此基础上结合国家国情制定切实可行的指标，例如，由于我国建设行业强调贯彻建筑节能的发展战略政策。因此，我国的绿色建筑评价标识中将节能项作为了建筑中的重点评价项目。而国外有些评价体系允许绿色建筑通过其他措施弥补节能的不足，这在我国是不值得提倡的。

而无论是美国的LEED还是英国的BREEM（英国建筑领域使用最广泛的评估办法），在她眼中都各有优势。她具体介绍了各国的绿色建筑评价体系。

“不同国家绿色建筑的评价者并不一样：美国LEED是由美国绿色建筑协会USGBC 开展的咨询和评价行为，是属于社会自发的评价标识活动；日本CASBEE是由日本国土交通省组织开展、分地区强制执行的评价标识活动。我国的‘绿色建筑评价标识’，一方面是由住房和城乡建设部及其地方建设主管部门开展评价，即政府组织行为；另一方面是社会自愿参与的、非强制性的评价标识行为。坚持‘节约资源和保护环境’的国家技术经济政策使得我国政府对发展以‘四节二环保’为基础的绿色建筑极为重视，这就促成了‘由政府组织开展’的良好局面；但同时，由于我国绿色建筑起步较晚，技术和政策基础都不完善，强制执行绿色建筑评价标识尚不成熟，因此希望国内建筑市场中意识靠前、实力较强的建筑工程项目自愿参与评价和标识。”她说。

宋凌介绍称，目前全球采用的绿色建筑评价体系框架可分为三代：从第一代绿色建筑评价体系——英国BREEM和美国LEED的措施性评价体系到第二代绿色建筑评价体系——国际可持续发展建筑环境组织的GBTool（加拿大通用绿色建筑评估工具），再到第三代绿色建筑评价体系——日本CASBEE和香港CEPAS的性能性评价体系。这些评价方法的演化过程是从简单到复杂、从无权重到一级权重体系再到多重权重，从线性综合到非线性综合。其评价水平越来越高、越来越科学，也越来越复杂。

但在2006 年我国的《标准》编制期间，考虑到我国的绿色建筑发展尚处于起步阶段，为便于绿色建筑概念的推广和普及，编委们选择了结构简单、清晰，便于操作的第一代评价体系的框架，即分项评价体系（Checklist）。当然，这一评价体系的框架存在其自身必然的问题，如缺乏对建筑的综合分析能力和对不同地域或建筑的适应能力等。但经过近七年的实践，此标准的准确性和适时性已得到证实。

“绿标”的进一步完善

根据《2012年度绿色建筑评价标识统计报告》，截至2013年1月，全国已评出742项绿色建筑评价标识项目，总建筑面积达到7581万平方米，其中设计标识项目694项，建筑面积为7066万平方米；运行标识项目48项，建筑面积为515万平方米。

从项目数量和面积上来看，2008至2010年，绿色建筑标识项目数量和面积增长较缓慢，2011年和2012年增长速度很快，其中2012年项目数量和面积均与前四年总和相当。

但在数量剧增的同时，宋凌也冷静地提出，下一步要着力保证项目的质量，比如要加强监管的力度，逐渐形成咨询机构的市场准入机制。

而《绿色建筑评价标准》在实施了几年以后，其不足之处也逐渐显现。她认为，现行的《标准》存在几个方面的问题有待解决：一、纵向扩展性不强。绿色建筑是正在迅速发展的新事物，每年都出现新的材料、技术与产品，现行评价体系的条文与评价方法，无法满足日新月异的建设发展需求。例如，“住宅建筑不适宜采用集中空调系统”这一观点，属于暖通行业的常识，评价中未对其进行重点说明，并对采用了集中空调系统的住宅项目仍设有鼓励其优化系统的评价条款，这使得现在很多建设者认为住宅建筑中采用集中空调是可行的。然而，为追求所谓“高品质”生活而对房间负荷要求各不相同的住宅必须采用同时供冷、供热的集中空调系统，是不节能的。这种现象的发生是由于技术畸形发展导致的。由于评价时未考虑技术的畸形发展，仅对技术本身进行评价而不是对系统合理性进行评价，造成对不合理现象难以合理评价的窘境。二、横向扩展性不强。针对不同气候区、不同经济条件地区、不同地方政策、不同地区资源条件下的不同建筑类型，现行评价体系中部分数据指标很难做到“因地制宜”。例如，非传统水源利用在非缺水地区的适应性远小于缺水地区，在综合考虑社会、经济、自然条件后的优化方案并非要求所有地区所有建筑都采用非传统水源。而我国哪些地区为缺水地区，由于标准不一，尚无定论，使得此项指标只根据专家进行判断，很难做到定量的区分参评条件。

三、科学性和可操作性有待进一步提高。由于当时绿色建筑技术水平的限制，部分条文判断指标模糊，导致评价结果不确定，很难保证评价的公正性。例如，现行条文中基于2006 年对可再生能源建筑应用情况的掌握得出的应用指标，包含太阳能热水保证率和地源热泵利用率，然而，随着可再生能源建筑应用的快速发展，大面积采用地源热泵技术的可行性等问题凸显出来，因此，应给出更为合理科学的、切实可行的评价指标，并对评价指标的算法进行细化说明。

2011年，“绿标”的修订工作启动，宋凌透露，新的《标准》最快在2013年就可推出。而《标准》的修订主要体现在以下几个方面：第一，评价标准从定性到定量的变化。以前的标准是按项数多少决定星级；新“绿标”按分数来评价，看每一项的分数是多少，以得分为评价标准。第二，旧“绿标”更多地体现建筑设计方面的内容。修订后的“绿标”希望侧重建筑能够达到的效果。今后我们将全面推行建筑运行一年以后再申报绿色建筑标识项目，用运行的实际效果说话。第三，旧“绿标”制定时参照过美国、英国等绿色建筑评价体系，而我国的情况与美英等国并不相同，此次修订将使“绿标”更符合中国的国情和特点。

宋凌，2005年起进入建设部科技发展促进中心建筑节能办公室担任暖通空调助理工程师；2008年起，担任住房和城乡建设部科技发展促进中心绿色建筑评价标识管理办公室主任，现为住房和城乡建设部科技发展促进中心绿色建筑发展处副处长（主持工作）。

她主持和参与了多项国家和部专项课题，如“十一五”国家科技支撑计划重大项目“可再生能源与建筑集成技术研究与示范”、“十二五”国家科技支撑计划“绿色建筑规划设计集成技术应用效能评价”、住房和城乡建设部节能省地专项课题“推进绿色建筑的评价机制研究”等。

莫争春：
大规模推广
绿色建筑正当其时

美国能源基金会 中国建筑项目主任

我们采访莫争春博士的当天，北京正被浓重的雾霾所笼罩，而他正准备前往三亚度假。望着窗外模糊一片的景象，他半开玩笑地说："我得出去呼吸点新鲜空气。造成雾霾的因素很多，北方地区大面积的冬季燃煤采暖是雾霾天气的重要推手。因此，哪怕从呼吸点新鲜空气的基本需求出发，我们也要推广绿色建筑。"他认为强制大规模推广绿色建筑正当其时。

1997年，在清华大学建筑学院任教三年后，莫争春前往美国卡内基-梅隆大学攻读博士学位，主要研究建筑性能与技术的整合，其中一个重要的研究方面是建筑节能和绿色建筑。而当时中国还未完全认可绿色建筑的理念。

1999年，中美两国政府达成协议，在北京共建一座中美专家共同设计和研究并且符合美国绿色建筑标准的示范建筑，也就是2004年落成的科技部中美节能示范楼。这也是中国首个获得美国绿色建筑标准认证的建筑。莫博士在卡内基-梅隆大学时曾参与该项目的前期研究。

他在美国生活了十二三年，先从事美国商业建筑和绿色建筑的研究，而后又专门研究美国住宅节能与新技术开发，并且还参与了美国绿色住宅标准的制定。2008年，他加入美国自然资源保护委员会，主要研究气候变化和绿色建筑。

现在，他作为美国能源基金会中国建筑节能项目主任，大部分时间都在国内，积极地推动建筑节能和绿色建筑在中国的发展。

这十余年间，中国从不接受绿色建筑理念到建起第一座绿色建筑，再到出台《绿色建筑评价标准》，到现在获得国家三星绿色建筑标准认证的建筑面积已超过七千多万平方米。回顾这一段历程，莫争春感叹道："中国在绿色建筑发展方面取得的进展相当大，但同每年20亿平方米的新建筑规模相比，还远远不够。需要更大规模的推广。”

2013年1月1日，国务院办公厅以1号文件形式转发国家发改委和住建部联合发布的《绿色建筑行动方案》。其中规定，在2014年，政府投资项目、大型公建，以及保障性住房执行绿色建筑标准。并给予符合条件的绿色建筑城区至少5000万元的财政补贴。目前，北京市已经出台了相关政策，从今年开始，全市新建、改扩建的建筑都将以绿色建筑标准为依据。可以预见，还会有更多的一线城市推出类似的政策。

前沿的研究

2002年，当中美节能示范大楼还在建设之中时，莫博士已经在美国的亚利桑那州研究近零能耗示范住宅和社区。他说，近零能耗的原理其实很简单，就是一个充分利用被动式设计的低能耗建筑加上可再生能源系统。但实际推广还要因地制宜。

2006年，中美节能示范大楼经过两年的运行实测，节能效果显著，楼宇运行每平米年能耗仅为38.4kWh，全楼建筑运行能耗实现年节能72.3%，实现年节电超过90万kWh，并因此获颁中国建设部授予的“全国绿色建筑创新奖”，并且获美国绿色建筑委员会的LEED金奖认证，这也是中国首获LEED认证的建筑物。

从中美节能示范大楼筹建至今，十余年过去了。莫博士认为，这十几年国内绿色建筑领域的变化非常大。“举一个细节来说。中美节能示范大楼采用Low-E玻璃这项技术，国内当时还没有此类产品，只能从美国引进。而现在，Low-E玻璃在国内已经量产，并为市场普遍接受。”他于2002年在得克萨斯州研究电致变色玻璃（electrochromic windows）的节能效果的实测对比研究时，该技术还是美国能源部的住宅节能新技术研究课题。现在该技术已经商业化，相关企业已经在中国推广市场。

“被动优先”的设计理念在近两年来也已经逐渐得到国内建筑设计界的认同。梁开建筑设计事务所执行合伙人总经理、总建筑师开彦就表示：“被动建筑设计主要依靠大自然的力量和条件来保证和维持建筑内的使用条件，例如室内温度和通风状况。在理想的状态下，一个被动建筑设计成功的标志是，在一年当中的大部分时间里，建筑内冬暖夏凉、通风良好。那么只需要一个小功率的空调和采暖系统作为补充就可以满足人们的生活或者工作需要。对于建筑的开发者而言，空调和采暖系统的投资就可以降低，建筑的品质也可以大幅提高；对于建筑的使用者而言，降低建筑的维护使用费用也是一件求之不得的好事。”

但是，也有建筑设计师表示，绿色建筑的高技术堆砌的风潮直到现在还未散去，尤其是在一些地标性建筑中表现尤甚。

“打造绿色建筑不是要找几个绿色技术亮点进行堆砌。好的绿色建筑也许没有看得见的技术亮点，但人们能够在使用时感觉到品质的提升。尤其是在现在这样的高耗能高污染高发展速度的经济环境之下，我们应该对经济发展方式的转型花些真功夫。绿色建筑‘四节一环保’就是推动建筑行业的转型，开发商应该达成共识。中城联盟作为中国最大的房地产开发企业的联盟，来推动绿色建筑的发展非常好，体现了企业的社会责任。此外，联盟还能把市场的诉求反映给政府，对于绿色建筑的政策制定也有促进作用。” 莫博士说。

建筑与气候变化

2009年，联合国哥本哈根气候变化峰会后，让以低碳为核心的节能减排成为了我国民众生活的热门议题。

当时就职于美国自然资源保护委员会（NRDC）的莫博士就建筑与气候变化的关系做了大量的研究，并把研究成果和重要理念在国内传播推广，以唤起人们对气候变化所致危机的重视。在哥本哈根会议前，他曾受邀到万通集团的高层年会上剖析建筑节能与气候变化的关系。

莫博士表示，温室效应对我国的影响极为深刻。随着全球气候变暖，中国喜马拉雅山脉的冰川覆盖面积不断减少；而海平面不断上升也将影响到我国沿海地区居民的生存环境，有数据显示，海平面每上升1米，我国就有约2600万人要被迫迁移。

为应对温室效应，继1992年的《联合国气候变化框架公约》和1997年的《京都议定书》之后，2009年12月全球一百多个国家领导人出席哥本哈根气候变化峰会，共同应对气候变化问题。而在奥巴马当年11月首次访问中国的会谈中，中美双方也将气候变化作为重要议题。莫博士认为，在温室气体排放的控制上，中美两国作为最大的两个排放国，已经在共同努力，加强在气候变化和新能源方面的合作。

他认为，在全球气候变化谈判涉及的温室气体减排的各行业中，建筑行业是最容易被忽视的。“调查显示，建筑行业节能减排的潜力超过了其他任何行业。一项由自然资源保护委员会同波士顿咨询公司的共同研究报告表明，如果我国所有的既有建筑和新建筑节能都达到70%的标准，可以减少20亿吨二氧化碳排放量。这相当于全球的航空业停止运行五年。而且据IPCC（联合国政府间气候变化专门委员会）权威数据统计，从全生命周期衡量，建筑减排的效益成本比其他行业要低。”

“我国建筑的节能减排应该引起各级地方政府的足够重视，因为政府的主导作用还是很重要。”他说。

强制大规模推广的力量

现在，莫博士任职于能源基金会，该基金会总部位于美国旧金山，是一家致力于推动可持续能源发展的公益性基金会，它于1999年在北京设立了办事处，一直致力于推动国内的能源与环境的政策研究。根据国家民政部的境外基金在国内捐款的公开数据显示，能源基金会在国内的公益捐助总额在近两年都排名第二，每年均超过3000万美元。

莫博士介绍，能源基金会在中国主要集中在八个领域：低碳发展之路，交通，建筑节能，工业节能，电力，可持续城市，可再生能源和环境管理。莫博士主要负责建筑节能和高效家用电器。资助范围包括新建建筑节能标准，既有建筑改造，绿色建筑，和可再生能源建筑应用，高效家用电器的标准与标识研究。

他认为，就中国的国情来看，绿色建筑由政府主导，自上而下大规模进行推广是可行的，但需要相关的法律法规作为依据。从2011年开始，能源基金会支持国家发改委和住建部的相关研究单位就绿色建筑行动方案进行了研究。2013年1月1日，国务院办公厅以国办发〔2013〕1号转发了国家发改委和住建部制订的《绿色建筑行动方案》。

该《方案》指出，要充分认识开展绿色建筑行动的重要意义，并且指出绿色建筑行动的重点任务是：切实抓好新建建筑节能工作，大力推进既有建筑节能改造，开展城镇供热系统改造，推进可再生能源建筑规模化应用，加强公共建筑节能管理，加快绿色建筑相关技术研发推广，大力发展绿色建材，推动建筑工业化，严格建筑拆除管理程序，推进建筑废弃物资源化利用。

但是，如何确保《绿色建筑行动方案》在地方切实落实和执行，还需要研究。莫博士正在支持地方试点，将经验反馈到国家层面进行总结，再推广至地方。

此外，他认为，在一些经济发展水平较高的城市和地区，市场对绿色建筑的接受度已经相对较高，形成了大规模推广绿色建筑的民众和市场基础。

“三年前，我们探讨全面推广绿标一星认证时，很多人觉得不可行。从绿标认证推广六年的成果来看，一星级绿色建筑的平均增量成本已经大幅度降低，大规模推广已经具备了条件。有的开发企业存在这样的误区，认为要建绿色建筑就一定要建三星级的。要么就干脆不做绿色建筑。三星级绿色建筑当然好，但就现阶段而言不可能全面强制执行。从政策制定者角度来说，有两个选择：是用大量的社会资源去推动少量的三星级绿色建筑，同时让大量新建筑停留在非绿水平，还是用很少的成本将所有的新建筑变成一星级绿色建筑呢？过几年我们再回头去看，你会发现，大规模推广低星级的绿色建筑，对于节能减排，鼓励技术革新、淘汰落后技术，推动整个行业的进步，意义将是巨大的。”

莫争春，博士，曾就读于浙江大学和清华大学建筑学院，并在清华大学建筑学院任教三年。1997年赴美攻读卡内基–梅隆大学的博士学位，研究公共建筑节能和绿色建筑。2002年在美国国家住宅开发商协会研究中心工作，承担大量美国能源部、住房建设部和环保署的研究课题，专门研究住宅节能和新技术应用。2008年加入美国自然资源保护委员会，主要研究气候变化和绿色建筑。2010年担任美国能源基金会中国建筑项目主任，积极支持节能建筑和绿色建筑在中国的发展。

曾捷：
因地制宜——绿建魂之所在

中国建筑科学研究院建筑设计院
副院长、总工程师

“灵魂”，是一种很玄、很虚的反物质意识。人有灵魂，所以，是灵性的，性灵的。绿色建筑也有灵魂么？曾捷说，有。还必须有。它，在绿色建筑中起主导和决定作用的因素。如果没有它，建筑就丢了魂儿。

曾捷，人称“绿建院长”。中国建筑科学研究院建筑设计研究院副院长。主编《民用建筑绿色设计规范》《绿色建筑技术导则》，参加《绿色建筑评价标准》《绿色办公建筑评价标准》《绿色医院建筑评价标准》《节能建筑评价标准》等的编制工作；主编《绿色建筑》，参与编撰《绿色建筑技术文集》《绿色建筑在中国的实践：评价、示例、技术》等专著。长期从事绿色建筑研究、设计和咨询工作。

听多了“绿建院长”曾捷谈绿色建筑的灵魂，总会让人不由自主想起一个非常了不起的人。此人，是莫言的老乡。当下，要论知名度最高，应属中国最具国际影响力的当代作家莫言。因为，他拿了2012年的诺贝尔文学奖。他的书，被疯抢；他的话，成了语录，被人捧为经典。但若是他跟这位老乡比起来，就显得平庸多了。这位老乡，就是死在公元前，名传千秋后的“迷你丞相”——晏婴（身高1.4米）。

别看晏婴身材矮小，却不愧为大国总理（齐国丞相），不仅站得高，而且望得远。犀利的目光从春秋时期，一下子就穿越到了1700年后的二十一世纪。他不仅用自问自答“橘生淮南则为橘，生于淮北则为枳，叶徒相似，其实味不同。所以然者何？水土异也”的两句半，不辱使命地完成了外国邦交，还捎带着就切中了绿色建筑问题的要害——“因地制宜”。在这方面，体会最深的，该算是苦口婆心倡导绿色建筑“因地制宜”策略的曾捷。“因地制宜”，就是她所说的绿色建筑的灵魂。

南橘北枳

曾捷，很忙碌。她的忙碌程度，与绿色建筑的普及程度几近同步。

2006年，《绿色建筑评价标准》（以下简称《标准》）刚开始颁布的时候，绿色建筑凤毛麟角，市场反应很是冷淡。她参与组织的绿色节能推广活动，提问求教绿色建筑者寥寥。

2008年，绿色建筑渐呈星星之火燎原之势。地方政府加大普及绿色理念的推广力度，房地产市场上的品牌开发商参与了进来，有了绿色的行动。开发商自发组织研讨会，主动向曾捷等一批专家求教绿建问题。

2012年，财政部与住房和城乡建设部制定发布《关于加快推动我国绿色建筑发展的实施意见》，明确将通过多种手段，力争到2015年，新增绿色建筑面积10亿平方米以上，到2020年，绿色建筑占新建建筑比重超过30%。明确的数据指标，意味着中国的建筑节能已经步入正轨，绿色建筑进入了政府的强力推进阶段。这也同时意味着绿色建筑在大踏步前进过程中有可能暴露出种种问题。截至目前，“南橘北枳”问题占的比重较为显著，这也是曾捷逢会必提的“因地制宜”的前因。

什么是“南橘北枳”？

一条大河分南北。一颗种子，一棵树，种在淮南，橘甘如蜜；栽于淮北，枳苦为药。是为“南橘北枳”。这是个使用率颇高的成语。有如此经典阐述事物水土不服的规律的成语，人们本该有高度警惕，但在绿色建筑发展过程中却是怎么也绕不过去的坎儿。

曾捷认为，由于国情不同，各个国家的资源和环境问题不可能完全一样，绿色建筑面临的问题和解决的办法也存在差异。比如美国是一个水资源丰富的国家，所以美国在节水方面的要求较低。而欧洲国家的标准则与中国的情况相似，能源资源较为缺乏，因而它们的绿色建筑标准更值得我国借鉴。更为重要的是，中国的标准应考虑中国城镇建筑的实际情况。中国的绿色建筑标准拒绝华而不实，而更应注重适宜技术的使用，追求全寿命期效益的最优，因此要强调结合地域和项目的特点进行经济技术可行性研究。

曾捷还指出，中国幅员辽阔，从南到北跨越了热带、亚热带、暖温带、温带、寒带等气候带，不同地域的气候差异较大，资源、生活习俗等多方面也千差万别。绿色建筑“节约资源、保护环境”的理念是“放之四海而皆准”的，但采用的技术一定要因地制宜，如果将某地区某类建筑的绿色技术盲目照搬到不适宜的地区或建筑，也是“南橘北枳”。

即便同样是在中国，热带地区的绿色建筑，一旦放到寒冷地区，很可能就不是一个绿色建筑，或者是违背绿色建筑的理念。绿色建筑注重地域性。我们国家的气候、资源、自然环境、经济文化在各个地区都存在一些差异，比方说严寒地区我们采用的是一个节能标准，在夏热冬暖地区、夏热冬冷地区又是不同的，这些标准对能源的使用对节能的措施都有不同的要求、不同的规定，所以不同地区使用的节能技术也就存在着不一样，同理，对于节水、节地、节材和环境也都会有类似的情况存在，因此绿色建筑“因地制宜”的原则尤为重要。

因地制宜

曾捷指出，地域性的差异和各类建筑功能的不同，决定了绿色建筑的解决之道千姿百态。要解决绿色建筑中的“南橘北枳”问题，遵循的就是差异性原则，即绿色建筑的灵魂——“因地制宜”。

因地制宜——因：依据；制：制定；宜：适当的措施。根据各地的具体情况，制定适宜的办法。根据当地的具体情况，制定或采取适当的措施来干某件事情或处理一些事。曾捷再三强调：“因地制宜，是绿色标准的核心理念，是绿色建筑的灵魂所在，起着提纲挈领的统领作用。不论是强调绿色建筑，还是强调节能，因地制宜都是最重要、最关键的一点。”故此，在《标准》的起草过程中，就充分考虑到了这个问题。

“我们国家的气候、资源、自然环境、经济水平、文化习俗在各个地区都存在一些差异，《标准》是一个国家标准，考虑到这些差异的因素，标准中有些条款对于某些地区或建筑是可以不参评的。

“比方说，雨水综合利用问题，对降雨量大的地区和降雨量少的地区要求就不同。广西是雨水充沛的地方，对雨水利用就需要满足比较高的要求，而对于北京降雨量少的情况，对雨水利用的要求就比较低。绿色建筑标识评审时，首先要看是不是能全部满足控制项的要求，然后再看一般项的满足程度，如果一般项的达标项数不能满足一星的要求的话，判断结果还是非绿色建筑。开发商和设计院首先要保证所有控制项全部达标，然后根据项目和地域的客观条件选择适宜技术满足一般项和优选项的要求，这是做绿色建筑的一个思考的步骤。”

近几年来，随着世界上资源和能源危机的出现，绿色建筑已经成为了建筑行业发展的必然趋势或者一种潮流。虽然绿色建筑有很多优点，但中国绿建筑起步较晚，社会还没有充分认识到节能与绿色建筑工作的重要意义，缺乏节能与绿色建筑的基本知识和意识。很多人对概念还不是很清楚，更不知道绿色建筑的灵魂是什么？所以，要不断地普及“因地制宜”的理念。

曾捷举例说，住宅建筑量大面广，住宅建筑实施绿色建筑具有很强的现实意义。说到传统住宅，西北地区的窑洞是个因地制宜的好例子。窑洞，植根于黄土高原，根据当地土壤地质的特点，采用被动优先策略，就地取材，依山势而建，造价低廉，冬暖夏凉。

如果是在南方做绿色建筑，因地制宜就要考虑南方夏季炎热多雨、冬季温暖湿润的气候特点，首选被动技术如：遮阳、通风、防潮、隔热、雨水收集等措施。

还比如，采用热泵技术，首先应考虑项目所在地的情况。在海边，可以考虑用海水；在地下水很丰富的地方，可以考虑用地下水；在湖边，可以考虑用湖水。甚至，有条件时还可以考虑用污水。但都需要进行技术经济可行性研究，在技术可行、经济合理的基础上采用适宜技术。

掌握了因地制宜的原则，接下来就是绿色建筑的适宜技术。吃透了这两项绿色建筑的精髓，灵活运用，也就抓住绿色建筑节能的魂之所在，做到真正的节约资源。

但与因地制宜一样，大多数人对适宜技术也还停留在一知半解上。曾捷强调适宜技术，首先要考虑我国的国情。“中国，是一个发展中的国家，在我们国家发展绿色建筑，要遵循被动优先、主动优化的原则，要优先采用被动技术和成熟技术，要从传统的技术里头汲取古人的智慧。所谓‘适宜技术’，就是性价比最优的技术。”

曾捷请大家注意绿色建筑适宜技术中存在的误区。有人总是认为，做绿色建筑，就应从国外引进高新技术和产品，才能在中国做出更好更节能的绿色建筑。其实，绿色建筑的本质是建筑适应气候、建筑适应功能。高技术只是实现绿色建筑目标的手段之一，不是唯一途径。绝大多数情况下，通过采用传统技术策略或适宜技术策略（如采用自然通风、自然采光以及被动式的保温、隔热和缓冲层设计措施等），完全可以实现与高新技术策略相同的效果。

例如，对于住宅夏季节能而言，不是只有安装可调节遮阳才能实现的。多数气候下，节能设计有可能通过安装固定遮阳（如南向）达到相同的节能效果。

此外，很多时候通过控制建筑的窗墙比、合理设计保温遮阳措施，完全可以达到比全玻璃幕墙条件下采用双层皮幕墙更节能的效果。

现在，有人说中国绿色建筑缺适宜技术。曾捷并不认同这种说法："做低能耗节能建筑，做高品质的绿色建筑，应该说技术上都没有问题。我们现在所缺乏的不是适宜技术，而是适宜技术的推广应用。"

有曾捷等一批专业人士不厌其烦地强调 "因地制宜""被动优先、主动优化"等原则，有国外学者尖利地提醒"绿色未来依靠的不是对不成熟技术进行补贴，而是来自于发展有竞争力的高效廉价的绿色技术"，相信那些有灵魂的真正的绿色建筑服务于万户千家的日子不会太遥远。让我们衷心期待。

曾捷，从事绿色建筑相关技术研究和设计工作：主编国家行业标准《民用建筑绿色设计规范》JGJ/T 229－2010；主编《绿色建筑技术导则》，由建设部、科技部颁发；作为主编人之一，编制国家标准《绿色建筑评价标准》GB/T50378–2006，等等。

作为原建设部科技发展促进中心绿色建筑评价标识办公室专家委员会副主任委员，参加绿色建筑标识评审工作。作为项目负责人主持了天津生态城、万科地产、万通地产、中建地产、招商地产、科技部住宅等绿色建筑项目的设计策划和可行性研究工作。

主编《绿色建筑》（城乡建设科普丛书）。参与编撰的书籍有：《绿色建筑白皮书》《绿色建筑在中国的实践：评价、示例、技术》《绿色建筑技术文集》《企业低碳领导力》《绿色建筑评价技术指南》。

林波荣：探路绿色建筑

清华大学建筑学院 教授
清华大学建筑学院建筑技术所 副所长

1999年7月，现已在绿色建筑领域取得众多成果的清华大学建筑学院建筑技术所副所长、清华大学教授林波荣，刚刚获得清华大学热能工程系工学学士学位。其时，正逢清华大学暖通专业调整，并于2000年并入建筑学院。因此，在1999年至2004年攻读博士学位期间，他在学科融合的有利条件下启动了自己的绿色建筑探寻、研究生涯。

其后，他先后参与《中国生态住宅技术评估手册》的编写，科技部 “奥运绿色建筑评估体系研究”项目，并在2005年原建设部《绿色建筑评价标准》编写工作启动时作为主要执笔人参与其中。而《绿色建筑评价标准》的出台，也被视为我国绿色建筑发展的里程碑。

此后，林波荣更是将绿色建筑的理念和技术体系在多个项目中付诸实践。此外，作为学者，他还在包括2013年1月国务院办公厅下发的《绿色建筑行动方案》等“绿色政策”的制定中起到了重要的推动作用。

可以说，他是中国绿色建筑发展重要的见证者、推动者和践行者。而在谈到中国绿色建筑下一步发展的方向时，他说，中国的绿色建筑是自上而下推动的，政策引导的作用已经让行业发展初见成效，但下一步还需要提高民众的意识，甚至是从业者的专业水准，并且形成成熟的绿色产业链。

而几年来，他在不同场合对绿色建筑理念的详细阐述和普及，正是往这一方向行进的过程中所付出的努力。

从“建筑节能”到“绿色建筑”

有观点认为，相比发达国家，中国的绿色建筑起步晚了十五年。以英国和美国为例，早在二十世纪七十年代，就因为能源危机而引发对绿色建筑或是低能耗建筑的关注。而在中国，新世纪开始后的几年间，对于“绿色建筑”的概念，业内仍然莫衷一是。

对此，林波荣特别指出，其实在绿色建筑发展起来之前，中国早已经展开了建筑节能研究、推动的工作。

资料显示，我国建筑节能工作是从二十世纪八十年代初，伴随着中国实行改革开放政策以后开始的，根据先居住建筑后公共建筑、先北方后南方、先城镇后农村的原则，原建设部于1986 年3 月颁发了行业标准《民用建筑节能设计标准（采暖居住建筑部分）》JGJ26-86，1986年8 月1 日试行，节能目标30%。1995 年12 月原建设部批准了“JGJ26-86”标准的修订稿，即《民用建筑节能设计标准（采暖居住建筑部分）》JGJ26-95，1996 年7 月1 日施行，节能目标50%。进入新世纪以后，2001 年原建设部又颁发了行业标准《夏热冬冷地区居住建筑节能设计标准》JGJ 134-2001，2001 年10 月1 日施行，节能目标50%。2003 年原建设部颁发了行业标准《夏热冬暖地区居住建筑节能计标准》JGJ75-2003，2003 年10 月1 日施行，节能目标50%。2005 年4 月26日原建设部召开了国家标准《公共建筑节能设计标准》GB 50189-2005 发布宣贯会，规定2005 年7 月1 日实施。

“正由于建筑节能在我国有非常好的标准导向、研究和实践基础，因此，在绿色建筑‘四节一环保’的要求中，节能对于开发商而言是比较容易实现的。”林波荣说。

2000年，为了使人们全面认识生态住宅，使生态住区的环境规划、建筑设计、施工管理有标准可依，全国工商联住宅产业商会联合清华大学、原建设部科技发展促进中心等单位，参考世界各国关于生态住宅技术研究和评价方法，提出了生态住宅的完整框架，于2001年发布了《中国生态住宅技术评估手册》第一版。

此后，《中国生态住宅技术评估手册》在三年内完成三次升级，而林波荣正是该《手册》的作者之一。《手册》的发布，受到了国内外同行和社会各界的热切关注，并在生态住宅建设中得到了广泛应用。

当时，“绿色住宅”“绿色小区”往往容易被片面理解为强调绿化，而“生态住宅”的评估体系则更多地强调了协调的理念。时任清华大学建筑学院院长秦佑国也曾提到，《手册》基本上围绕三个主题进行评估：一是减少对地球资源与环境的负荷和影响；二是创造“健康+舒适”的居住环境；三是与自然环境融合。

可以说，《手册》的发布使得一些基本的概念逐渐得以明晰，为此后《绿色建筑评价标准》的制定奠定了很好的基础。

“绿色奥运”的探索

2001年，北京申办奥运会成功。“绿色奥运、科技奥运和人文奥运”是北京2008年奥运会的三大主题。其中，绿色奥运既是北京奥运会的目标和向国际奥委会的承诺之一，也符合当前国际上建筑发展的方向。此前，在悉尼奥运会上，绿色奥运村就在世界范围内受到了广泛的关注和赞誉，成为绿色建筑与奥运结合的典范之作。

在此背景下，“奥运绿色建筑标准及评估体系研究”项目于2002年10月立项。该项目为科技部与北京市牵头的科技奥运行动计划的十大专项之一，由科技部立项，北京市科委提供配套资金并具体负责，由清华大学江亿院士主持，汇集了清华大学、中国建筑科学研究院、北京市建筑设计研究院、中国建筑材料科学研究院、北京市环境保护科学研究院、北京工业大学、全国工商联住宅产业商会、北京市可持续发展科技促进中心、北京市城建技术开发中心等九家单位近四十名专家共同开展工作。林波荣即为该项目的主要参与者。

该项目历时十四个月，课题组各位专家在研究各国绿色建筑标准和评估体系的基础上，结合中国国情以及奥运建筑实际情况，开展了大量的研究工作，包含了建筑各个学科之间的协作与交叉。此外，该项目还充分考虑了与奥运园区建设的全过程密切配合，按照全过程监控、分阶段评估的指导思想，分别针对园区规划、建筑设计至施工、验收和运行管理的各个建设阶段，制定了科学、可操作性强的评估内容和实施方法，从而确保奥运园区建设达到绿色和可持续发展的预期目标。

在项目组发布的包括《绿色奥运建筑评估体系》在内的一系列高水平的研究成果中，林波荣是《绿色奥运建筑评估体系》和《绿色奥运建筑实施指南》两部著作的主要执笔人之一。此后，“奥运绿色建筑标准及评估体系研究”项目的成果在2008年北京奥运会二十多个项目中得到应用，并获北京市科学技术一等奖。

在该研究项目完成一年之后，原建设部启动了《绿色建筑评价标准》的编制工作，林波荣成为参编人之一。

“绿色建筑评价要注重性能优先”

于2006年3月出台，并于同年6月施行的《绿色建筑评价标准》是我国第一部从住宅和公共建筑全寿命周期出发，多目标、多层次地对绿色建筑进行综合性评价的推荐性国家标准。它为绿色建筑赋予了明确的定义：在建筑的全寿命周期内，最大限度地节约资源（节能、节地、节水、节材），保护环境和减少污染，为人们提供健康适用和高效的使用空间及与自然和谐共生的建筑。

为了更好地实行《绿色建筑评价标准》，引导绿色建筑健康发展，原建设部科技发展促进中心和依柯尔绿色建筑研究中心后来还组织编写了《绿色建筑评价技术细则》。林波荣同样参与了编写的工作。

此后，他又参与了《绿色办公建筑评价标准》《绿色医院建筑评价技术细则》《北京市绿色建筑评价标准》《绿色工业建筑技术导则》《绿色超高层建筑评价标准》等一系列绿色建筑评价标准框架体系的编写。他在绿色建筑领域的研究，更被他应用到了多个实际工程的实践当中。他负责了包括深圳华侨城体育中心、南京南站、苏州工业园区档案馆、天津生态城绿色住宅项目、苏州中新生态科技城、江苏省低碳示范区（武进）、中新苏通生态科技园区等项目的绿色建筑技术咨询和低碳生态城市规划的咨询。

《绿色建筑评价标准》已经实施了将近七年。林波荣认为，其对中国绿色建筑推动的力度是毋庸置疑的。此外，无论是2012年财政部、住房和城乡建设部联合发布的《关于加快推动我国绿色建筑发展的实施意见》，还是2013年1月国务院办公厅下发的《绿色建筑行动方案》，都对绿色建筑的推广起到了极大的激励作用。

“过去，一些地方政府和开发商甚至以为国家推动绿色建筑只是权宜之计，但是，现在从政府到民众，都已经逐渐意识到节能减排、改善品质的重要性。而绿色建筑从小的范围来说可以改善室内的品质，从大的范围来说则可以改善人居的环境。”他说。

不过，林波荣也坦承，目前的评价标准还存在不足之处，今后要从措施性评价逐渐过渡到性能性评价，即性能评价优先，措施引导优化的方式；并且要分地域、气候区和建筑类型、规模（如社区），对评价标准和方法进行细化。

此外，在《绿色建筑评价标准》实施的过程中，还存在对绿色建筑的评价和管理更重视设计阶段而轻建筑施工和运行阶段节能监管的问题。对此，他认为，绿色建筑的推广成功与否，最重要的不是看有多少项目获得了标识，而是要看建筑运行过程中的性能及实际的效果。而目前国内申请运行标识的项目仅有四十多个，且大部分为公建项目，因此，还需要大力推广运行评价标识。

期待绿色产业链的形成

显然，中国绿色建筑的发展是一场由政府主导自上而下推动的运动。政府强制推动的力度和政策引导的作用，可以使得中国绿色建筑的发展更加迅速。但是，林波荣特别指出，我们也要看到，中国绿色建筑发展的市场成熟度还非常有限。

他表示："如果要把中国绿色建筑发展的现状和国外比较的话，我们可以看到，比如美国，其绿色建筑的发展是由下自上的，首先是设计单位、产品供应商有了相应的设计储备，民众对绿色建筑具备了较为广泛的意识，才推动州政府或者是联邦政府出台相应的政策。而我国目前还没有形成绿色的产业链和产业联盟，甚至有的设计单位自身对绿色建筑的理解都还不够深刻。因此，下一步在理念的宣传上，行业的合作上，基础数据的搜集、研究上，都还有很多工作要做。"

他认为中城联盟在其中可以起到非常重要的作用。"中城联盟有一批非常具有号召力的企业，如万科、万通已经在绿色建筑的探索上取得了很大的成果，除此之外还有越来越多的企业加入到绿色建筑的开发之中。通过这些企业的实践，他们对绿色建筑理念的传播，都会实实在在地推动绿色建筑的发展"。

同时，林波荣还是中城联盟绿色建筑方面的培训专家。他说，这样的培训不仅仅是学者将自己的研究成果与企业分享的过程，同时也是了解企业在实践过程中所遇到问题的重要途径。"这些问题的反馈，会成为我们在参与政策制定、学术研究乃至项目实践中非常真实可信的依据。希望这样的互动能够持续！"

林波荣，清华大学建筑学院教授，博士生导师（破格）、院长助理、副所长，现任职于清华大学建筑学院建筑技术科学系建筑技术研究所。同时还是住房和城乡建设部绿色建筑评价标识委员会委员、中国绿色建筑与节能专业委员会委员兼青年委员会主任、国家环境保护部环境产品认证中心专家。

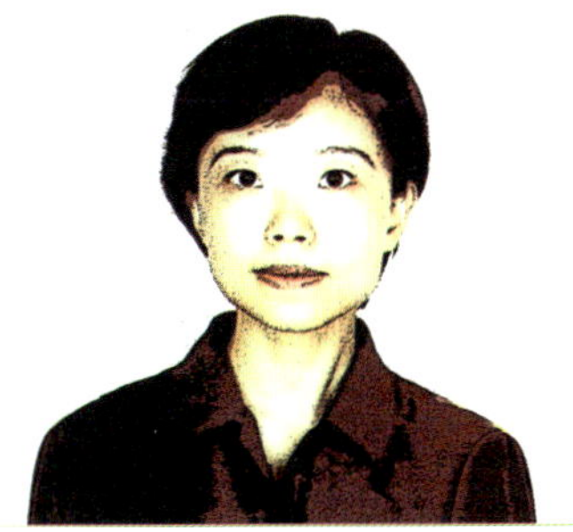

曾宇：
绿色的隐忧

中国建筑科学研究院建筑设计院 副总建筑师
综合设计一所 副所长
绿色建筑中心 主任

说到大面积提速，人们首先联想到的是火车。中国铁路经历六次大提速，主干线“时速200公里”，早就进入了“追风时代”。殊不知，与人们关系更为密切的绿色建筑，在政府强力推动下，经过数次加速度，也即将进入高速路。

政府推广加速度

“中国政府自2006年正式启动具有本土意义的绿色建筑评估体系后，国家非常重视绿色建筑的发展，推广的力度也很大，绿色建筑发展速度明显。近两年，尤其突出。”曾宇说。

曾宇，现任中国建筑科学研究院建筑设计院副总建筑师、综合设计一所副所长、绿色建筑中心主任。主要从事建筑设计、绿色建筑研究与咨询工作。

稍微盘点一下曾宇所说的政府文件，这两年具有重要引导和推动意义的有两个。

2012年4月财政部与住房和城乡建设部联合出台的《关于加快推动我国绿色建筑发展的实施意见》（财建【2012】167号）联合发文称，“到2015年实现新增绿色建筑面积10亿平方米以上，力争到2020年绿色建筑占新建建筑比重超过30%。与之配套的还有对高星级绿色建筑给予的财政奖励。2012年奖励标准为：二星级绿色建筑45元/平方米（建筑面积，下同），三星级绿色建筑80元/平方米，奖励标准将根据技术进步、成本变化等情况进行调整”。

据相关数据显示，从167号文件推出至2012年9月，全国已评出556项绿色建筑标识项目，总建筑面积达到55 677.7万平方米。由此来看，到2015年实现新增绿色建筑面积10亿平方米以上。相对于10亿平方米的规划量而言，时间短且任务重。如果不通过更有力的强制手段促动，这个任务就成了一句虚妄的口号。

为了确保任务的基本完成，9个月后，政府雷厉风行地出台了行动方案。2013年1月1日，国务院办公厅以国办发〔2013〕1号转发国家发展改革委、住房和城乡建设部制订的《绿色建筑行动方案》。方案明确了“十二五”期间，全国完成新建绿色建筑10亿平方米的目标不变。2015年末，20%的城镇新建建筑达到绿色建筑标准要求。

为了实现目标任务，该方案研究制定了有利于绿色建筑发展的财政、税收、金融、土地转让、容积率奖励等方面的政策。完善标准体系，对绿色建筑评价标准等工作提出具体时间要求。严格建设全过程监督管理，在建筑设计方案、施工图设计审查中增加绿色建筑相关内容，并与工程规划许可证、施工许可证发放挂钩，强化施工过程的监管。另外，加强绿色建筑评价标识体系建设，以及绿色建筑规划、设计、施工、评价、运行等人才队伍建设；加强监督检查，开展绿色建筑专项督查。

有了这样的加速度，绿色建筑的源头——绿色建筑设计是否已经做好了跟上节拍的准备？

设计行业波澜不兴

如此之快的加速度，势必将触及到建筑链条上的每一个环节。但较之建材行业显而易见的欢欣鼓舞，整个建筑设计行业所受到的扰动，就明显波澜不兴，耐人寻味。

“我没有感觉到绿建加速度对设计行业有什么影响，至少目前是这样。毕竟，有关如何强制推行绿建的细则，目前还没有成熟的提法，无论对开发，还是设计行业，个人认为都不必过于担心。”一位北京著名高校设计院工作的建筑学博士说。

“除了研究绿色建筑的相应部门，我们大多数建筑师干的活，都是常规设计，跟原来没什么区别。至于说要为将来做什么准备的话，我觉得也不过熟悉一下标准，了解一下要求而已。”一位北京国有大型建筑设计院的主持建筑师说。

“就我们民营事务所而言，我们真正要关注的，还是市场的实际需求。个人看法，绿色建筑就是个概念，很虚的，没有技术类那么实际。不客气地讲，绿色建筑基本在‘忽悠’，要求绿色设计的业主极少。现在外墙节能设计已成强制标准，都要做节能计算的，此类标准以后会越来越多，要求会越来越高。工作量加大，劳动量增强，但费用却很难涨，费力不赚钱。” 这位很有名气的民营建筑事务所老板的说法，具有一定的代表性。

毋庸置疑，绿色建筑，离不开绿色建筑设计。设计，对绿色建筑是否达标起到关键性和绝对性作用。

目前，我国已出台了《绿色建筑评价设计标准》和《民用建筑绿色设计规范》。明确定义“民用建筑绿色设计”，是在民用建筑设计中体现可持续发展理念，在满足建筑功能的基础上，实现建筑全寿命周期内的资源节约和环境保护，为人们提供健康、适用和高效的使用空间。

为了响应因地制宜、配合国标，各地也陆续出台了地方标准。从国家对节能减排、绿色低碳方面政策的倾斜和逐步的重视程度看，绿色建筑也将逐步从提倡、鼓励阶段，发展到强制、奖励阶段。以北京为例，《北京市绿色建筑设计标准》已于2012年出台发布，预计2013年上半年将向全市强制推广。届时，北京新建、改扩建的建筑都将按绿色建筑标准为依据。这也就意味着，在不远的将来，建筑设计行业细化在所难免，赋予建筑形体与灵魂的决定性人物——建筑师，将面临挑战和转型。特别是对个体工作室和民营事务所来说，转型成功与否，将决定他们的前途和命运。但为何设计行业的反应，会有如此置之事外的淡然?

“这里面的原因很多，很大程度上，是因为人们还欠缺对绿色建筑的深入认识。还有一个不可忽略的原因就是，‘伪绿’‘反绿’‘装绿’建筑的出现，污损绿色建筑的正面形象，伤害了行业与标准的公正性和公平性，也严重影响了建筑师对绿色设计的热情。”

探讨同行为何有如此反应时，主持了《中新天津生态城绿色建筑设计标准》《北京市绿色建筑设计标准》的编制工作，并参加了《民用建筑绿色设计规范》《绿色办公建筑评价标准》编制的曾宇显得忧心忡忡。

曾宇所忧虑的，主要来自：为“绿标”而“绿标”。

“绿标”，是人们对“绿色建筑标识评价” 的简称。绿色建筑评价标识是依据我国国家标准《绿色建筑评价标准》（GB/T50378-2006）和《绿色建筑评价技术细则(试行)》对建筑物进行评价并进行信息性标识。评价标识工作经过官方认可，具有唯一性。凡是没有进行标识的建筑物，均不得冠以绿色建筑。

绿色建筑评价标识，等级由低至高，分为一星级、二星级和三星级三个等级，包括“绿色建筑设计评价标识”和“绿色建筑运营标识”，分别用于对处于规划设计阶段、运行使用阶段的住宅建筑和公共建筑，有效期分别为两年和三年。正是这两个阶段的划分，促使了多种情形的出现。

“现在真正的优秀绿建，确实表现优异的，在市场上的比例很少，这些绿建精品，通常是品牌开发商主持开发的项目、开发商自持物业和国家项目；而高技术堆砌的反绿建项目，因为多次被曝光，日渐被人们所认识。但更为普遍的‘图纸上的绿建’现象，关注度不高。”曾宇说。

图纸上的绿建筑

所谓“图纸上的绿建筑”，是指虽然取得了绿色设计标识，但只能算是停留在设计图纸上的绿色建筑。这个现象产生的温床，在于现阶段为了鼓励发展，先评绿色设计标识。这种评审，只追求图纸达标，对建筑师来讲难度不大。比如风环境模拟，一般是要求做就做，不管实际分析得如何，只是把形式做到，结论一定是合格。

有了这些前提，有些设计师和一些开发商，就从纯粹满足规范的最低要求来投机取巧，为了“拿星而拿星”，为了补贴而贴“绿标签”。毕竟，开发商只负责建设，产品贴了绿标签，能作为一个增值的卖点，就可吆喝出手了。他们产品的重点，不是在于节能环保、设计施工质量，而是在于产品的包装、宣传和销售；而本该坚守职业底线的建筑师，在利益的驱动下，又很容易与开发商达成共识：一切为了贴上绿标而让路。

为达标而达标，显而易见就是“糊弄”。虽然建筑师都懂得这种“达标”不是工作的目的，建筑师的职责应该关注建筑设计及能耗之间的关系，根据建筑所在的气候环境，在源头上就考虑朝向怎样最适宜，如何增加对外部环境的优化设计（风、热等微气候环境），雨水如何收集和利用，什么样的材料适宜，怎样的智能化是最合适、最安全、节能的。在源头上找到问题，在源头上找到解决方案。但出于各种考虑，一些建筑师还是让绿色建筑停留在图纸上。

综合曾宇及其他同行的分析，建筑师之所以这么做的原因大致有五种。

一是态度问题。用最低的成本，获取最大价值，只需要完成甲方交给的任务，拿到绿标、挣到钱即可。

二是认识问题。自己还没搞清楚“绿建筑”的实质是什么，对如何实现合理的、可持续的节能建筑，自己心里也没谱，是在跟着感觉走。

三是能力问题。与常规设计相比，绿色建筑设计对于大多数建筑师是个挑战，现有的知识储备，不足以支持他们进行深层次思考。源头上找不到问题，或源头上找到问题，但解决不了，只好寄托于“坯子”出来后，再修修补补。鉴于自己的力不用心，做好图纸上的面子工程，交差、拿钱，就算胜利完成任务。

四是时间问题。这是个讲究高速、高效，又要多快好省的时代，在经济模式的压力下，质量、品质让位于速度与形式主义。于是，以工期短为理由，萝卜快了就不洗泥，即便是有创新和深入想法的建筑师，也要考虑实现起来所要花掉的时间成本是多少。

五是偷梁换柱。一个态度、认识和能力都没问题的建筑师，做了一张真正可以实现绿色建筑的图纸，但最终也可能只能停留在图纸上。因为，总有一些无良开发商为了更大利益，在得到设计标识以后，擅自改动图纸，偷梁换柱、偷工减料，少做、不做已得分项。尽管现在国家对绿色建筑奖励机的基调是达到运行标识要求，才能发全款。但有的开发商在权衡利弊、拿到绿标后房子卖得不错，也就不在乎是否再得到绿色建筑运行绿标。毕竟有了绿标，房子能卖掉就成。至于说，“接力棒”递到业主手里，好用不好用、舒适不舒适、节能不节能，那就是业主冷暖自知的事，跟开发商没关系了。

六是费用低。目前还没有“绿色设计费用”的说法，设计中考虑绿色建筑的因素，一般不会单独收费。正如民营建筑事务所所说的，绿建筑设计现在工作量加大、劳动量增强，但费用却很难涨。在绿色建筑还处在不成熟的发展阶段，设计市场也有泥沙俱下、劣币驱逐良币的现象。

究其原因，民用建筑市场一直处于恶性竞争状态。据了解，一般来说，可以分成几大派别。“学院派”，理论基础扎实，绿色建筑局部研究精深，但专业少、实际项目少、实践少。依托学院的背景和高平台，加之个人声望，很受市场青睐。学院派里，有一批“教授老板”，他们大都有一定知名度，受开发商追捧，以为学生创造实践机会为名，揽活唾手可得。“教授老板”私下大都有自己的公司和工作室，员工就是所带的研究生、博士生。以实践之名，工钱可以不付或少付，付多少，都是教授老板说了算。有了廉价劳动力，成本支出少，价格也就好商量。某“教授老板”就曾声称，价低，研究生搞定；价高，自己出马。自己不够，还可再请高人出山。总而言之，高低都能接。开发商名誉不好也没关系，以前做的不好，也许在其努力下，这回就能改正了。

“设计院派”，实践机会多，有的进入绿色建筑领域早，专业全、人员配备齐整，具有竞争优势，一般承接的都是大中型项目。但出于市场竞争的压力的考虑，现在也“买一赠一”，即做绿色建筑设计，免费送绿色咨询。

“市场派”，以民营建筑事务所和个人工作室为主。中小规模、运转灵活，一般是声名在外的老板负责挑大梁。其老板，有点小资本、小追求、小格调，也有点小性格，设计质量高，对订单往往会挑剔。定价高低，往往根据老板口味、偏好和心情而定。

“攀附派”，事务所因缺乏强有力的“顶梁柱”，走关系人脉、压低价格路线以求生存。

“海龟派”，搞建筑设计，考研、读博士、出国学习或镀金，在行业内早已司空见惯。随便到哪个事务所问问，总有几个是“海龟硕（士）”或“海龟博（士）”。所以，有了留学的背景不重要，重要的是，你的导师是建筑大师，或实践的事务所老板是建筑大师，参与过大师主持过的地标性项目。这样，就可以名正言顺地得享某某大师弟子或高徒的名誉，质量与价格，也往往不成正比。偏好这一族的，往往是追求新奇怪异的开发商。前提是“不差钱儿”。帮开发商砸钱的，价格自然也不能太寒酸。

“临时组合派”，现在，因为绿色咨询无须资质，三五个人临时搭个草台班子，需要什么专业人才，就找什么人。收费一般在二十万到八十万元之间。咨询的同时，也可以顺带推荐甲方看好的建筑师，成为或明或暗的“二东家”，靠走低价路线取胜。

派别林立、竞相压价、质劣价低等现象造成了建筑行业的价值和付出不对等。质优、质劣，一个价；做好、做坏，一个价。基于这些原因，也就出现了了“绿色建筑设计”，但不会产生“绿色建筑设计费”。即便劳动量增加，劳动强度加大，价格也涨不了，这势必伤害了建筑师的绿色设计热情，影响到行业正常的进步与发展。

尽管167号文件、财政部高额的星级补贴明显向绿色运营标识倾斜。《行动》方案中，要严格建设全过程监督管理的举措，这会在很大程度上有利于减少停留在“图纸上的绿建筑”，也有利于建立一个公平竞争的环境，鼓励建筑师诚实劳动，出精品。但曾宇还是提醒大家，“图纸上的绿建筑”不会在短期内彻底消失，这个绿建源头上的隐患，应该引起人们足够的重视和警惕。

曾宇，一级注册建筑师，为中国绿色建筑委员会委员、中国建筑学会建筑技术分会委员、北京市绿色建筑标识评价专家委员会委员。主要从事建筑设计、绿色建筑研究与咨询工作，为建研院建筑设计院绿色建筑工作的主要负责人之一。先后主持了绿色建筑咨询项目46项，包括卧龙大熊猫研究中心、北京万科长阳1号地项目、万通天津生态城新新家园、昆明新机场航站楼和能源中心、鄂尔多斯市金地智能大厦、万科秦皇岛假日风景项目、中建济南和鑫住宅项目、安徽芜湖恒大华府项目、哈尔滨辰能溪树庭院项目、国家核电创新基地等，已有30多个项目获得了绿色建筑标识。

张江华：绿设计的几个关键词

中国建筑科学研究院建筑设计院
绿色建筑中心 常务副主任

外媒说，中国建筑设计特别缺少节能环保的意识。

张江华说，此说法太过武断。中国的古建筑（以传统民居最为典型）并不乏绿色建筑元素。这些传统民居，虽然尚不能被叫作“绿色建筑”，但建筑先辈们在环保节能上所做出的古老的努力，足以说明中国建筑设计的自然绿意识不仅存在，还是普遍存在。为了避免所谈空洞无物，张江华举了个现存的老建筑为例。

在天津老城厢，有座天津现存最完整、规模最大的清代会馆建筑——广东会馆。在这古香古色的老建筑里，有座木结构剧场，天津人叫它“老戏台”。想当年，名噪天下、红得发紫的京剧四大名旦（梅兰芳、程砚秋、尚小云、荀慧生），都曾在这里粉墨登场，惊艳亮相。能让四大名角儿看上的广东会馆，设计很有独到之处，剧场进深十米，可容纳七八百人，通风顺畅，日照充足，冬暖夏凉。白天，仅通过日照采光就可以实现照明需要。

而世界上关于“绿色建筑”的提法，是在二十世纪七十年代两次石油危机大爆发以后出现的。能源的危机，促使西方国家关注现代建筑诞生后带来的气候、环境等种种问题。而后，“绿色建筑”的概念逐渐形成。

张江华作为我国绿色建筑领域的探索者之一，近十年来一直活跃在绿色设计的第一线，目前是中国建筑科学研究院建筑设计院绿色建筑中心常务副主任。

中国绿色建筑设计：继承祖先财富 传承前辈智慧

中国古建筑何以在“绿色建筑”中定义，没有“绿色建筑师”专门设计，没人倡导推行节能，更在没有绿色建筑设计标准、设计规范的情况下，就具有了“自然绿”

的元素？

民间建筑的设计者以及工匠们，又为何普遍拥有节能智慧。在没有电灯、空调等现代设备依赖的前提下，就地取材，充分利用当地的自然气候条件、地形地貌特点、阳光、风向、风速、温度、湿度，建造出亲自然的宜居建筑，具备了“准绿色建筑师”的潜质？

张江华认为：

一、自然的选择。在没有电力、动力和其他措施的情况下，电灯、电扇、空调、取暖器统统无可能依赖，不巧用大自然所赐予，就只能摸黑、挨冷、受热。

二、我国古代建筑设计指导精髓，就是“天人合一”“因地制宜”。建筑工匠们代代相承所执行的设计策略，跟我们现在所提到的《民用建筑绿色设计规范》中建筑的被动措施有着很多类似之处。例如，直接利用阳光、风力、气温、湿度、地形、植物等现场自然条件，通常包括天然采光、自然通风、围护结构的保温、隔热、遮阳、蓄热、雨水入渗等措施，提高室内外环境性能。比较遗憾的是，中国能工巧匠们集体无意识下达成的“绿色共识”，后来出现了断层，而后更被世界潮流甩在了后头。

二十世纪五十年代，当刚刚成立的新中国，还在对是否完全照搬苏式建筑，还是使用民族形式的大屋顶等进行争论时，沦为战败国资源贫乏的德国，已经开始尝试材料的“循环利用（recycle）”。环保的意识就此萌芽 。

二十世纪七十年代，世界上先后爆发过两次能源危机，石油价格暴涨，岛国日本由于国土狭小、资源严重贫乏，石油几乎100%依赖进口，消受不起十年内两次能源紧缺的打击，不得已被迫思考如何能降低能源消耗。“绿色建筑”开始逐渐登上舞台。而此时的中国，却还完全置身于世界潮流之外，。

此后几十年，中国发生了翻天覆地的变化，经济建设成为了重心，房地产业逐渐成为国民经济支柱产业。城市改造，房地产开发遍地开花，建筑工地随处可见。中国建筑行业每年近20亿平米的竣工量，其中80%以上为高耗能建筑。45%的混凝土生产与消费量；既有建筑近400亿平方米，95%以上都属于高能耗建筑，能源利用率仅为33%，落后发达国家20年。在我国，建筑总能耗（包括建材生产和建筑能耗）约为全国能耗总量的30%，其中用于建材生产的能耗占到全国总能耗的12.48%。在建筑能耗中，围护结构材料保温性能差、保温技术落后，传热耗能高达73%～77%。这让其他国家瞠目结舌。建筑的高能耗和高污染，被严重忽略。

就在中国忙于“大干快上”的房地产建设的时候，可持续发展的人居环境，成为国外建筑业追求的目标。1990年，英国率先针对新建办公大楼公布了建筑环境负荷评估法BREEAM。世界上第一个绿色建筑评估体系诞生。而后，美、日、法、澳大利亚、荷兰各国都出台了绿色建筑评估体系。

尽管，世界各国衡量建筑对环境的影响的标准有所不同，但对全球建筑行业的整个链条的影响是显而易见的。环保材料，新科学技术，越来越多新的设计手法、造型应运而生。

当可持续发展成为主流舆论，中国不断挑战“地球的环境承载力”的极限做法，也受到了国际社会的谴责。

2006年，落伍的中国高耗能建筑，在政府的强力推动下，终于也“绿了”起来。建设部组织编制了《绿色建筑评价标准》。该《标准》明确“绿色建筑”为：在建筑的全寿命周期内，最大限度地节约资源（节能、节地、节水，节材）、保护环境和减少污染（简称“四节一环保”），为人们提供健康、适用和高效的使用空间，与自然和谐共生的建筑。

《标准》对绿色建筑设计也提出了较为具体的要求 ：一、要考虑到居住环境的气候条件。这就要求建筑师在做设计的时候，不仅要考虑当地的气候特点，还要遵循这些特点，设计出低耗能建筑。二、要考虑到应用环保节能材料和高新施工技术。因为，绿色建筑是一个能积极地与环境相互作用的、智能的、可调节系统。所以，它要求建筑外层的材料和结构，一方面作为能源转换的界面，需要收集、转换自然能源，并且防止能源的流失；另一方面，外层必须具备调节气候的能力，以消除、减缓、甚至改变气候的波动，使室内气候趋于稳定。

其后，又陆续出台了《绿色建筑评价技术细则》和《绿色建筑评价标识管理办法》《绿色建筑评价标识实施细则》，同时，编制了《绿色建筑评价技术细则补充说明（规划设计部分）》，制定了《绿色建筑评价标识使用规定》。 国家先后颁布了《绿色建筑评价技术细则》和《绿色建筑评价标识管理办法》。

这些文件的出台，无疑对习惯于常规设计的建筑师构成了强大的压力。

中国绿色建筑设计：符合国情 合理创新

要美观、适用，还要节能、节地、节水、节材、关注环境，还得要讲究一定的舒适度，绿色建筑对建筑师提出了高要求。

这些高要求，意味着建筑师必须将工作重点进行大的调整。即，从以满足规范要求为主的设计方式（窗墙比、形体系数、日照间距之类），上升到对建筑的环境性能（对建筑能源、资源消耗的把控，对使用者舒适度的的关注）把控。工作重点的变化，不仅使建筑师的工作量增加，工作难度增大，感觉身手被束缚，头上戴了“紧箍咒”，产生“不适症”。而知识储备的告急，更是令建筑师无所适从。诸多人的诸多不适，从逃避，渐渐演变成了排斥、抵触，甚至是对抗的情绪。

“这好比把建筑师当作一个舞蹈家，原来是身无挂碍，舞步轻盈，设计上以美观、适用作为主要目标。而现在，在要求美观、适用的同时，还必须考虑对能源、资源的消耗和对环境的保护。就如同腿上绑上沙袋子跳舞，步子沉重多了。”绿设计做了近十个年头，研究过国内外超过500个绿色建筑案例的张江华，也有过类似的感受。”

有人说二十世纪是属于“现代建筑”的，而二十一世纪则是属于“绿色建筑”的。对国外建筑思潮保持高度关注的张江华已经明显感觉到了这种趋势的变化。最近的国外建筑杂志上，完全与绿色建筑完全无关的建筑作品已经越来越少。“绿色建筑是大势所趋。与其螳臂当车，不如欣然接受。建筑师必须与时俱进，尽快适应时代提出的新要求，否则就将被淘汰出局。”张江华清醒地意识到这一点，因为没有退路。

张江华的绿设计经验，来自于摸爬滚打的绿色实践。2010年，中粮祥云国际幼儿园项目，给了张江华的设计团队一次探索实践的机会。

此幼儿园是中粮地产祥云国际住宅项目的配套幼儿园，位于北京市顺义区后沙峪。在设计之初，业主单位就明确提出项目设计应满足国家绿色建筑三星级设计标识与LEED白金级标准的要求，即达到“绿色建筑双认证”的目标。设计团队不仅仅满足于设计目标在“绿色建筑双认证”，他们更希望此项目在节能减排的同时可以保证较高的舒适度，且能够符合中国国情，成为令业主和使用者都满意的绿色教育建筑。从2006年推出《绿色建筑评价标准》（GB/T 50378-2006）以来，在参与评价的项目中，绿色教育类建筑还可以说是凤毛麟角。这对项目组来说，可谓机遇与挑战共存。

由于缺少可借鉴的案例，设计团队就结合北京市的气候特点，查阅国内外大量绿色教育类建筑的相关资料后，经认真分析、比选后，有针对性地采用了以下绿色建筑技术：立体绿化（包含屋面、立面）技术、多种手段结合的外遮阳技术、室内空气质量监控系统、空调系统排风热回收技术、采用地源热泵系统作为空调系统的冷热源、太阳能供应生活热水并结合屋面的一体化设计、使用风能供应部分室内照明、绿色建筑运行监测系统、中水利用技术、微喷灌等节水型灌溉形式的使用、乔灌草结合的绿化方式、利用光强探测器及人体感应探测器等对照明器具的控制、利用建筑空间加强自然通风采光技术。主要绿色建筑技术指标包括：节能率70.95%、透水地面46.8%、绿化率34.9%、可再生能源太阳能热水使用率100%、非传统水源利用率44%、热回收效率不低于60%、可再循环材料利用率不小于10%、利废材料使用率不低于30%。

目前，该项目正在建设当中，该项目力争在节能减排的同时，保证较高的舒适度，且能够符合中国国情，成为令业主和使用者都满意的绿色教育建筑。张江华的设计团队不仅在国内现有技术水平上对绿色教育建筑进行一次有益的尝试，并为今后的其他项目积累了宝贵经验。

中国绿色建筑设计：正本清源 回归理性

经过无数次的痛苦探索，张江华逐渐掌握了一套完整的绿色建筑设计方案和绿色建筑技术策略。如今，张江华再看绿建筑设计，倒有了化繁就简、正本清源的感觉：“绿色建筑”貌似新名词，其实是个“老东西”。“绿色设计”是新名词，但工作实质也是老内容——回归理性设计。

“理性设计”，是近些年在建筑设计界出现率极高的词汇。这恰好说明了建筑界被不理性的狂躁乖戾创作氛围笼罩已久。违背自然生态，以牺牲资源为代价，盲目追求形式（求新、求异、求怪），过分装修、过度装饰的不合理建筑比比皆是。绿色建筑的兴起，又变异出了一批极其怪异的“伪绿色”或“逆绿色”“反绿色”建筑。

那么，绿色建筑设计怎样才能回归理性？张江华说，三方理性回归。三方：即卖房子的、买房子的和设计房子的。

如果，你是一个建筑师，为自己设计一座私宅，你会为了采用一个三角形、圆形、元宝形、裤衩形、官帽形，或者其他奇形怪状的造型而付出正常建筑十倍的造价

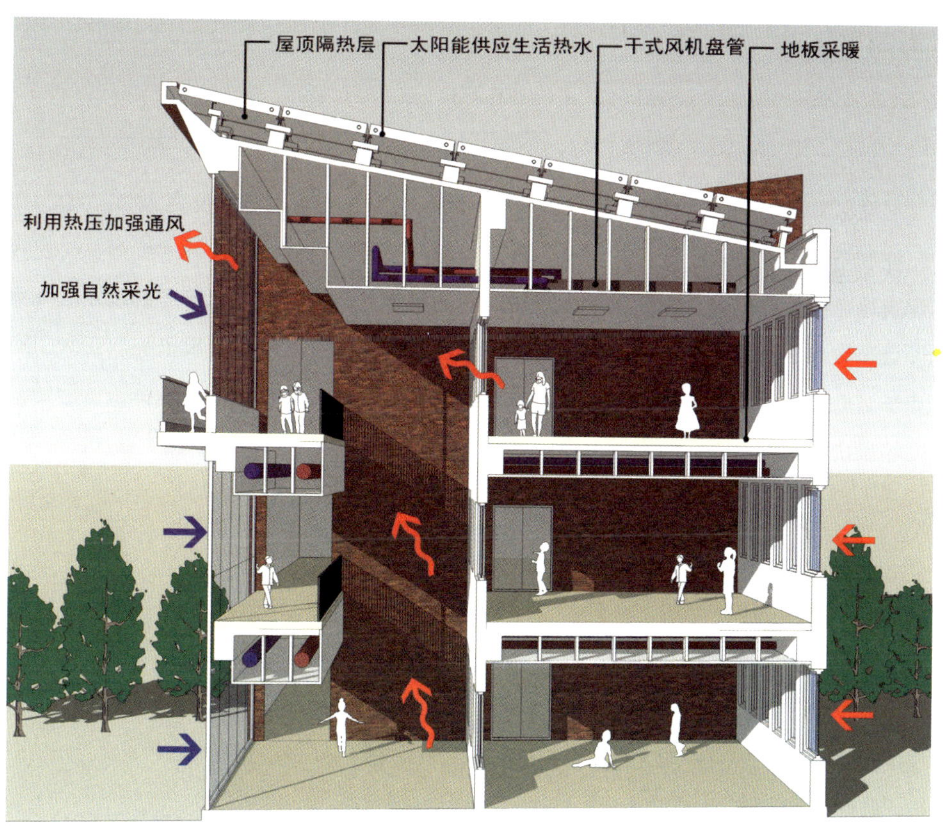

吗？你会为了高舒适度，通过机械设备维持一种恒定温度而支付巨额的运行费用，并经年累月地与大自然界赐予的日精月华、春夏秋冬隔绝吗？

如果，你是甲方，要投资开发一个地产项目。注意，此项目为自持物业。你允许建筑师设计一个惊爆眼球、充满浪漫主义艺术性气质，但高造价、高耗能，且极不利于抗震的造型，并全部由自己埋单吗？你会接受通过“技术堆砌”的方法，来实现节能降耗的“绿”色建筑？你会不考量该“绿建筑”几十年、甚至上百年的寿命周期内的使用、管理、维护和保养成本吗？

如果通过以上换位思考，开发商和建筑师的回答全都是否定的，那就是理性的。理性，就是基于正常思维结果的行为。而至于业主的理性，仅仅需要像一个精打细算的主妇那样，在买车时，去挑选一辆小排量的混合动力车。有需求，就会有市场。有理性的需要，自然促生出理性的市场和理性的设计。

试想，当一个家庭主妇能作为甲方，为自己房子的能耗锱铢必较的时候，绿设计还会远吗？

张江华，1971年出生于北京，毕业于清华大学建筑系、日本神户大学。2004年起任职于中国建筑科学研究院建筑设计院。参与了《绿色建筑评价技术细则》《民用建筑绿色设计规范》《中新天津生态城绿色建筑设计标准》等多个标准的编制。作为项目负责人主持包括广联达信息大厦、丰田汽车（中国）研发中心事务栋、正大CBD赤子之心项目等十几个项目的咨询工作。作为项目负责人主持包括中粮祥云国际幼儿园等多个项目的全过程的设计工作。

绿色建筑鉴赏

PART 4

绿色建筑的探索与实践

万科中心：

漂浮的绿色摩天大楼

万科中心为住房和城乡建设部、财政部第四批可再生能源建筑应用示范项目之一，地处广东省深圳市盐田区大梅沙旅游度假区，西北临内环路，东南接人工湖，遥望大梅沙海滨公园与大鹏湾。万科中心以绿色三星为总体设计目标，已通过绿色三星运行标识评价。通过对总体规划和建筑单体设计，万科中心利用自然技术、本地绿色建筑材料等低成本、低投入方式，平衡和保护了周边生态系统，节约了能源，鼓励在成本可控范围内做出一定的新技术、新材料的应用与探索；同时，保证万科总部办公使用者的身心健康和舒适性。

绿色建筑特征

1. 节地与室外环境

项目特色：底层架空设计充分利用自然通风，不影响周边区域原有建筑的自然通风，同时有利于建筑内部的通风环境。

深圳的自然通风条件优越，年平均风速为2.7m/s，年主导风向为东南东风。针对夏季防热和利用自然通风进行分析，根据夏季典型气象条件下，风速出现频率最高的风向与平均风速，采用梯度风进行模拟分析边界条件的设置。

本项目周围建筑环境对该建筑群体的遮挡影响较小，在主导风向的影响下，建筑群体周围的整

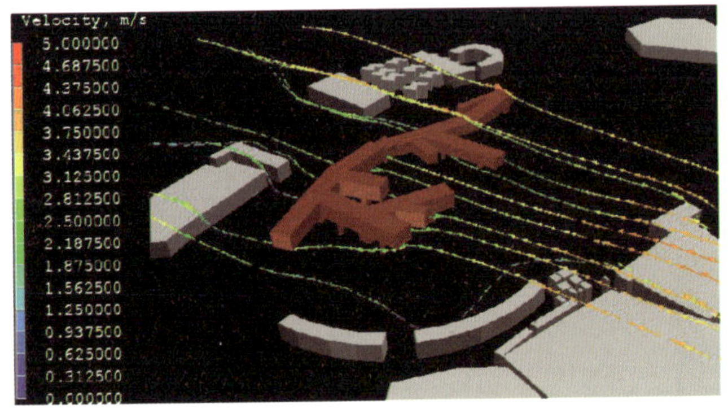

◆ 建筑周边风环境模拟图

体通风效果良好。建筑群体周围人员活动高度1.5m处（以地形高度以上），大部分区域空气龄在300S以下，能够保证人员活动舒适。

项目设计理念是形成“最大化景观园林之上的水平向超高层建筑”，东西长、南北稍短的线状，建筑主立面朝向北侧，偏西约45°，形成建筑的主立面横跨该区域主导风向，有利于形成较大的建筑背、迎风面压差，各建筑楼层背迎风面均能保持2～4Pa的压差，有利于实现室内自然通风。根据规划用地，建筑布局规划在体现创新设计的同时，营造了充分利用自然通风的有利条件。

2. 节能与能源利用

项目特色：因地制宜的外遮阳系统、冰蓄冷空调系统、太阳能光伏与建筑一体化

（1）围护结构

外墙主体采用200mm加气混凝土砌块，主体墙传热系数K=1.08W/(m^2·K)，外墙平均传热系数K=1.26W/(m^2·K)。项目的玻璃幕墙采用双银中空Low-E玻璃，其传热系数K=2.0W/(m^2·K)，玻璃遮阳系数SC=0.48，可见光透射比Vt=0.67，玻璃幕墙的气密性等级为3级。立面采用铝合金可调遮阳板系统。屋顶主体为150mm厚钢筋混凝土，保温材料采用35mm厚的挤塑聚苯乙烯泡沫塑料板，屋面为绿化屋面。屋顶传热系数K=0.67W/(m^2·K)。

（2）空调系统

根据深圳地区的气候条件，万科中心只考虑夏季制冷，无须考虑冬季采暖，空调系统采用部分负荷冰蓄冷系统。该系统设计蓄冷量为1920RTH，约占空调设计全日

制冷负荷的44%。最大负荷时制冷机与蓄冰槽联合供冷，部分负荷时优先采用蓄冰槽供冷，充分利用深圳的峰谷电价政策来降低夜间运行费用。

空调系统的风系统采用地板送风+新风+全热回收的系统形式。地板送风空调机组（CAM）均布在各层，其出风区域设置具有二次回风和变风量功能的FTU终端机。新风机组风机采用变频控制，风量根据二氧化碳浓度控制。另外，空调机房中设置两台全热回收机组，用于新风预冷。

（3）太阳能光伏系统

项目的光伏系统分为两部分，一是并网光伏系统，二是独立光伏系统。并网光伏系统总装机容量为272.7kWp。该系统逆变器输出端组成三相五线制，直接并入万科变压器二次侧。并网光伏系统统一配置一套数据采集监控系统。独立光伏系统设计总装机容量为5.76kWp，该系统主要包括太阳能电池、控制器、蓄电池、照明灯具等，主要用于地下车库照明。地下车库面积约300m^2，总照明负荷为1000W，阴雨天则采用市电直接供电。

根据万科中心示范项目测评情况：并网光伏发电系统光电转换效率为10.05%，地下车库照明太阳能独立光伏系统光电转换效率为8.83%，并网光伏发电系统全年发电量为27.68万kWh；地下车库照明太阳能独立光伏系统全年发电量为0.51万kWh；太阳能光伏发电系统全年总发电量为28.19万kWh。

项目全年常规年总用电量（包括照明插座、空调和动力，不包括临时施工和特殊用电）为147万kWh，单位建筑面积用电量为88.6kWh/（m^2·a）。

◆ 太阳能光伏系统图

3. 节水与水资源利用

项目特色：与周边景观结合的人工湿地系统，处理回收的中水与雨水。

（1）中水处理系统

本工程生活污水深度处理回用于场区绿化、道路广场冲洗及景观湖补充水，根据出水水质要求和生态型特点，处理方案采用生态治污法“垂直流人工湿地水质净化技术”，并以水解酸化及接触氧化作为湿地前处理。湿地出水经过杀菌消毒后，进入清水池储存作为绿化用水；当景观湖需要补水时，则一级湿地出水进入湖水循环湿地植物池进行深度处理，处理后出水排入景观湖。

（2）湖水循环处理净化工程

人工湖的面积为3 000 m^2，由于人工湖采用硬底湖设计，为便于人工湖的维护管理，采用较小水深，水深约为0.2m，则人工湖的总水量为600m^3，循环系统循环周期即湖水水力停留时间HRT取3天，则处理系统需处理循环湖水200m^3/d。人工湿地面积为200m^2。

湖水水质保持主要采用与城市及小区景观水域相适应的水质生态修复和生态保持技术和方法，模拟自然生态环境，强化生态系统的结构和功能，恢复生态系统的自我调节能力，建立良性循环。

（3）雨水收集处理系统

整个项目中尽可能多地采用渗透铺装来增强雨水下渗，同时收集回用雨水来降低径流排放量。屋面和露天水面承接的降雨蓄积在水景池内，回用于绿化和补充景观水池水量损失；硬化铺装区产生的径流首先流入周边的低势绿地或雨水花园，超过雨水花园和低势绿地处理能力的雨水，经溢流雨水口排入市政雨水管道。收集到的雨水经过垂直流人工湿地的处理，储存在清水池中，用于绿化与道路冲洗。项目中建筑屋面均采用绿化屋面，铺装多采用碎石、渗透砖、草坪砖等透水铺装。项目总用地61 730m^2，透水铺装达到88%。

项目非传统水源主要有生活污水和屋面与露天场地承接的雨水，其中生活污水主要为万科总部的生活污水。东侧中水和雨水回用量为3 942 m^3，西侧中水和雨水回用量为2 818m^3，中水和雨水的总回用量为6 760 m^3。经处理后的中水和雨水用于景观

◆ 垂直流人工湿地图

◆ 地面透水铺装图

用水和绿化道路浇洒。非传统水源实际利用率为46.3%。

4. 节材与材料资源利用

项目特色：万科中心（总部）的建设广泛使用了可再生、可速生、本地化的材料，以及无毒、无公害、无污染的建材和装饰装修材料。100%为绿色建材，本地材料占51.6%。主要包括：

（1）以废弃物为原料生产的材料：项目在建造过程中用于钢结构、铸钢节点及钢筋翻样的钢材约4 300吨，所采用钢材在冶炼过程中含有35%的废钢；在核心筒砌体中，采用了由工业废料、建筑垃圾制成的约含70%的可再生混凝土空心砌块1 500吨。

（2）采用本地化材料：工程建造过程中，采用了至少占总价值51.6%的当地材料。

（3）采用快速生长材料：项目房间的全部内门和部分地板（除玻璃门外）采用了竹门和竹地板，内部的办公桌椅也均为竹制产品。

5. 室内环境质量

（1）室内空气质量：项目设置室内空气质量监控系统，监测参数为室内二氧化碳浓度和温度，新风机组和全热回收新风换气机可以根据室内二氧化碳浓度变频调节新风量，地板送风专用机组的送风量可根据室内温度自动调节。

（2）室内光环境：项目玻璃采用高透光双银中空Low-E玻璃，可见光透射比为0.67。采用活动可调外遮阳装置，外遮阳板上设置有透光孔，改善室内采光环境。项目设计有下沉庭院，景观水池和景观山丘上设有多个采光口，改善地下室的自然采光效果。

（3）声环境：对项目场地周边噪声情况进行实测，各测点等效声压值都小于60 dB（A），场地声环境质量较好。同时，项目采用了中空玻璃幕墙、外遮阳装置、室内吸声降噪、建筑构件隔声、设备防噪和其他减低噪声等措施。

6. 运营管理

本项目建筑智能化系统包括智能监控部分（包括楼宇自控系统、安全防范系统、火灾报警及消防联动控制系统、建筑设备集成管理系统），信息网络部分（包括综合布线系统、公共广播系统、卫星及有线电视系统、通信网络系统、数据网络系统），其他部分（包括数字会议及同声传译系统、停车场管理系统、可视对讲及居家防盗系统、防雷接地系统等）。同时，设置有建筑能耗监测系统、完善的信息网络系统和建筑设备监控系统。

物业管理单位建立了比较完善的节能、节水等资源节约与绿化管理制度，明确各工作岗位的任务和责任，使管理制度化，落实到人。

项目在地下室设有27m^{2}的生活垃圾集中收集站，分类收集生活垃圾，办公区各功能区域设有分类垃圾收集箱（桶）。

成本增量分析

按照国家和（或）地方标准设计的建筑方案为基准方案来计算增量成本。对本项目因绿色生态技术增加的成本进行分析，其中太阳能光伏系统增量成本最大，占到33%；其次是可调节的外遮阳系统，占14%。钢结构健康检测的费用占6%，建筑内部的竹制建材家具占5%，节能照明、冰蓄冷空调占3%，其他技术如人工湿地、透水铺装、节水器具等在1%~2%。

项目小结：

本项目为万科集团总部自用办公建筑，作为一个万科集团拓展生态技术领域的重要标志，对本项目的生态技术含量提出了较高要求。项目以建筑设计为着眼点，利用太阳能等可再生能源，注重自然通风、自然采光与遮阳；为改善小气候，采用多种绿化手段；为增强空间适应性，采用大跨度轻型结构；水循环利用；垃圾分类、处理以及充分利用建筑废弃物，等等。同时，本项目也尽量利用被动设计的方式，充分利用自然技术，适应本地地域气候特点，利用本地绿色建筑材料等低成本、低投入方式平衡和保护周边生态系统；同时，在成本可控范围内做出一定的新技术、新材料应用的探索。

万科集团简介：

万科企业股份有限公司成立于1984年，1988年进入房地产行业，1991年成为深圳证券交易所第二家上市公司。经过20多年的发展，成为国内最大的住宅开发企业，目前业务覆盖珠三角、长三角、环渤海三大城市经济圈以及中西部地区，共计53个大中城市。近3年来，年均住宅销售规模在6万套以上。2011年，公司实现销售面积1 075万平方米，销售金额1 215亿元。2012年，销售额超过1 400亿元。销售规模持续居全球同行业首位。

万科中心概况：

深圳市地处广东省南部沿海，位于北回归线以南，属亚热带海洋性季风气候，全年气温高，湿度大，雨量充沛。深圳市年平均气温22.3℃，太阳辐射量丰富，年太阳辐射量为5 225MJ/m^2，年平均降水量为1 925mm，主导风向为东南风向。项目临近海滨、湖景，湖水水源为山上泉水、雨水。

万科中心于2009年10月竣工投入使用，地上6层，地下3层，总建筑高度35米，朝向为北偏东45° 。其中东侧局部2层，西侧局部6、7层，建筑高度35米。整个万科中心的几个功能区在地上部分相对独立，功能也不完全相同，装修的时间各不相同。其中万科总部的主要是办公用途，总建筑面积1.66万m^2。

万科中心荣誉：

中国绿色建筑三星级标识

LEED 白金级认证

万科住宅产业化研究基地：

推进中国住宅产业化进程

万科住宅产业化研究基地是万科集团住宅产业化技术及产品研发、培训的平台，也是万科推进住宅产业化的合作伙伴建立企业联盟的依托。基地联合国内外知名企业、大学及研究机构，建设运营住宅产业化技术体系，推广应用规划所需的基础设施、研究所、实验楼、实验室；并展示万科在住宅建造技术、节能环保等方面的研究进程、技术总结以及万科所秉持的技术观，并对客户关心的住宅产品品质进行介绍和展示。

一、项目简介

万科集团于2006年8月在松山湖获得万科住宅产业化研究基地一期用地。从此，万科集团开始了技术成果转化为实践的住宅产业化推广应用进程。2007年2月，建设部授予万科集团“国家住宅产业化基地”的称号。11月12日，国家建设部副部长齐骥代表建设部给基地正式授牌。万科集团住宅产业化研究基地一期规划70 000平方米，二期规划63 000多平方米。现由实验楼区、研发实验区、设备实验塔、中心景观区、展示中心、辅助功能区等主要部分构成。

二、分区规划

1. 实验楼区

2005年9月至2010年4月的将近五年间，建筑研究中心先后设计、建造了1号至6号工业化实验楼。在充分借鉴日本工业化住宅体系的基础上，万科集团从建筑主体、结构体系、装配工艺、部品生产到开发流程、项目管理，积累了大量有价值的研发成果，初步完成了工业化技术集成，并建立了万科VSI工业化技术体系，为推进工业化项目落地提供了科学、可靠的技术理论与实践支持。

2. 研发实验区

开展工业化技术、绿色节能技术课题的研究应用，从客户需求着眼，进行节能设计、住宅部品和绿色建材研发、住宅性能（空气、隔音、保温、安全）实验、住区水环境研究、住区生态（生物多样性）研究、产品研究，为建造舒适、健康的住宅提供最佳的解决方案。

3. 设备实验塔

设备实验塔是中国第一个、世界第一高住宅设备系统性能检测塔，采用被动式设计实现较好的节能效果。通过塔顶风车实现可再生资源的利用，通过水循环降温技术减少室温，并利用塔高的势能优势尝试排水发电。

4. 中心景观区

中心景观区通过人工湿地技术实现对雨水的收集和利用、污水的回收与利用，利用水生态系统技术实现景观水质净化和养护，并集中展示PC铺装和生态水渠呈现的景观效果。

5. 展示中心

展示中心是依据华南地区气候特点设计、建造的绿色建筑，采用被动与主动节能

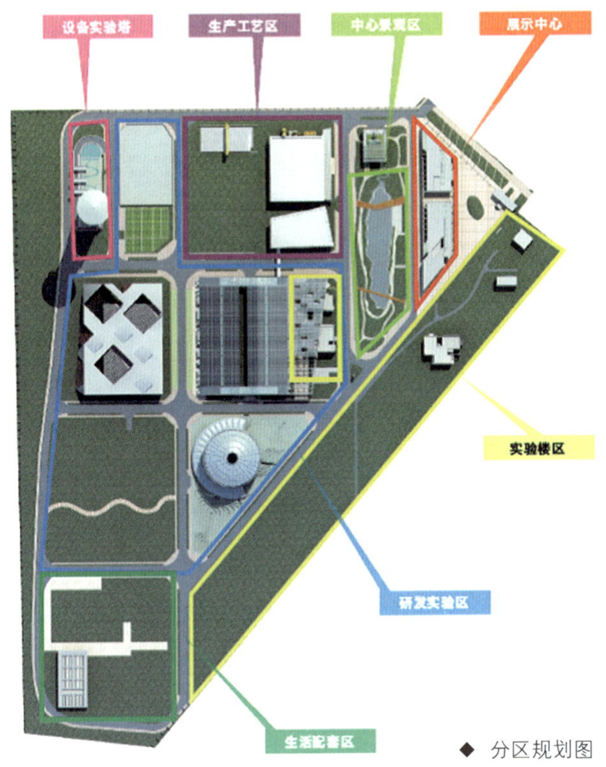

◆ 分区规划图

相结合的设计，实现建筑整体的零能耗。展厅内集中展示了企业理念和对住宅品质的理解。

三、实验楼区

1.1 号实验楼

1号实验楼首次尝试了全预制混凝土框架结构体系住宅的设计、生产、施工全过程。通过1号实验楼，万科对工业化技术有了一个初步但完整的认识，为下一步的技术研发找到了方向。

技术要点：

结构受力构件的梁、板、柱以及围护体系中的外墙均采用PC的方式，同时对整体厨房、卫生间也尝试了预制方式，预制水平达到85%以上。

2.2 号实验楼

2006年12月初完成2号实验楼的设计，其产品原型为12层的小高层，实验楼截取了其中的两个单元进行设计、建造。2号楼的建成，标志着万科VSI工业化住宅技术体系的初步形成。

技术要点：

结构体系：竖向受力构件的柱和剪力墙采用现浇的方式，为保证现浇精度，采用柱模工艺。

设备体系：同层排水系统的设计，解决了传统给排水系统中的“漏水、不易检修、堵塞、泛异味、水压不稳”的常见问题。

内装体系：首次尝试SI分离内装技术，使内装系统对建筑结构进行调差的能力大大提高。利用轻钢龙骨墙体，架空地板与结构面的间隔空间设置设备管线，便于维护，使室内空间更加整洁。

3.3 号实验楼

3号实验楼在2号实验楼的基础上进行了技术优化和更新，在PC构件的连接节点、PC外墙与主体的连接方式，以及施工措施等方面均有一定程度的改进，为工业化建筑的试行积累了大量有益的经验。3号实验楼设计以及建造的完成，标志着万科VSI工业化住宅技术体系已具备推广应用的基础和条件。

技术要点：

结构体系：纯框架结构，柱采用柱模工艺，内部现浇；梁、板、阳台为叠合，楼梯以及外墙均为预制。

内装体系：首次完整地实现了SI分离的装修工艺，系统地尝试了工业化的内装设计、构造和施工工法。

4.4 号实验楼

4号实验楼是VSI工业化住宅技术的一次重大突破。在学习和引进日本先进预制技术的基础上，采用了全预制纯框架结构体系。同时，4号楼是万科首次完整运用工业化住宅产品开发流程来设计、建造的产品，它标志着万科工业化住宅开发平台的形成。

技术要点：

结构体系：所有结构受力构件，包括柱、梁、板均为预制，整体预制率在60%左右。

内装体系：从青年群体的客户类型中选择居家型和社交型两类客户作为设计核心，分别为这两类使用者打造了适合其使用、生活的空间。

5.5 号实验楼

5号实验楼主要以首次改善类需求的客户群体为目标，产品范围涵盖了首改客户中的“三代家庭”和“小小太阳”，以及青年群体中的“居家型”三类产品。

技术要点：

结构体系：在4号楼的基础上进行了技术本土化的尝试，将竖向受力体系由预制变为现浇，减小了施工难度，与现有的材料技术和生产水平更加匹配。同时，在节点构造、施工工艺等方面进行了系列的技术优化，更满足目前的项目实施条件。

内装体系：对首改客户进行分类，总结不同客户的需求，归纳出核心点，在户型设计和装修设计中，为使用者打造合理的使用空间。

6.6 号实验楼

以大规模的工业化推广为目标，实践B级内浇外挂技术体系的样板楼。同时，在立面设计上改变以往对工业化建筑立面单调的印象，尝试利用工厂预制技术，制作出手工无法达到的精致立面效果。

四、研发试验区

1. 技术实验场

技术实验场占地650平方米，由龙门吊、实验平台和地下室三部分组成。主要进行小型部品性能测试、工艺节点实验，如遮阳构件性能测试、太阳能光伏板性能测试、太阳能光热系统测试等。

2. 工艺实验厂房

建筑面积8417平方米，占地5933平方米。建筑采用被动设计技术，通过进出风口的位置解决公共空间人体舒适度，无须制冷设备。屋顶设置太阳能光伏系统，因此也是基地的能源中心。厂房主要功能是通过构造工法实验、材料检测、部品性能对比研究，并在标准户型中安装应用，全面推广内装标准化的研究成果，直观、全面地认识住宅的各方面性能。

3. 水环境研究所

水环境研究所实验室面积100平方米，研究方向包括：水域微生物膜控藻技术、沉水植物恢复技术、水生态系统重建技术、生态浮床技术等。另外，设计实验水池420平方米，用以模拟住区水景，针对日趋恶化的城市水环境，开展景观水体的生态修复和水质保持研究。

4. 植物研究区

植物研究区现包括荫棚繁育实验区和垂直绿化实验区两部分，共占地800平方米。主要进行新优园林植物研究，是针对目前园林绿化植物乡土植物种类偏少，应用植物种类非常单调，致使绿地生态建设植物多样性“先天不足”而提出的一个发展未来园林建设的研究方向。同时，该区域也进行立体绿化技术的研究。立体绿化能够增加城市的绿化量，缓解城市热岛效应，降低噪音，净化空气，提高景观效果。实验区正进行的不同工艺的墙面绿化实验，其成果将为我们住宅的多层次和多结构的绿化模式服务。

五、建筑实验塔

万科建筑实验塔是目前中国第一座、世界第一高的建筑设备系统性实验塔。建筑实验塔总高112.9米，地上37层，地下1层，具有最高的测试系统、最先进的测试设备和实验环境。由万科和国家住宅与居住环境工程技术研究中心联合运营，目标是建成国内建筑设备系统性能检测基地和认证中心。

六、展示中心

展示中心为两层框架结构建筑，建筑面积为3500平方米，建筑高度12.3米。通过被动设计、围护结构、高效节能设备以及可再生能源等节能技术的运用，建筑实现零碳排放。

同时，在展厅内通过对最新的材料技术、节能技术、节水技术、环境技术的展示，宣传万科的技术观和产品观。

万科集团荣誉：

2007年2月，万科集团获得建设部授予的“国家住宅产业化基地”的称号。2007年11月12日，国家建设部副部长齐骥代表建设部，给万科企业股份有限公司授牌。截至2012年3月，住建部共批准了27个国家住宅产业化基地，万科集团是第一家获此称号的房地产开发企业。同时，万科住宅产业化研究基地被评为“立体绿化科研示范基地”“深圳市住宅产业化示范基地”“深圳市建设科技创新与建筑工业化示范基地”等。

深圳万科城四期：

因地制宜的绿色住区实践

为响应政府提出的建设循环经济社会、大力发展绿色建筑的号召，自2005年7月始，万科深圳公司便结合万科城四期的设计、采购、施工、营销等方面进程，进行了持续的绿色建筑研发及实践。为此，万科城四期还先后参与了“国家十大重点节能工程绿色建筑综合示范项目”“中荷可持续示范项目”“建设部绿色建筑三星级设计标识”的评审，并依据专家的评审意见及系统的标准体系不断完善，持续在绿色建筑领域进行探索。

实施历程

2005年8月，万科深圳公司组织荷兰专家、中国专家对万科城四期进行TOR（项目任务大纲）研讨，通过共同分析项目内外环境、深圳地区自然条件、万科集团在以往绿色建筑技术应用及绿色住区项目实践的成果、国外绿色建筑发展、万科城四期的营销定位等，探讨万科城四期绿色住区的目标、指标及可行的技术措施，明确了万科城四期研发的重点与实践的方向。

2005年11月，《绿色建筑评价标准》主编单位——中国建筑科学研究院对万科城四期按照《绿色建筑评价标准》（草案）进行了试评估。试评估的结果显示，深圳万科城四期基本可满足绿色建筑三星级要求。

2005年12月，深圳万科城项目参加建设部组织的国家十大节能工程评审，并作为优秀项目代表向建设部汇报；2006年4月，万科城四期通过国家发展和改革委员会“国家十大重点节能工程”评审，成为建筑领域三个示范项目之一，并且是唯一的“绿色建筑综合示范项目”。

2007年8月，万科城四期品质生活体验馆开放，将绿色建筑技术通过实物、模型、构造、展板等向客户展示。2007年底，作为万科在绿色建筑研发与实践的前沿探索，零能耗实验住宅在万科城四期内开始建设。2008年12月，万科城四期申请绿色建筑三星级设计标识；2009年2月，万科城四期通过建设部组织的专家评审。

绿色实践

深圳万科城四期绿色住区的研发与实践，始终将关注客户需求、地域特点、自身的绿色建筑实践经历及技术能力，与国内外领先的绿色理念及绿色建筑技术、相关绿色建筑评价标准的发展相结合。本着“因地制宜”的原则，在绿色建筑评价体系的节地、节能、节水、节材、室内环境质量及运营管理六个层面展开，取得了一些在华南地区具有创新性的技术成果。

1. 不同建筑类型的围护结构节能60%

通过分析高层住宅及低层住宅外墙钢筋混凝土与加气混凝土砌块的比例对节能的

影响，采用了多种方式，实现住宅节能60%及以上：高层住宅采用加气混凝土砌块填充墙及内墙无机保温砂浆；低层住宅采用加气混凝土砌块自保温，外窗使用铝合金可调百叶遮阳；同时，控制窗墙面积比，采用Low-E玻璃等措施。

2. 夏热冬暖地区实用的自然通风设计及其对节能的贡献率探索

通过自然通风模拟分析，优化小区规划及户型设计；将窗的可开启扇占房间地面面积比例保持在10%以上，高于夏热冬暖地区节能设计相关标准8%的要求，虽然会增加建设成本，但是利于室内自然通风。根据夏热冬暖地区的气候特点，尝试将自然通风与节能贡献率结合起来，运用自然通风节能贡献率的计算研发成果，模拟分析万科城四期自然通风节能贡献率。模拟结果显示，万科城四期的自然通风节能贡献率达到10%以上。

3. 遮阳与建筑一体化设计

万科城四期遮阳实施面临三大挑战：1）国内的外遮阳产品比较单一，如何选

◆ 外部遮阳一体化设计

择？2）外遮阳装置如何融入项目低层住宅的西班牙风格？3）外遮阳装置如何适应深圳的气候条件，抵御较大风力？经过长达一年的研发，从技术层面，采用铝合金可调百叶外遮阳，遮阳百叶角度可根据需求进行调整，在房间节能、客户对于光线的自主调节、自然通风、室内舒适度、私密性方面起到良好的效果；从设计层面，外遮阳装置与建筑一体化设计：对于低层住宅，结合西班牙风格及户型设计，开发了平开可调百叶遮阳、平开折叠可调百叶遮阳、推拉折叠可调百叶遮阳、阳台门滑动折叠可调百叶遮阳、上旋可调百叶遮阳窗、固定可调百叶遮阳等多种遮阳形式；对于高层住宅，将遮阳装置设计在阳台栏板内侧，虽然在外观效果上略逊于设计在栏板外侧，但大大提升了安全性。

4. 内墙无机保温砂浆在夏热冬暖地区的规模应用

万科与厂家共同对于无机保温砂浆的导热系数、收缩率、耐水强度等性能进行论证，并实地做样板进行验证，形成了可操作的综合隔热技术实施方案。

5. 营建生态水环境

利用万科城四期本身的天然冲沟分别形成生态水渠及旱溪，收集住宅屋面及庭院、绿地的干净雨水；生态水渠须达到地表四类水质；一期水景及四期生态水渠补

◆ 生态水环境

水、绿化浇灌、道路喷洒、车库及垃圾房冲洗采用中水，中水利用率达到35%以上。

万科城四期雨水利用将雨水收集、渗透及直接利用有机结合起来。收集高层平屋面、低层坡屋面及绿地的干净雨水进入生态水渠及旱溪，通过人工湿地收集到的雨水进入生态水渠；在旱溪最低处设置蓄水池，作为晴天的绿化浇灌、道路冲洗等用水。雨水渗透通过采用渗水路面、室外停车位的植草砖、较高的绿地率等措施来实现。

生态水渠通过人工湿地进行循环、处理，始终保障地表四类水质标准。中水工艺采用生物接触氧化法和高效垂直流人工湿地水质净化技术，保障用水安全。

6. 土建与装修一体化设计施工

万科城四期为业主提供全面的家居解决方案：考虑厨、卫、露台的水电定位；空调、燃气表、热水器、洗衣机的安装位置；卧室、厅房的开关插座位置、数量，以及家政空间（收纳、晾晒、清洁洗涤）的方便、实用、美观。建筑设计方案阶段，万科室内设计专业人员即参与户型评审；建筑设计扩初阶段，万科安排外部专业的室内设计公司配合提供精装修方案，并就精装修与土建的相关联节点，与建筑设计单位进行多轮沟通，最终由室内设计公司提供满足精装修设计要求的水电定位条件图和室内砌体定位条件图给建筑设计院，反映到最终的施工图，交由土建施工单位进行施工。所有管线、洞口都预埋预留完成，精装修施工单位进场后，基本不需要对管线洞口做大的调整，即可开展室内装饰部分的施工。

7. 开设以绿色为主题的品质体验馆

2005年，万科城四期设计绿色建筑技术方案时，营销人员就参与进来，站在客户的角度提出建议。

2007年项目销售时，开设了以绿色为主题的品质体验馆向客户开放，将万科城四期进行应用的绿色建筑技术，诸如生态水环境、遮阳、太阳能热水系统、隔音楼板、智能化系统等，向社会展示，起到宣传、教育的作用。

8. 零能耗实验住宅

万科城四期零能耗实验住宅位于万科城四期内，建筑面积约400平方米，地上二层，地下一层。万科城四期绿色住宅区需要面向市场，需要综合考虑项目进度、成本

◆ 零能耗实验住宅（效果图）

及技术成熟度等因素；零能耗实验楼将面向未来住宅的发展，基于万科城四期绿色住宅区实践进行拔高，向国际高水准的绿色住宅看齐；致力于探索夏热冬暖地区的超级节能乃至不耗电、环境友好、智能化及体验式住宅的实现。零能耗实验住宅在围护结构、可再生能源、自然通风、除湿、遮阳、中水利用、种植屋面及垂直绿化、室内环境质量等方面，进行了多种可行性的深入研发。建成后的零能耗实验住宅将成为一个展示、体验、实验的平台，用以了解客户的实际感受及需求，并为万科的绿色建筑大规模实践积累技术储备。

深圳万科城四期概况：

深圳万科城项目占地面积51.16万平方米，建筑面积约54.5万平方米，总计4000余户，项目分四期开发。万科城四期占地面积约9.6万平方米，包括高层及低层住宅、小区配套设施和幼儿园，建筑面积约12.6万平方米。

南京锋尚国际公寓：

中国首个“零能耗”项目

南京锋尚国际公寓是中国第一个“零能耗”住宅项目，其利用太阳能、浅层地能等可再生能源后，夏季不用电、油、天然气等传统能源，就可达到房间的舒适温度，并使夏季制冷和生活热水实现了零能耗。这一技术体系还缓解了城市用电高峰压力，提供了城市清洁能源解决方案，缓和了城市的气候变化。2009年，因在绿色节能领域成绩卓著，南京锋尚国际公寓荣获了联合国人居署“优秀范例奖”。

围护结构系统优化

树荫原理和山洞原理在南京锋尚国际公寓得到了很好的应用。在炎热的夏天，站在树荫下感觉非常凉快，南京锋尚国际公寓采用的铝合金外遮阳卷帘以及带有通风空气层的外挂石材幕墙，就起到了树荫的作用。通过建筑能耗模拟分析，通过外窗的太阳辐射热可占到夏季空调负荷的一半，而采用活动外遮阳装置后可减少这部分负荷达80%以上。此外，加厚的外墙保温和高性能保温外窗就好比给建筑物穿上了棉袄，即使是在冬天，室内也不会感觉到凉意。南京锋尚国际公寓外墙、屋顶的传热系数分别为0.5、0.35 $W/m^2 \cdot K$，保温性能远高于当地节能规范要求。

南京锋尚国际公寓的玻璃采用的是中空充氩气的Low－E低辐射玻璃，玻璃上面镀了薄薄的一层银膜，可以双向阻止热或冷的传导。它具有通过短波红外但是阻止长波红外线的特性，如冬天太阳的短波辐射光透过Low－E玻璃后，被地板家具反射后转化为长波红外线，就出不去了，而夜间室内长波红外线就很难透过Low－E玻璃散出。因此，

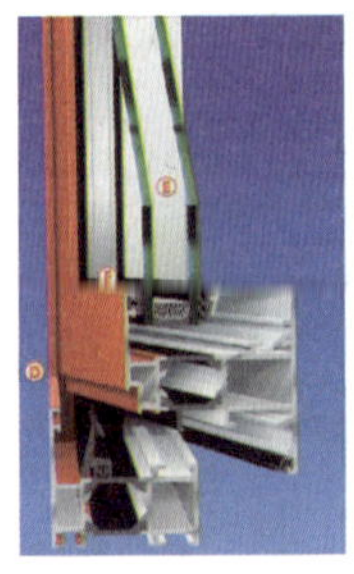

◆ 窗样角　平层样板间

◆ Loft观景窗

这种玻璃具有很好的保温性能，传热系数K值更是低至1.4W/m^2·K。此外，选用德国旭格断桥铝合金窗框，其安全性、密闭性和保温性均属世界先进水平，整窗传热系数达到2.1 W/m^2·K。

顶层配“风光雨控”电动遮阳系统的天窗，夜间可透过天窗数星星，圣诞坐在客厅的沙发上感受漫雪纷飞。同时配备“风光雨控”电动外遮阳卷帘，在享受阳光的同时，控制过多热量的进入，减少室内夏季制冷负荷。

天棚辐射采暖制冷系统

天棚辐射采暖制冷技术不同于传统的空调系统，它主要以辐射而不是对流作为冷热的主要传递方式，依靠本身接近人体舒适温度的辐射来营造室内整体温度，控制室内温度在20℃～26℃的舒适范围内波动。目前，用于住宅建筑的天棚辐射采暖制冷系统有两种形式，一种是埋设在混凝土内部的PB管方式，另一种是更为灵活的毛细管方式。与第一代产品混凝土PB管辐射系统相比较，仿生学毛细管系统的换热效率更高。

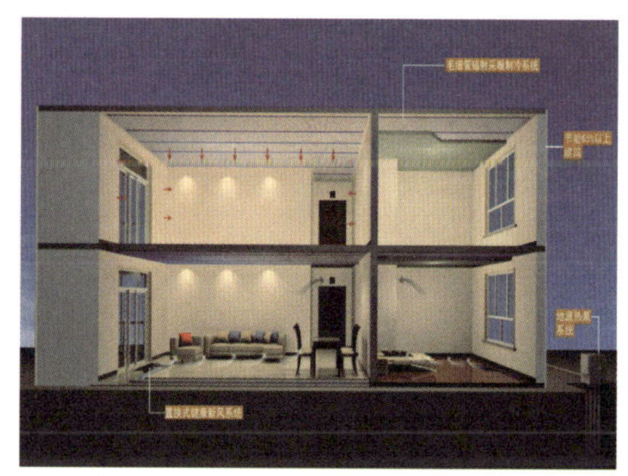
◆ 天棚辐射采暖制冷系统图

在结构楼板下部敷设毛细管路，经过处理的软化水作为冷热量的媒介在毛细管中循环，给室内带来冷量和热量。毛细管和PB管相比，好处是可以更方便灵活地调节室内温度，适合老年人和年轻人对室内温度的不同需求。

◆ 结构楼板下部敷设毛细管路图

与传统空调末端相比，毛细管天棚辐射采暖制冷系统具有如下优点：

1. 高效节能。毛细管网换热器能够有

效利用低品位能源，能够大大提高空调系统的能效。

2. 高舒适度。毛细管网换热器没有吹风感，没有噪声，不传播细菌，温差小，轻柔安静。

3. 安装方便。毛细管网换热器薄而柔软、荷载小，便于与装饰层结合使用。

4. 绿色环保。采用PP-R原料制造，可靠使用50年以上，可回收利用，对环境友好。

制冷原理

夏季，它是依靠敷设在混凝土楼板下的毛细管系统送18℃的凉水进行工作，特点是制冷效率高，辐射均匀，制冷无气流感和噪声。冷却的楼板可以吸收室内大量的多余热量，并能通过系统的循环水带走。当制冷期间室外气温出现陡降情况、温度等于或低于舒适度时，系统中的循环水会自动停止制冷，或进而进行室内辐射采暖。由于毛细管顶棚属辐射采暖制冷系统末端，在夏季制冷，必须与可靠稳定的除湿系统结合使用，以避免辐射冷表面发生结露。

采暖原理

冬季，系统送水温度控制33℃左右这个低温范围进行采暖，依靠铺设在混凝土楼板或者石膏板吊顶下的毛细管将天棚均匀加热，天棚再向室内进行热辐射交换，节省能源。当因日照室内自由温度上升至人体舒适范围时，系统会自动停止热交换，节省能源。

毛细管采暖制冷系统构造

本系统是将毛细管席（PP-R管）敷设于混凝土楼板吊顶下，用导热型灰泥石膏砂浆固定，并压入玻纤网格布后，用砂浆抹平，通过辐射方式进行热交换。

置换式新风系统

南京锋尚国际公寓在中国第一个采用欧洲的置换式新风系统，这种系统优于五星级酒店、高档写字楼和商场的传统新风系统。它是利用我们熟悉的热气球向上升、冷空气向下沉的物理原理。

置换式新风系统下送上回，控制下送风出口温度低于室内空间温度2℃~3℃，这样，在房间内的地面上，就形成了浅浅一层经过过滤除尘、加湿除湿、适宜人体舒适的新鲜空气。学术上称之为“新风湖”。由于人体体温高于室内空间温度，因此新鲜空气就会将人体包围住，使人每次呼吸时，吸入的都是新鲜空气，大大有利于人体身心健康。

传统空调的新风系统准确地讲是“掺新风”，在夏季由于室内外温度差异很大，因此不敢将室外的新鲜空气全部换到房屋内，一般只换20%左右；污浊空气在室内频繁循环，于是出现了头昏脑胀的“空调病”。用水来做比喻，传统空调新风就好像是盛满污水的洗脸盆中掺进一点干净的水，而置换式新风是自来水，下送上回直接排除。

可再生能源系统

地源热泵系统

经过建筑物全年能耗模拟分析，对于典型夏热冬冷地区住宅建筑的冬夏季负荷基本相当，非常适宜使用地源热泵系统。地源热泵是一种利用地下浅层地热资源，既能供热又能制冷的高效节能环保型空调系统。地源热泵通过输入少量的高品位能源（电能），即可实现能量从低温热源向高温热源的转移。在冬季，把土壤中的热量“取”出来，提高温度后供给室内用于采暖；在夏季，把室内的热量“取”出来释放到土壤中去，并且常年能保证地下温度的均衡。

南京锋尚国际公寓全部采用地源热泵系统为建筑物提供冷热源，在夏季制冷过程中，还可以利用余热为生活热水进行加热，节约能源消耗。此外，与毛细管天棚辐射采暖制冷系统相结合，可以利用地埋管的高温冷源（夏季初期）直供制冷系统，减少热泵机组的运行时间，进一步提供系统综合COP。

太阳能光伏发电系统

在可再生能源利用方面，南京锋尚国际公寓还通过建设太阳能光伏并网发电系统，将清洁、环保的太阳能光伏并网发电技术融入设计。太阳能电池板提供的绿色电力可补充空调设备系统夏季运行所需的部分电量，基本可实现夏季制冷零能耗。

北京锋尚房地产开发有限公司简介:

北京锋尚房地产开发有限公司是一家以低碳绿色环保生态建筑为业务核心的集团化公司，业务涉及房地产项目开发、生态绿色建筑规划设计咨询、新建生态绿色建筑总承包项目管理、既有建筑生态绿色改造、合同能源管理、物业管理、绿色建筑基金、绿色建材电子商务等，在生态绿色建筑领域拥有多项核心技术和专利。

北京锋尚国际公寓是公司于2002年开发的中国第一个按欧洲标准建造的“低能耗”住宅项目；2006年开发的南京锋尚国际公寓项目是中国第一个“零能耗”住宅项目。项目以“告别空调暖气时代”为最大特点，在中国首创了没有传统的空调和暖气片、房屋结构采用系统围护技术和混凝土采暖制冷方式建造的高级住宅。项目自推出以来，引起业内和社会的广泛关注，成为近几年来北京、南京、上海等地涌现的众多绿色住宅项目的学习典范。

南京锋尚国际公寓概况:

项目名称：南京锋尚国际公寓

地点：中国江苏省南京市

开发商：南京锋尚房地产开发有限公司

项目类型：低密度住宅

总建筑面积：82 200 m^2

容积率：0.9

竣工时间：2008年8月

节能等级：节能80%以上（按中国建筑节能标准计算）

锋尚低碳居住系统包括:

可持续发展园区规划、低碳社区营造、围护结构系统优化、天棚辐射采暖制冷系统、置换式新风系统、可再生能源系统

当代MOMA：

绿色生态社区标杆

MOMA这个产品，从环境到功能，从功能到形式，从形式到空间，从空间到文化，从文化到技术和哲学，我们都运用科技主题地产与国际文化主题相结合的方法，使一个建筑作品，从光、影、情、境、景等方面实现了巨大突破。

——当代节能置业董事长　张雷

经过多年的不断努力、思考和探索，当代节能置业不断整合国内外先进技术，不仅形成了完整的MOMA技术系统，还推出了具有代表性的MOMA产品，其中当代MOMA堪称“杰作”。它不仅是国内低碳建筑领域的标杆产品、房地产业学习的样本，同时也被美国《时代》周刊评为“世界十大建筑奇迹”。

好评如潮的一个重要原因是，低碳、绿色的产品理念及充满人性化的、城市关怀的社区发展规划赢得了社会与业主的认可。

城市复合社区的规划

基于对城市环境、项目功能、建筑法规的仔细研究，当代MOMA以“城市复合社区”的基本原则完成了社区的规划与布局。首先，因项目建设用地原为北京市造纸一厂厂区，属于城市更新建设项目，且周边街区密度较高，交通便利，市政设施完善，因此，社区在规划布局时，主要以与周边已开发区域形成联动和功能补充为主。

其次，社区微型交通系统发达，人车分流，并设计了紧凑的、适宜步行的社区街道系统。

第三，社区设计有电影院、老年活动中心、咖啡吧、书吧、公共绿地等多种公共活动空间，供小区居民共享。

绿色建筑设计策略

节能建筑

对于住宅来说，从技术上讲，节能的关键主要体现在以下几个方面：建筑外环境改善（包括冬季防风、夏季及过渡季节的自然通风以及夏季室外的热岛效应的控制）、建筑主体节能（建筑外围护结构热工性能的改善等）、机电节能（冷热源，输配系统及末端系统效率的提高，运行的控制，清洁能源的利用等），即从小区的规划设计—建筑单体设计—建筑细部构造—室内环境控制，并结合当地气候条件和建筑形式，综合考虑。

◆ 降低热岛效应的屋顶绿化设计

◆ 当代MOMA连廊

建筑物体形与朝向

合理利用场地的现有条件，当代MOMA基本以南北向沿周边布置，每栋楼的日照均满足要求。采用塔连板及塔楼与塔楼之间用连廊相接的方式，体形系数为0.19。

围护结构

（1）热工性能

当代MOMA围护结构热工性能参考欧洲标准，传热系数如下（括号内为北京市节能65%标准传热系数限值）：

外墙：0.35（0.6）$W/(m^2 \cdot k)$；

屋顶：0.3（0.55）$W/(m^2 \cdot k)$；

户门：1.5 $W/(m^2 \cdot k)$；

内墙：1.38（1.5）$W/(m^2 \cdot k)$；

外窗：1.8（2.8）$W/(m^2 \cdot k)$

（2）建筑物耗热量指标

根据测算，围护结构耗热量最高指标为13.6W/m^2，全年采暖能耗指标为标准煤6.34kg/m^2，而北京市规定的节能65%住宅全年采暖能耗为标准煤8.82 kg/m^2。与之相比，当代MOMA节约28%。

外遮阳的应用

外窗采用隔热保温的Low-E中空镀膜玻璃充氩气，而且采用隐框玻璃的做法，从外面看上去是没有窗框的，彻底杜绝了由于断桥带来的冷热交换现象。

东、西、南三个朝向的外窗采用特种不锈钢遮阳卷帘，夏季能有效阻隔阳光辐射，且不影响室内采光。

暖通空调系统

（1）空调冷、热源

住宅小区采用全置换式新风+天棚辐射采暖、制冷系统，能源方式为复合式能源系统，其中以绿色能源系统——地源热泵系统为主，提供北区除地下室以外所有住宅及公建的冷热负荷。当地源热泵系统提供的负荷不够时，采用燃气热水锅炉+冷却塔系统用于冬夏调峰。小区设置四台1200kW地源热泵机组，夏季提供7℃～12℃冷水，冬季提供45℃～50℃热水，另有两台2000kW单工况制冷机及四台1400kW燃气锅炉用于调峰。

（2）空调水系统

1）水系统

空调水系统分为新风水系统及天棚辐射水系统，冷热水共用循环泵及补水泵。当代MOMA分两个制冷机房，每个机房设三台新风水系统循环水泵及天棚辐射系统循环水泵，空调冷热水系统输送能效比0.024。水泵均为变频调节，最大限度地减少输送能耗。

2）能量回收

所有新风机组带高效板式全热回收机器，新、排风无交叉污染，热回收效率为60%以上。

（3）空调通风系统

1）新风送风系统

当代MOMA采用了可调式置换新风系统，输入的经集中处理的新风可以成功有效地置换污浊的空气。新风经竖井送至每户，经新风分配箱由埋在楼板内的新风管道送至地面送风口。房间保持正压。新风机组送风段内设置初效及中效过滤器，过滤效率达90%，机组内另有加湿段，采用循环水湿膜加湿方式，保证冬季室内相对湿度达到30%以上。

送风和排风井的面积每隔3～4层楼改变一个阶梯，以保持低压降和平均风速。排风口的热回收通过盘管系统实现。

2）新风量标准

新风量按新风换气次数0.5～0.8次/h计算，每户新风量约300m^3/h；按每户三人标准，每人新风量达100 m^3/h。

3）排风系统

排风由卫生间集中排出，经屋顶新风机组集中热回收后排出。为降低噪声，送、排风总管上均安装管道消声器。屋顶新风机组内送排风机均为变频风机，并控制变频器，保证排风量为送风量的85%，以保证房间的正压。

节水与水资源利用

中水利用

当代MOMA内设集中水处理站，住宅内所有优质杂排水，统一汇集至中水站，经处理后全部回用于住宅冲厕、小区景观、夏季冷却塔补水等。

雨水回收

当代MOMA雨水站设于北面绿化花园山丘地下，收集夏季雨水用于园林浇灌及水景补水。其中初期弃流池330m^3，雨水储存池池体2552m^3，清水储存池458m^3，雨水处理及回用供水机房268m^3，池体及机房总占地面积为669m^2，雨水小时处理能力为20m^3/h。

节材与材料资源利用——新型墙体材料应用

当代MOMA外墙外保温采用100mm挤塑聚苯板。屋面采用200mm聚苯保温板，室内隔墙采用陶粒砼砌块、轻钢龙骨石膏板。因当代MOMA属框筒结构，且各个楼栋之间用钢结构连廊连接，高强度钢筋用量占总钢筋用量的比例为93%，远远超过70%。

考虑到某些材料的不可循环特性会产生大量的建筑垃圾，因此，在设计及采购过程中，大量选用钢材、铝合金、木材、石膏制品等可循环利用的材料，最大化地降低环境负荷。可再循环材料比例占建筑材料总重量的15.3%。项目采购的材料大部分从北京郊区采购，施工现场500km以内建筑材料占建筑材料总重量的81.2%。

当代节能置业简介：

当代节能置业股份有限公司设立于2000年1月11日。公司具有一级房地产开发资质，下设当代鸿运、当代东君、当代房产、山西当代节能、湖南当代节能、江西当代节能、九江当代节能、仙桃当代节能、湖北当代节能、北京新动力等多家子公司。公司在中国最早投身于舒适而节能的住宅产品的研发与建造，公司极力打造的MOMA系列产品，已成为中国节能地产领域的标志性品牌。

当代节能置业股份有限公司基于MOMA节能建筑技术研发系统，为舒适而节能的住宅产品提供系统解决方案，始终秉承“科技建筑、品位生活”的开发理念，坚持“自然朴素、和谐健康，简单专注、生生不息”的发展哲学，围绕“爱我家园行动”的主题思想，为消费者创造了精诚所至、真实品位的生活体验，实现了良好的经济效益和社会效益。

当代MOMA概况：

当代MOMA项目地处北京市东城区东直门香河园路1号，迎宾国道北侧，规划建筑面积22万平方米，其中8栋住宅总建筑面积为13.5万平方米，配套商业面积达3.5万平方米，包括电影中心、电影艺术书吧、山丘艺术中心、精品超市、医疗养生等高端艺术、高端生活设施，还包括了一座精品酒店、国际双语幼儿园、顶级餐饮、空中连廊会所、空中游泳池、空中酒吧、空中健身房等云上休闲、会客空间。

当代MOMA荣誉:

2005年《商业周刊》中国TOP10新建筑

2006年《大众科学》世界7个最佳建设工程

2007年《时代周刊》世界10BEST建筑

2008年 美国纽约建筑师协会年度可持续建筑奖

2009年 CTBUH（国际高层建筑和城市住宅协会）世界最佳高层建筑奖

2011年 获得LEED-ND第三阶段认证。

该项目通过近五年的良好运行维护管理，积累了大量运行数据，目前该项目正在申报国家绿色建筑三星级运行标识。

朗诗·钟山绿郡：

人居科技住宅

钟山绿郡是朗诗集团在绿色建筑领域深耕多年后的又一代表作，不仅在项目选址上具备了挑战南京舒适居住感受巅峰的气度，而且在“健康、舒适、人性、绿色”等领域都取得了较大的科技突破，运用了地源热泵系统、天花板辐射制冷制热系统、温湿度独立控制空调系统、节能高效照明系统、卫生间同层排水系统等十大先进绿色建筑系统体系。因此，它被业内誉为“绿色人居第二代产品”。

实际上，朗诗集团于2005年推出了第一个科技住宅产品——南京朗诗国际街区。自此，朗诗集团的住宅产品以“天棚辐射”“24小时置换新风”“遮阳卷帘”“地源热泵”等诸多绿色住宅科技为特点，逐步奠定了第一代绿色科技住宅体系。

在对此前项目不断总结和思考后，朗诗集团推出了第二代科技住宅产品——钟山绿郡。在新一代的住宅产品体系中，以“绿色节能”为基础，朗诗集团进一步思考与解答了住宅本身“人居”这一本质功能，进一步提升了室内的舒适度及人性设计化的理念。

绿色建筑技术体系的一般项与优选项的达标情况

表1 钟山绿郡项目规划设计阶段达标情况

	一般项（共32项）						优选项数
	节地与室外环境	节能与能源利用	节水与水资源利用	节材与材料资源利用	室内环境质量	运营管理	
	共8项	共6项	共6项	共4项	共6项	共2项	共6项
达标	6	5	5	3	6	2	3
不达标	1	1	1	1	0	0	3
不参评	1	0	0	0	0	0	0

设计思路

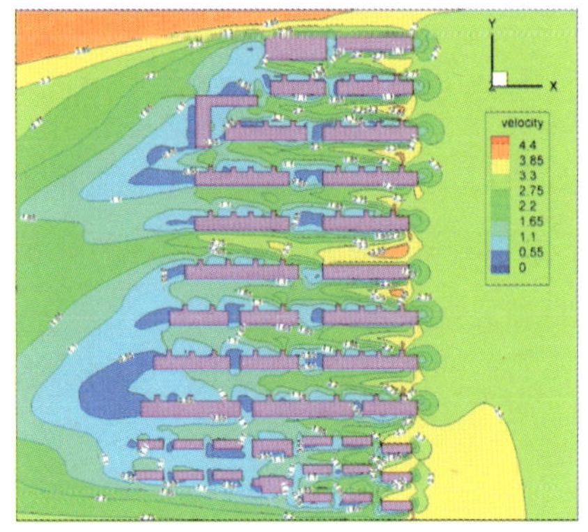

◆ 距地1.5 m高度风速云图（夏季、过度季10 %大风）

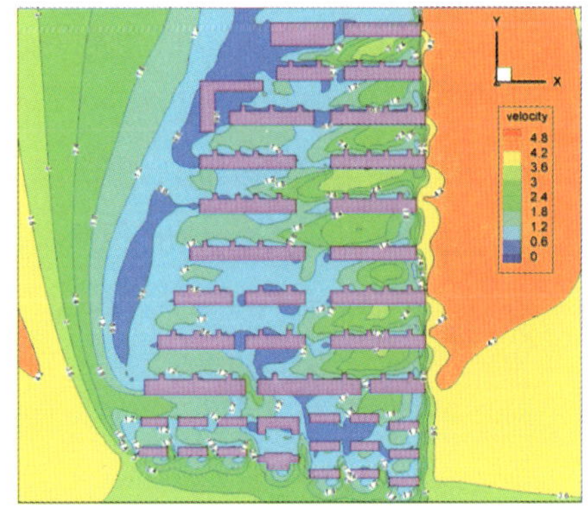

◆ 距地1.5 m高度风速云图（冬季10 %大风）

钟山绿郡室外风环境分析

节地与室外环境

钟山绿郡的朝向为南向，满足夏热冬冷地区建筑朝向要求；建筑围护结构主要采用100mmEPS保温；外窗采用中空玻璃，具有良好的隔声性能。钟山绿郡的绿地率为38.6%，室外透水地面面积比60%，较大的绿化面积以及透水铺装能够有效缓解城市热岛效应。

该项目还合理地开发利用了地下空间。地下为车库、雨水处理机房、地源热泵机房、变电站等设备用房。地下建筑面积19 103.47m^2，地下建筑面积与建筑占地面积之比为2.3：1。

节能与能源利用

1. 建筑主体节能设计

钟山绿郡对各个部分的围护结构均进行了节能设计，且建筑的体型系数、窗墙面积比、围护结构的传热系数均小于规范限制，满足了《江苏省居住建筑热环境和节能设计标准》（DGJ32/J 71-2008）相关条文的规定。

本项目主要外墙墙体采用100mm膨胀聚苯板保温。屋顶采用70mm聚氨酯硬泡沫塑料板保温。对于外窗部分，主要房间外窗选用5高透光Low-E+15空气+5透明-塑料窗框，次要房间外窗选用5较低透光Low-E+15空气+5透明-塑料窗框。

2. 高能效的空调系统和设备

本项目采用地源热泵集中空调系统，末端为天棚辐射+置换新风。辐射系统末端舒适度较高，采用高温冷水和低温热水，有效地提高了机组的效率，具有一定的节能效益。新风系统带有转轮热回收装置，可降低新风处理的能耗。

电梯采用性能优异的永磁同步（PM）电机驱动的无齿轮曳引机，有效地降低了电力消耗。

3. 节能高效的照明系统

照明光源除有装修要求外，其余均装设稀土三基色节能荧光灯，T8（T5）灯管，配电子镇流器（均须自带无功补偿器，功率因数>0.9）。显色指数Ra≥80。室内开敞式灯具效率>75%，其余灯具效率大于70%。公共走廊、楼梯间（除前厅、电梯厅外）照明灯具采用声光控开关控制。

公共照明及其他公共用电设备单独设置计量表，计量表规格由供电部门确定。

可再生能源利用

钟山绿郡采用地源热泵集中空调系统，利用土壤及开式冷却塔作为冷热源，采用4台地源热泵机组+2台制冷机组为末端天棚辐射及新风系统提供冷热量。新风系统夏季由热泵机组+制冷机组提供7℃～12℃的冷冻水，冬季则由热泵机组提供30℃～35℃的热水。不同季节运行工况的转换，靠阀门的切换实现。两台开式冷却塔则完全根据热泵系统运行情况及地下温度监测情况实时开启，即在夏季运行时为地埋管系统放热提供补充，以保证地下热场平衡，避免冷热堆积。

节水与水资源利用

1. 水系统规划设计

建筑给水排水系统的规划设计要符合《建筑给水排水设计规范》（GB 50015）等的规定；采用分类计量水表，建筑用水与景观浇灌等用水点均设置水表分别计量。

2. 节水措施

本项目卫生间安装洁具洗脸盆和坐便器，采用器具经中国质量认证中心及国家建筑材料工业建筑五金水暖产品质量监督检验测试中心检验，获得节水产品认证证书。同时，采取合适的材料和管道连接方式，有效地减少管网漏损。

此外，景观绿化灌溉采用自动喷灌和人工快速取水阀相结合的灌溉方式，主要采用TORO的V-1550系列地埋旋转喷头，喷头射程、角度可调。还会根据绿化分布状况进行分区、分时段控制，主要在各分区支管上设计PEB系列电磁阀，在控制箱设置程序控制器控制。

3. 非传统水源利用

本项目对场地内屋面、硬制地面、绿地的雨水进行回收利用。雨水收集面积32 167 平方米，雨水处理构筑物为地下式，机房设置于8#楼的北侧。收集的雨水进入沉砂池—调节池—沉淀池—粗滤池—配水池，再进入机房进行加药处理，最后进入清水池，由水泵提升，供绿化、道路浇洒及景观用水使用。

本项目年收集雨水量12 930 m^3/a，收集后的雨水经处理后用于绿化浇灌、道路广场冲洗和景观补水。调节池有效容积为275 m^3，通过对雨水水量逐月平衡的计算，年雨水利用量达到9 670 m^3/a，非传统水源利用率达到12.98%。如果按照参评建筑范围内雨水收集量计算，非传统水源利用率为10.80%。

4. 雨水回渗

本项目室外地面面积为14 989.74平方米，透水地面即绿化面积为8 993.41平方米。由于本项目用地范围内有大块的城市绿地，因此本项目绿地面积较大，能够有效地蓄存雨水，且对全区进行雨水收集，以达到充分利用雨水和增加土壤含水量的要求，改善小区局部气候。

节材与材料资源利用

钟山绿郡全部采用预拌混凝土，为的是减少施工现场噪声和粉尘污染，并节约能源、资源，减少材料损耗。

本项目可再循环材料包括钢材、木材、塑钢型材、石膏制品、玻璃，建筑材料总重量为110 880.638吨，可再循环材料重量为11 190.998吨；可再循环材料使用重量占所用建筑材料总重量的10.1%。同时，本项目采用高强度钢，解决了建筑结构中“肥梁胖柱”问题，增加了建筑使用面积，在耐久性和节材方面具有明显优势。

本项目还实现了土建与装修工程一体化设计与施工，通过各专业项目及早落实设计，做好预埋预处理。若有所调整，则及时联系变更，提早修正。各单位依据绿色施工原则，结合自身特点制定相应的绿色施工技术方案，指导项目施工，有效地避免了拆除破坏、重复装修。

室内环境质量

1. 日照和采光

室内主要功能空间的采光效果较好。各户型的卧室、书房、厨房等房间布局比较规则，采光系数基本在1.1 %以上，餐厅采光系数基本在0.55 %以上，整体约有99.78 %。

主要功能空间的最小采光系数满足《绿色建筑评价标准》（GB/T 50378-2006）第4.5.2条“卧室、起居室（厅）、书房、厨房设置外窗，房间的采光系数不低于现行国家标准《建筑采光设计标准》（GB 50033-2001）中关于采光等级IV级1.1和V级0.55”的要求。

2. 自然通风

本项目采用fluent系列软件，对各户型室内自然通风情况进行模拟分析。通过对钟山绿郡花园A、B、C户型的流场和风速分析，以及室内自然通风换气次数的计算，各户型主要功能房间通风开口面积与地板面积比适中，各户型主要功能房间的换气次数均在10次/小时以上，满足了《绿色建筑评价标准》（GB/T 50378-2006）的规定。

运营管理

1. 节约资料保护环境的物化管理系统

建立节能、节水管理，耗材管理，绿化管理制度，实施资源管理激励机制，住宅水、电、燃气分户、分类计量与收费。

2. 智能化系统应用

达到《居住区智能化系统配置与技术要求》中基本配置要求。建立智能化系统，如巡更管理系统、信息网络系统、车辆出入与停车管理系统等。

朗诗集团第二代科技住宅的改进

建筑技术	朗诗一代科技住宅	朗诗二代科技住宅
新风机房	放置于屋顶	放置于建筑轮廓线之外的地下室，进一步减少新风机组运行时带来的震动和噪声问题
屋顶绿化	无	屋顶由于无须放置新风机组，利用这块空间布置屋顶花园，丰富住宅生活情趣
遮阳系统	所有房间外窗均设置卷帘遮阳 遮阳卷帘仅能开关调节，不能控制百叶开启角度	通过科学分析后丢掉部分外窗的遮阳卷帘，增加室内采光效果 部分外窗内退以形成建筑自遮阳效果 可控制百叶的开启角度，升降高度。挡住不需要的光线，同时让需要的光线自由进入

建筑技术	朗诗一代科技住宅	朗诗二代科技住宅
温湿度控制	室内温湿度统一由物业设定，业主不可进行自主调节	业主可根据需要对室内温湿度进行微调
室内空气品质	通过24小时新风系统，过滤、除湿达到对室内空气湿度、洁净度的高标准控制	在一代产品基础上，更加注重室内VOC的控制对PM2.5的颗粒物过滤达到较高的级别
智能家居	遮阳、灯光等分开手动控制	遮阳、灯光等电器可集中控制，并设置有不同场景模式

朗诗集团股份有限公司简介：

朗诗集团股份有限公司创立于2001年12月24日，是一家从事绿色科技地产的专业性房地产开发公司。公司立足科技地产这一细分市场，目前已进入南京、无锡、苏州、杭州、常州、上海市场，完成了长三角的战略布局，择机进入环渤海和珠三角等区域市场，快速提高公司的市场份额、经营规模、盈利能力和品牌知名度，成为一家在全国范围内享有盛誉的科技地产公司。

钟山绿郡花园概况：

钟山绿郡花园是南京绿建地产有限公司开发的住宅小区项目，位于南京市仙林新市区仙鹤片区西南部，东至凯旋路，西至规划地铁4号线，北至仙林大道，南至新市区东西向生态主廊道。该地块总用地面积23 316.54平方米，总建筑面积60 480.17平方米，主要建设为地上建筑包括4#～11#共8栋多层住宅。

钟山绿郡花园荣誉：

中国绿色建筑三星级标识

万通生态城新新家园：

零能耗会所的绿色蝶变

茧——大自然一种神奇的生命形态，坚持不懈的幼虫潜心筑梦，期待着生命升华的那一刻。

茧——新能源绿色建筑领域虔诚专注的一次尝试，建筑艺术与技术在这里交织融合、孕育锤炼，期待着破茧化蝶、终成正果的那一刻。

当今世界，人类社会已经步入一个高速发展的时代。与此同时，人类对自然资源的疯狂攫取已经使传统能源（如煤炭、石油）日渐枯竭。不仅如此，化石燃料燃烧过程排放出的大量二氧化碳，正在加剧全球气候变暖，这将导致一系列生态环境灾难的发生。如果再不采取措施，后果不堪设想。

建筑业是耗能大户。在我国，包括运行能耗、建筑材料生产能耗和间接能耗在内的建筑业能耗，约占全国总能耗的45.5%。随着中国城市化进程的迅猛推进，建筑业能耗将有增无减，因此资源和环境的压力可想而知。

作为建筑从业者，尤其是作为建筑的设计者，万通地产有责任在降低建筑能耗、尝试建筑新能源模式等方面做出积极的努力。在对绿色生态建筑设计的不断探索中，他们找到了方法与路径——推出了华北地区首个绿色三星标识项目万通生态城新新家园以及它的会所“茧”，并由此展开了一段“化蛹成蝶”的绿色建筑之路。

节能率达75%的万通生态城新新家园

万通生态城新新家园项目位于倡导绿色城市生活方式的天津滨海新城——中新生态城中，是万通地产新新家园品牌的升级产品。本项目根据自身特点和现代绿色技术的发展趋势，采用有针对性的、成熟可靠的绿色技术，制定了相应的项目绿色设计策略。设计原则是被动设计策略优先，主动技术优化，具体内容可归纳为六个系统：合理的规划布局、舒适的户型系统、优良的外围护系统、安全耐久的结构系统、充分地利用可再生资源和高效的节能技术系统。并在设计中整合应用了22项绿色建筑技术，实现了住宅建筑节能75%，太阳能热水占生活热水总供热量不低于60%，可再生能源使用大于10%，非传统水源利用率不低于20%的节能环保目标。

2010年9月13日，万通生态城新新家园获得了住房和城乡建设部绿色三星标识的认证。三星标识是目前我国房地产业最高水平的绿色认证，全国住宅建筑通过三星标识认证的项目屈指可数，而本项目是华北地区首家获此殊荣的住宅项目。

万通生态城新新家园，全面整合应用了22项绿色建筑技术，为业主的节能、健康和舒适生活提供了全方位的解决方案：

- 外围护系统，节能75%

万通生态城新新家园“外围护系统”由外墙保温、屋顶保温和外窗保温构成，它使得建筑节能率高达75%，高于中新天津生态城建筑70%的节能标准。

- 健康新风系统，让房子自由呼吸

依靠带热回收的智能通风器为室内引入经过过滤、杀菌和增氧多项处理的自然新鲜空气，可使室内空气达到99%的净化率，超过国家空气质量一级标准。

- 楼板隔声系统，给您一个安静的家

采用浮筑楼板和地板采暖相结合，使得楼板的撞击声压级降到70分贝以下，优于住宅建筑楼板撞击隔音国家标准，为上下楼层营造最安静的生活环境。

- 其他绿色科技

太阳能利用系统、高效节水系统、高效节电系统、真空气力垃圾收集系统、有机垃圾处理系统、绿色环保建材系统、声环境优化系统、风环境优化系统、地板辐射采暖系统

万通生态城新新家园的绿色精装修是在环保和生态平衡的基础上，追求高品质生活空间的人性化行为。它有着绿色环保、人性化、品质感和质量可靠四大优点：

绿色环保：所有材料均经过严格检测，现场无任何污染环境的施工；所有环节均有质检部门严格监理；交付时有环保评测报告，收房即住，无须放置。

人性化：设计充分满足生活功能需求，注意深入研究人的行为模式和生活需求，考虑更人性化地布置开关插座等项。如卧室中设置双控开关，避免了来回走动。

品质感：在材料运用、灯光照明、室内设施的设计上使其更富有弹性，达到空间多元化使用的目的。

质量可靠：材料选用和施工工艺符合相关规范和环保要求，明确全部装修材料使用年限，装修材料全部耐用指标均进行检验并符合要求，灯具洁具等设施达到绿色节能要求，橱柜门等均采用厂家订制、现场安装。

设计零能耗会所

对于亮点频现的万通生态城新新家园来说，其社区会所——“茧”是亮点中的亮点。

与社区内大范围运用的适用性绿色技术不同，“茧”的设计在绿色设计相关前沿领域做出了积极尝试。结合目前能源危机与环境污染的严峻形势，万通地产尝试将“茧”定位为低碳排放建筑。

低碳排放建筑是指通过设计在大幅度降低建筑运行能耗的同时，使用绿色清洁能源（例如风能、太阳能）替代常规化石能源（如煤炭、石油）以供给建筑所需。由于目前市政供电、供热几乎全部是以消耗化石能源为途径，因此若要尝试使建筑百分之百地依靠绿色清洁能源，目前只能通过自给自足的方式。万通地产决心对化石能源说“不”。

其实，低碳排放这一概念在国外并不陌生，已经有一些低碳排放住宅建成，国内也有相关的积极尝试。较之于住宅低碳排放，公共建筑低碳排放的实现更具有挑战

性。这主要是因为公共建筑在使用性质、功能及空间规模上，对能耗要求会更高，而目前如风能、太阳能等清洁能源的获得效率还有待提高，因此，使建筑能源的获得与能耗相持平并非易事。

理性的推敲

实际上，实现建筑低碳排放这一目标难度很高，对设计几乎是苛刻要求，实施并不易。

“茧”所在场地空间狭小，周边建筑林立，又处于社区的交通要道，诸多的限制条件为设计带来了不小困难。为了能够尽可能达成建筑低碳排放这一目标，万通地产从建筑设计的第一笔开始便紧密结合各项相关策略的实现，如在建筑形体推敲阶段，充分考虑了诸如场地的限制、建筑对太阳能的需求、周围建筑对日照的遮挡、建筑自身的体形系数、形体与建筑外部风环境的关系、开窗的朝向与面积等因素，这种形体设计方式完全出于理性的思考与规划，而非设计本身。

为了降低空调能耗，春秋季建筑利用自然通风来调节室内的舒适度，建筑形体推敲时，充分利用建筑外表面形成的正负压区，有效地导引室内气流。室内利用通高的大厅空间以及二三层退台式的楼层布局，使室内气流有效地导引、排出。而且精简布置开窗位置，使所有采光窗的效率达到最高。

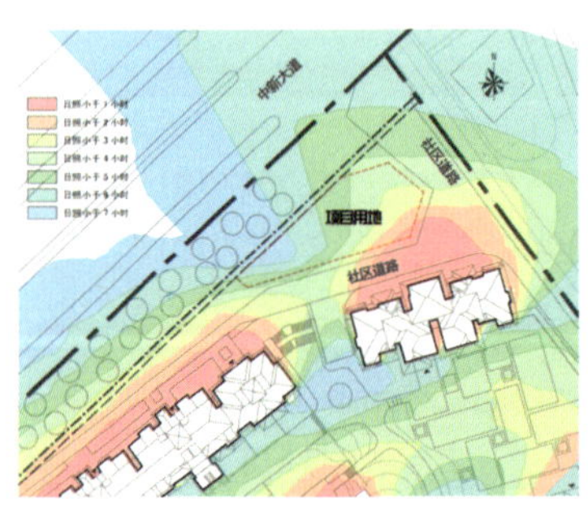

◆ 万通生态城新新家园会所所在位置

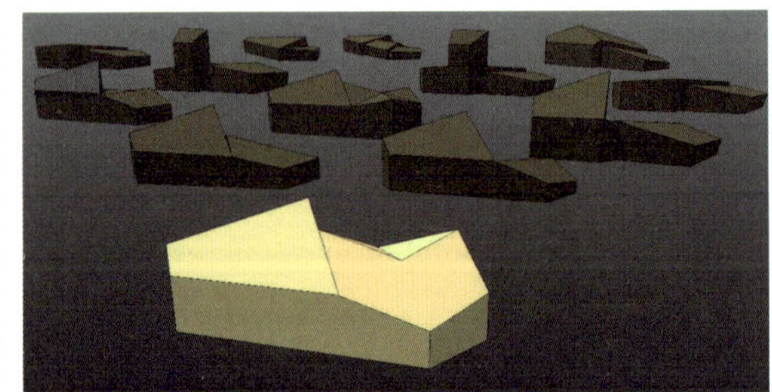
◆ 万通生态城新新家园会所形体设计

艺术与技术的完美结合

理想的生态建筑应该兼具技术策略的功能性与建筑设计的艺术性。在绿色建筑设计过程中，人们往往容易将大部分精力放在绿色技术策略的整合与实施上，而忽略对建筑造型及空间的艺术追求。实际上，从创造舒适宜人的生活环境的角度来看，绿色技术的应用与建筑艺术的表达都是不可或缺的。绿色技术的应用不应成为制约建筑美学设计的因素，恰恰相反，将技术措施与建筑造型、空间有机结合正是生态建筑美之所在。

在“茧”中，通过理性推敲测算得出的建筑形体还需要一件富有艺术性的“外衣”。结合建筑“茧”的寓意，建筑外表皮运用生态装饰板材，通过“缠绕”“包裹”的建筑语汇，将光伏发电板、光伏发电百叶、光伏发电天窗、光导管与生态装饰板材有机地统一起来，使绿色技术不仅从功能上，而且从美学上变成建筑不可分割的一部分。这是一次新颖的艺术尝试。

低碳排放目标的实现需要从建筑低运行能耗和绿色能源获得两个方面入手，其中最重要的是如何使建筑的运行能耗降到最低。在这一过程中，不能不加抑制地想尽办法用昂贵的新能源为建筑低能耗埋单，这不仅有悖于绿色建筑设计的初衷，也使建筑低碳排放的目标化为泡影。

◆ 缠绕、包裹的会所“茧”的建筑表皮

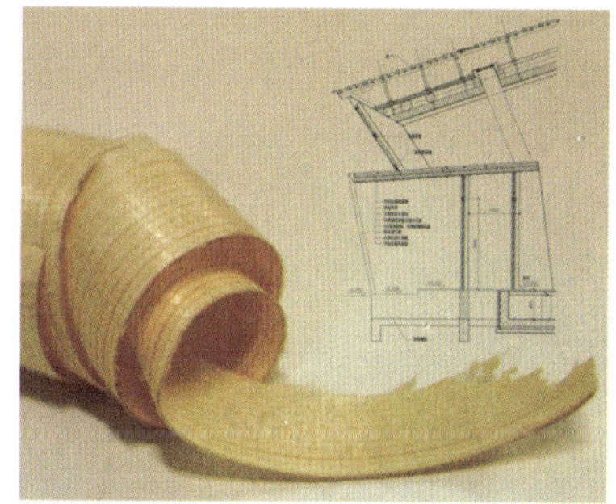

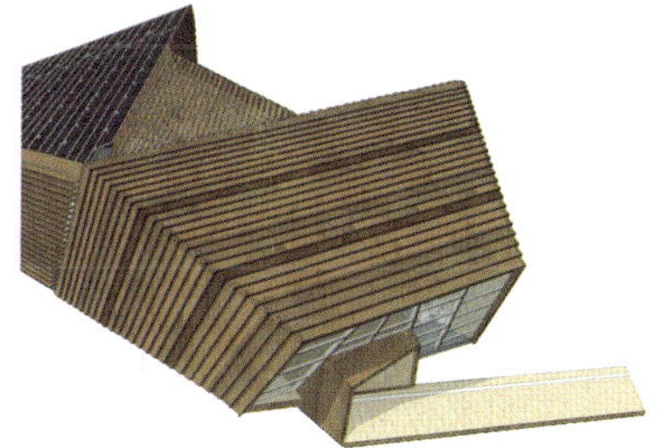

◆ “卷曲的线头”—建筑入口门斗

建筑形体与外表面功能的规划

在建筑的节能设计中，体形系数是在设计的最初阶段就要考虑的。建筑形体在考虑了外部诸多的限制条件以及相关绿色技术策略顺利实施的同时，“茧”的体形系数达到了0.28，优于天津市公共建筑节能设计标准小于0.4的限值要求。此外，建筑外立面整体感觉更“实”，这主要是出于对建筑保温性能的高标准要求。设计上只在功能需要的几个重点部位集中开窗，避免了额外热量的散失。

“茧”在设计之初，设计师还提出了统筹的建筑外表面规划设计方法。建筑外表面功能的划分，建立在充分考虑建筑外部资源，如风环境、光环境、视野资源以及室内功能需求、建筑效果等因素的基础上。这种统筹规划设计手法实际上是对现有资源的系统整合，在确保各项绿色技术策略的作用得到充分发挥的同时，使建筑形式美学与技术策略得到尽可能完美的融合。

● 高性能建筑外围护结构

若想实现建筑运行能耗的降低，高性能的外围护结构是重中之重。本项目对建筑材料的热工性能提出了更高的要求，墙体、门窗的传热系数设计值为0.18和1.0，而天津市公共建筑节能设计标准规定的限值为0.6和2.7。较之相关设计标准，在围护材料的热工性能上，“茧”的优势明显。

高性能建筑外围护结构在本次设计中除了体现在材料的选择上，也体现在构造的设计上。建筑需要较大面积开窗以获得较好视野及采光的墙体部分设置呼吸式幕墙系

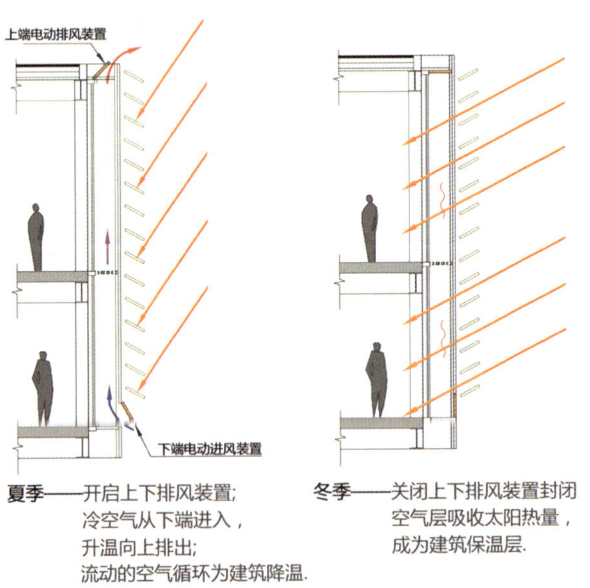

◆ 门窗的传热系数的设计与计算

统。通过不同季节对呼吸式幕墙空气间层以及遮阳百叶的灵活运用，实现了该幕墙系统整体热工性能的显著提升。经过测算，可使幕墙系统的综合传热系数达到1.0。

● 建筑风环境

为了降低空调能耗，在气候舒适的春秋季节，利用自然通风这一免费空调，使室内环境保持清新舒适。这一切有赖于对建筑周边风环境的模拟分析，通过对建筑体形以及开窗位置的调整，充分利用建筑外表面形成的正负压区，有效地导引室内空气的流动。在建筑室内空间设计中，利用通高的大厅空间、退台式的楼层布局以及屋顶的倾斜导引，使室内气流有序地从建筑的各个通风口进出。

（相关数据由中国建筑科学研究院提供）

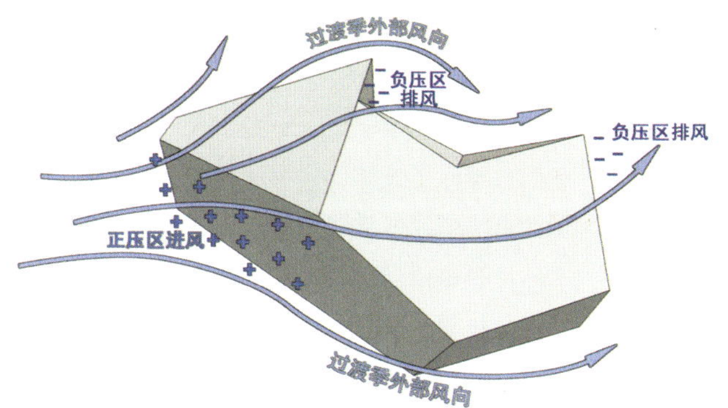

◆ 建筑周边风环境模拟分析1

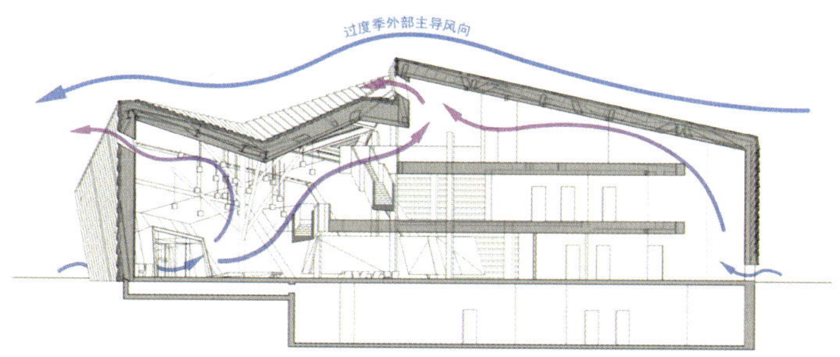

◆ 建筑周边风环境模拟分析2

● 温湿度独立控制空调系统

“茧”的空调系统采用温度、湿度独立控制的方式。溶液除湿新风机组在换气的同时，只承担室内湿度的控制，而温度则是通过辐射吊顶的热辐射方式调节。由于提供了大量的户外新鲜空气，以及避免了常规空调内的凝水盘细菌滋生，使建筑内的空气质量得到提升。此外，与传统空调相比，热辐射的调温方式较之新风直接调温的方式更为舒适，避免了空调直吹冷、热风给人体带来的不适。

热交换装置在空调系统中的应用可以有效降低能耗。通过热交换装置，使进入室内的新鲜空气与排出室外的污浊废气进行热量的交换，可以最大限度地保持室内温度，从而达到降低空调运行能耗的目的。

● 地源热泵系统

地源热泵系统越来越多地被生态建筑采用，通过深埋于地下的循环管道合理地运用深层土壤恒温的特点，在不同季节加热或冷却空调循环水，可以有效降低设备能耗。本项目中，地源热泵为空调系统提供夏季17℃～20℃、冬季40℃～45℃的循环水。

● 全年能耗模拟

通过一系列节能技术策略的整合应用，本建筑运行能耗是否得到显著的降低，这需要科学而严谨的模拟计算给出答案。全年能耗模拟计算是设计过程中衡量诸多技术措施作用效果的有效工具。利用计算机搭建数学模型，对该建筑进行了全年能耗的模拟计算。收集模拟测试的数据对节能技术策略做进一步的调整，是设计工作中非常重要的一环。经调整，最终数据显示，该建筑全年单位面积空调能耗为32.72 kWh/m^2，建筑总体全年单位面积能耗为47.16 kWh/m^2，与普通同类建筑相比节能60%以上，因此建筑低碳排放运行的目标基本达成。

绿色新能源应用

节能技术策略的运用可以显著降低建筑运行能耗，但即使建筑能耗降到再低也不可能为零。若想实现建筑运行零化石能源消耗，就必须寻求新型绿色能源以供给建筑所需。目前技术较为成熟稳定的可再生、无污染的绿色清洁能源主要为太阳能、风能等。由于本项目所有的设备运行能耗计划全部利用绿色新能源自给自足，总量很大，因此经过测算，这一项目最终采用太阳能、风能全面利用的方式。

● 太阳能应用

对光能的利用是目前可再生能源中比较常见的，本项目利用了太阳能光伏电板、光热板为建筑提供电能、热水。较之以往不同的是：光伏发电系统不再以呆板的造型游离于建筑形态之外，而是通过光伏发电矩阵、光伏发电百叶、光伏发电天窗三种形

◆ 万通生态城新新家园会所太阳能利用

式，与建筑整体外在形式完美融合。

● 风能应用

由于本项目位于渤海之滨，紧邻海岸，因此风力资源较为丰富。通过对建筑所处位置的风环境模拟，还在适宜的位置安装了一组10kW水平轴风力发电机组。发电机组的风轮可随风向而调整方向，确保最佳运转效果。风力发电机组与光伏发电板系统一起为建筑提供所需电力。

● 低碳排放目标的初步实现

通过一系列建筑节能技术策略的运用及可再生能源的应用，经过初步计算，本项目的低碳排放目标基本达成。虽然在各项技术应用效果以及设备的运行数据上都进行了相对保守的估计，但理论设计与实际运行状况仍有可能存在出入。目前，项目建筑及内装已经完成，各项设备正在陆续安装、调试，相关数据信息的收集还需要一段时间。相信随着项目的建设，相关测试的不断跟进以及技术措施的临时调整，最终建筑低碳排放目标是有可能实现的。

● 节材、节水设计

本项目建筑外表面以及内表面大量采用了木质感的板材饰面。然而，这些装饰板并非为纯木材板，而是一种HPL（高压层积板）类的绿色环保型板材，它的芯材由回收废料提取的木纤维与热固性树脂按一定配比高温

◆ 环保天然木纹理复合板

高压聚合成，再在其表面覆以一层很薄的天然木皮切片。这样一来，不仅真实、自然的感觉与真正的木质板材无异，且与直接使用纯木材板相比，大量节约了木材，保护了环境。

本项目的供水系统为分质供水，城市自来水用于盥洗，城市再生水用于冲厕、绿化，再生水使用比例达到总用水量的60%。卫生洁具均采用节水型洁具；洗手池采用感应式延时自闭龙头，离开使用状态后，感应式水嘴在2秒内能够自动止水，非正常供电电压下能够自动断水；座便器采用分档冲洗的结构，产品每次冲洗周期，大便冲洗用水量不大于6升，小便冲洗用水量不大于4.5升。

绿地设节水型喷灌系统，喷灌装置采用固定式地埋旋转微喷喷头。

经济效益、社会效益和环境效益

集众多实验性绿色技术于一身的低碳排放会所已经初步建成，在带来环境效益的同时，也为业主节省下相当可观的能源费用。此外，该项目的顺利实施，使多项绿色新技术得以进一步验证。而作为依照国家绿色建筑三星设计标准开发的社区的会所，对生态城住区具有很强的示范效应。

建筑低碳排放设计是万通地产在建筑绿色领域的一次积极尝试，尽管设计过程耗费了大量的心血与精力，但一切的努力都颇为值得。就像会所的造型一样，层层包裹的建筑肌理使建筑更像 “蚕茧”，而这“蚕茧”中，孕育的是万通地产对建筑新能源未来的憧憬与希望。

万通地产简介：

北京万通地产股份有限公司是在上海证券交易所挂牌交易的A股上市公司（股票代码：600246，万通地产），是中国房地产行业最受尊敬的品牌公司之一。万通地产具备一级开发资质，下设12家控股子公司和3家参股子公司，均为房地产开发公司。

作为房地产行业的创新者和开拓者，万通地产倡导房地产的“美国模式”，践行“反周期理论”，提出“低风险、中速度、高回报”的发展策略，发展以住宅开发和商用物业为核心的业务体系，成为开发与运营并重的地产公司，从而使公司具有稳定的利润来源和良好的反周期能力。2008年，万通地产推出了基于绿色价值观、绿色行为方式和绿色产品的全面、系统的绿色公司战略体系，构筑企业长远竞争力，引领行业发展纵深。万通地产规划未来5年开发量约计1 000万平方米，将会减少碳排放量244.55万吨。万通地产在2010年2月特别创立产品研发基金，每年拿出销售额的千分之五用于绿色产品研究，有力地推动了绿色产品的实施。

万通生态城新新家园概况：

万通生态城新新家园位于中新天津生态城起步区，北侧隔中新大道与生态城管委会相邻，西侧紧邻规划中的社区商业中心，南向约400米处为规划中的轻轨车站。项目周边还规划有国际学校及一所三级甲等综合性医院等生活配套设施。

项目总占地面积为7.825万平方米，总建筑面积约17.1万平方米，住宅总建筑面积为12.72万平方米，其中一期住宅建筑面积为5.37万平方米。该项目整体容积率为1.62，建筑密度20%，绿地率40%。住宅类型采用点式高层、板式多层花园洋房相结合的方式，设计风格为地中海风情的新古典主义风格。高层层数为17层至18层，多层花园洋房层数为6～6.5层，户型面积为100～187平方米，项目为精装修交房。

万通天津中新生态城新新家园荣誉：

中国绿色建筑三星级标识

绿色生态建筑优秀奖

全国绿色建筑创新三等奖

立体城市：

创新城市开发与城市生活

立体城市是一套可持续的城市操作系统，意在使用最少的土地，配置最优化的产业，实现最生态宜居的城市生活和最和谐的社会关系。

这一城市构造的基本原理是，在1平方公里的土地上，建筑大约600万平方米建筑，居住约8万人；同时，以核心产业为先导，聚集几乎所有的城市主要功能，实现一半以上居住人口在城内就业。

在立体城市内，通过核心产业驱动下的产城一体，立体城市提供了15分钟步行时间内的、全人群的、高品质的全城市生活。同时，通过以轨道交通为主的公共交通系统，立体城市与其他核心城区便利连接；通过城市与周边现代都市农业的功能有机结合与互动，实现城市与田园的交融、城市与乡村的共生，实现最和谐与可持续发展的社区与社会关系。

立体城市设计策略

立体城市整体操作系统由研发设计平台、融资管理平台、产业驱动平台、资产运营平台、城市管理平台五大平台组成，其对应的则是立体城市的五大核心功能模块。

立体城市是北京万通集团董事长冯仑“站在未来，安排现在”的战略思考下突出的体系性创新。这个体系性创新的重点体现在三个方面：城市开发模式创新、企业商业模式创新和未来城市生活方式创新。

五大业务平台

根据立体城市的规划特点，北京万通立体之城投资有限公司设立了以研发设计、融资管理、产业驱动、资产运营、城市管理为核心业务平台的研发体系，针对立体城市建设的各个方面进行全球研发，汲取先进理念及科技成果，应用于立体城市建设中。

通过这五大平台和核心功能模块，立体城市操作系统搭建可持续集成平台，引入全球各类先进资源及机构，从而为城市和企业发展提供更多商机。

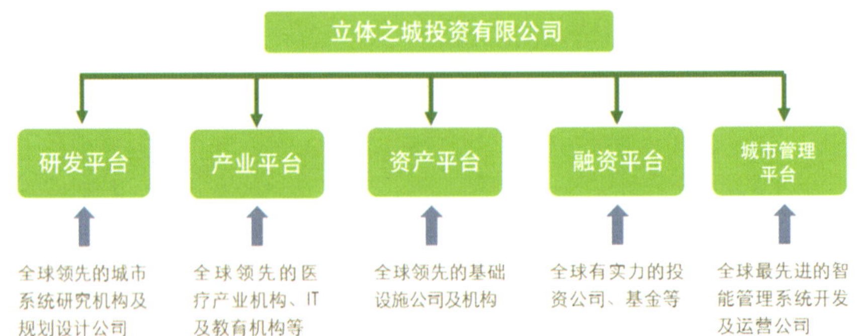

六大规划策略

万通立体城市在产业主导和可持续发展原则的指导下，将能源供给、真空垃圾处理、综合管廊、市政一体化等统筹于城市云计算智能系统之下，实现城中绿色交通，创研智慧城市管理模式，研发出竖向发展、大疏大密、产城一体、资源集约、绿色交通、智慧管理六大立体城市规划策略，构成科学完善的城市系统。

一、竖向发展

将城市的发展从“摊大饼式”向“三维立体式”转变，即把原有平面无序延展的城市，集中并向空间方向拉伸，高效利用土地，将被解放出来的城市空间还原于自然与城市农业，有效节约耕地，为当地的动植物保留生态通道、湿地，保持生物多样性，突出“生态、健康”的理念。

二、大疏大密

立体城市总体分为两部分：在外围田园区范围，是农田和绿地；在都市区范围内，是集高端服务业、绿色低碳、和谐生活、持续发展、先进技术于一体的微型城市。相比传统开发项目，立体城市核心区集中紧凑，密度适中。

三、产城一体

以规模适当、职住平衡、服务配套的空间组织方式，保证立体城市居民中约50%的劳动力人口可获得本地就业机会，以及对周边区域经济产生巨大的积极影响。

四、资源集约

立体城市基于可持续城市设计框架建设，在低能耗、可持续方面大量借鉴、吸取了沙漠绿洲马斯达尔和2010AIA大奖得主芝加哥脱碳方案的精髓，引入能源供给系统、真空垃圾处理系统。

五、绿色交通

立体城市鼓励绿色出行，其交通规划的基本原则就是以步行环境为主旨，绿色代步工具为辅助，街道的设计理念立足于便于步行、骑车、交流，或者流动商业，保证步行的舒适安全，降低事故，减少噪音和废气排放。

六、智慧管理

在立体城市管理中嵌入前沿智能管理系统，为城市提供交通、电力、建筑、安全等基础设施和医疗健康、都市农业等支柱产业，以及城市居民生活所需的全域性智能化服务，从而提升城市生产、管理、运行的现代化水平。

三大创新突破

作为最先进的城市操作系统，立体城市实现了三个具有深远社会影响和价值的创新——城市开发模式的创新、企业商业模式的创新、未来城市生活方式的创新。

一、城市开发模式的创新

在城市规划上，竖向发展、产业先行、大疏大密等改变城市原来的生理结构，将原有的“摊大饼”式平面布局转变为向竖向立体空间的发展，带来更科学、更高效集约和更宜居的城市可持续发展，更加节地、节能、科学、环保，解决就业、增加税收。

同时，将节省出来的土地退耕还林，改善城市生活环境，实现“人在园中，园在城中，城在田中”。

在城市建设模式上，通过引进优秀的企业和企业家群体，充分运用市场的力量，吸纳各方资源，更有效率地实现城市建设，并保证城市可以持续良好地运转。

二、企业商业模式的创新

改变企业对巨量土地的需求，以及由于传统土地储备方式带来的巨大的企业成本。对比传统地产模式，以更少量的土地，创造同等甚至更大的价值。

充分实现空间价值，实现对传统地产的遏阻，通过创造新的城市操作系统，创造新的盈利空间和盈利模式。

立体城市的商业模式，其核心是“迪斯尼”模式，即通过知识产权+专业能力与服务，创造价值。企业不再是单一土地开发商，而是城市建设运营商，建立一个平台系统，整合与城市建设、居民生活相关的各方资源，共同打造立体城市。

在具体运作上，相当于建立一个科学、系统的城市插线板，吸引产业和合作伙伴的共同生长。

三、未来城市生活方式的创新

未来城市生活方式的创新是立体城市最核心的价值。

在立体城市中，除了更科学高效的城市基础设施、更低碳环保的生活环境和与外部通过轨道为核心的便捷的交通外，更重要的是，这是一座为从幼到老的全年龄人群，提供15分钟步行范围，高品质、全生活需求服务的城市——在15分钟的步行范围内：可以就业，有最顶级和完善的健康医疗体系，有优秀和完善的教育体系，有日常所有便捷的城市生活与休闲产业和设施，还有内部充分的立体绿化和周边现代都市农业。

仅从生活时间成本的节约来说，这意味着生活在立体城市的居民，能够将传统大中型城市每天用于上下班交通途中的几个小时，用来读书看报、跑步游泳、养花喂鱼、花前月下、安享天伦！

数据解读立体城市先进性

与同等规模的传统城市相比，立体城市：

名称	立体城市	传统城市	同比增加或减少
城市总体绿地率	40-55%	30%	↑35-85%
城市范围内道路网密度（km/km²）	10-12	8	↑25-50%
城市慢行系统用地面积占道路用地面积比	25-35%	15%	↑65-130%
每人每日上下班花费的交通时间	15-20分钟	60-90分钟	↓65-80%
10万人的城市建设用地面积（平方公里）	1.3-1.8	9-12	↓80-90%
用水量（升/人/日）	140-170	350	↓50-60%
固体垃圾减量比例	50-70%	30%	↑65-130%
能耗（吨煤/年）	13-16万	32万	↓50-60%
二氧化碳排放量（吨/年）	40-50万	114万	↓55-65%
自产食物可供养人数比例	5-15%	0	↑5-15%

西咸立体城市

西安立体城市项目位于陕西省西咸新区秦汉新城渭北地区。西咸新区是陕西省为加快推进西咸一体化建设，着力打造西安国际化大都市而设立的门户新区，位于西安和咸阳之间，咸阳国际机场以南。区内水资源丰富，交通便利，历史文化遗存丰厚，发展优势独特，是国务院批准的《西部大开发“十二五”规划》中西部地区的重点城市新区。

场地区位图

西安立体城市总建筑面积约500万平方米，投资总额约300亿元人民币。核心建设区1.57平方公里，另有协助政府规划的约2.24平方公里现代生态农业区，总用地规划面积3.81平方公里，其中城市建设用地约1.44平方公里，综合容积率将达到4以上，总建筑面积约500万平方米，居住人口7万人左右，并结合场地特色发展新型农业，打造区域知名的现代农业示范基地。

西咸新区不仅是打造西咸一体化的关键所在，也是建设西安国际化大都市的重点，而西安正处于关中—天水经济区发展的核心，关中—天水经济区已被列入国家西部大开发战略深入实施的重点。未来的西咸新区必然成为西部大开发特别是西北大开

发的战略中枢，承担着“建设大西安、带动大关中、引领大西北”的重大使命。

秦汉新城位于西咸新区中部，占地的1/3为遗址保护区。新城规划以生态、文化和商业为主，重点发展秦汉历史文化旅游、金融商贸、总部经济、现代农业等产业，着力建设成具有世界影响力的秦汉历史文化展示区，和西安国际化大都市生态田园示范新城。

西咸立体城市位于陕西省西咸新区秦汉新城渭北地区，地处渭河景观带，周边文物资源丰富，同时拥有西部大开发的政策优势，“现代田园城市”的发展方向也使立体城市独具特色。

万通立体城市概况：

北京万通立体之城投资有限公司成立于2009年4月，是一家致力于打造中国可持续发展城市综合操作系统的提供商。公司通过深入观察中国及国际目前在居住、土地、环保、能源、科技、交通、生活、心理等方面的现状和问题，通过相关研究，在具体的城市建设应用中进行实施。冯仑先生，作为中国民营企业的先驱者、地产思想家、立体城市的创始人，一直本着“站在未来，安排现在”的原则，通过学习、积累、前瞻和创新的方式，身体力行地追求着心中的立体理想。

北京万通立体之城正是秉承这种“理想丰满”的精神，通过潜心研究和实践，创造的一种可持续发展城市的整体操作系统，系统由研发设计平台、融资管理平台、产业驱动平台、资产运营平台、城市管理平台五大平台组成，将创新城市规划、财务安排、节能型基础设施建设、高附加值经济引擎植入、智慧管理系统等前沿技术及管理模式串联、融合，凝聚成为智慧金字塔结构，探索了一条新地产、新建筑、新生活模式的全新城市建设道路，带给居者一种简约绿色的前沿生活方式。

万通立体城市荣誉：

2013年1月，立体城市荣获“2012年中国城市化典型案例奖”。

2012年11月，成都立体城市荣获“2012年度第九届精瑞科学技术奖——产业创新奖”。

2011年11月，北京万通立体之城投资有限公司荣获住房和城乡建设部科学技术委员会、中国国际城市化发展战略研究委员会和中国综合开发研究院联合评选的“2011年度中国城市化影响力机构”。

2010年12月，立体城市荣获第十二届CIHAF中国住交会（中国国际房地产与建筑科技展览会）“中国城市革新大奖”。

万通立体城市核心价值观：守正出奇

老子《道德经》：以正治国，以奇用兵。

《孙子兵法》：以正合，以奇胜。

“守正出奇”是北京万通立体之城投资有限公司的核心价值观。

意取：始终坚守最初始的做人准则，不忘创业之艰辛，不忘企业肩负的社会责任，以人为本，站在未来规划现在，保持创新思维，创造财富，回报社会。

万通立体城市愿景使命：

愿景——变革都市建设模式，创造新型生活方式。

使命——我们致力于打造中国集约高效、生态宜居的城市。

定位——城市产业投资规划服务商，可持续发展城市操作系统提供商。

交大·归谷国际住区：

绿色健康之宅

这是一个绿色健康的住区。

围绕健康、舒适、节能、环保的设计理念，以建筑外围护系统、外遮阳系统、地板隔音保温及同层排水系统、“新风+空调+净化+热交换”智能控制系统为核心技术，归谷国际住区达到了80%的节能率，同时获得了国家住宅性能3A标准，打造了一个引领行业发展的绿色住区。

规划概况

规划设计理念

将高节能、高舒适度的规划理念与项目用地紧密结合，归谷国际住区在业内创建了一个简洁、大方、高品质、国标化的住区；从城市环境角度出发，通过项目自身环境的营造，为住户提供了一个良好的室内居住环境。

具体而言，这一项目利用“庭院”“景观轴线”为规划元素组织空间，创造了人与人、人与自然亲切交流的生态小区。其在规划上尽量创造温馨宜人的居住环境，在建筑单体设计上强调均好性、充分享受环境，以创造出高品质的生活社区。同时，建筑自身又能很好地融于环境中，成为生长于环境中又点缀环境、互为衬托的标志性建筑。同时，又将商业与住宅区结合布置，创造出和居住环境相匹配的轻松、自由的商业空间氛围；而其配套的高品质地下恒温泳池、中西融合的餐饮、茶吧，又体现出对业主体贴、细致的服务精神。

总体布局

归谷国际住宅建筑点面结合，在结合环境景观最大化的同时，营造出了一个景观与朝向俱佳的、低密度的现代社区。同时，注意高层建筑围合空间的人性化设计，协调了高强度开发与城市间的空间关系。临街面布置点式高层，使内部庭院景观做到围而不合的开放空间。

小区设置两个主要出入口，车辆不进入小区中央景观带和庭院，园区南、北侧临城市道路均形成机动车入口，使园区内交通得以高效便捷地进入城市交通网络，基本上做到“人车分流”。主要步行系统集中在景观庭院，沿景观道路设置休闲锻炼的步行道和各种活动场所。还结合片段景观处理，创造出了亲切宜人、步移景观异的景观效果。

日照分析

根据成都地区的居住习惯和城市规划技术管理规定，当地的气候条件和人文景观因素在归谷国际住区的规划设计中得到了充分重视。成都交大房产还通过详细的计算分析和权衡，推敲确立了建筑物秩序，使大部分户型拥有充足的阳光，形成了南北朝向、围而不合的楼栋布局；在设计中，还通过合理的方向调整间距收放，形成了丰富的空间效果和成型的组团绿地。

雨水收集系统

屋面雨水由雨水斗收集，经雨水管排入地面雨水口或雨水井，雨水口再收集场地内的雨水后接入雨水井，雨水井汇集场地所有雨水，经过弃流井弃流前段水质较差的雨水后，汇入地下雨水收集池。雨水收集池分隔为雨水沉沙池和雨水储存池，雨水池储存池内的雨水经过设置于地下室内的雨水处理机房处理，达到《建筑与小区雨水利

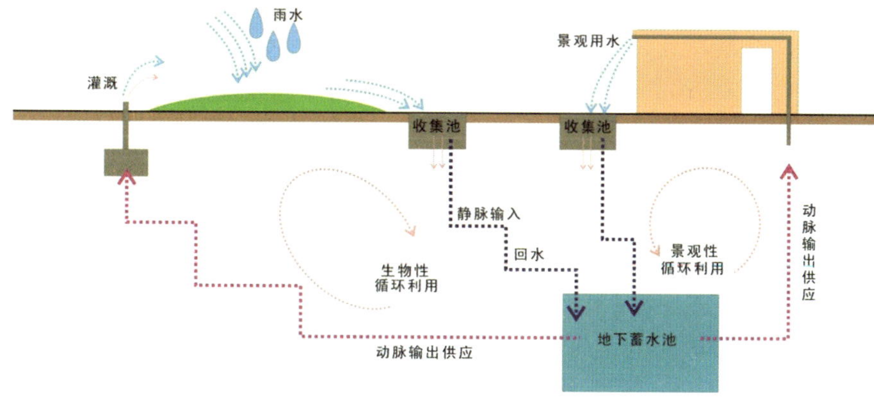

◆ 交大·归谷国际住区的雨水收集系统

用工程技术规程》中规定的绿化用水标准后，通过加压给水设备送至雨水回用给水管网，供各道路、绿化用水点用水，多余的雨水通过超越或溢流管排至市政雨水管道。自来水作为补充水源，与雨水回用给水管相连，计量、设置倒流防止器。

节能设计

归谷国际住区的节能技术由围护结构节能、温湿度设备系统综合节能、绿色照明系统节能组成，空调为户式中央空调设计，能效比一级，户均匹配三至四匹节能空调。归谷国际住区还采用了由交大房产历时五年、自主研发设计的“户式一体机”，独创性地将空调、新风、空气净化、热交换等多机、多系统功能整合应用，既解决了楼宇集中、空调难以分户调控的弊病，也克服了户式分体空调分散操作的繁杂，达到了系统节能的目的。其家用空调新风智能控制系统采用二氧化碳测试，做到了无论多少人，室内空气都始终清新的结果；良好的性价比，使这一空调系统达到了目前国际先进水平。

归谷国际住区节能率非常高，其墙体传热系数不大于0.6(W/(m^2・k)、屋面不大于0.5(W/(m^2・k)、外门窗不大于2.0(W/(m^2・k)，外墙保温材料采用50mm厚度的

◆ 交大・归谷国际住区保温节能设计

XPS保温板，屋面保温材料采用60mm厚度的XPS保温板，外门窗采用三层中空玻璃的塑钢门窗，楼板保温为架空层+保温陶粒。在一系列技术体系与产品的应用下，其节能率达到了80%。

在显著实现节能、高舒适度的基础上，还使140平方米的住宅的空调配置功率由一般的七匹降低到了三匹，大大节省了运行成本。而该项整合技术措施，有效地保证了室内高舒适度，温度基本恒定在夏季 25℃～27℃，冬季18℃～22 ℃；湿度在最潮热的夏季也能控制在65%左右；空调平均风速小于0.30m/秒，无风感；噪音被有效阻隔，小于40分贝；少落尘，大大减轻了清扫室内的工作量。

室内空气始终保持“优”。项目测试用房于2010年10月21日至2011年2月底的58组室内外空气污染指数（API）数据显示，其间室内保持58天全优，其中大部分在指数20左右，超过指数30的仅有8天，达到世界卫生组织公布的最优空气标准；而室外，其间达到优的只2天，良40天，轻微污染16天。

超低能耗。空调、新风、热交换设备（热交换能量回收：高效的热回收系统，能量回收率高达70%）的全新整合、控制系统变频技术的应用，以及全部光源采用贴片LED灯/灯组，均有效降低了建筑能耗。其耗能表现为，每年每平方米20度电（成都地区高耗能住宅为80度电，节能50%的住宅为40度电）。经权威科研机构的理论计算与设备实验房、实体测试房、样板体验房等多次全系统验证核对，归谷国际住区能够达到80%的节能率。同时，使用该系统进行节能改造的2002年既有建筑，节能标准也提高到了50%以上。而温度、空气适宜的春秋季节还可开启窗户，尽享自然通风零能耗。其完全实现了分户计量、独立运行的供热/制冷系统，不必为流行性呼吸道疾病可能的交叉感染而担忧。

完全实现分户计量、独立运行的供热/制冷系统，不必为流行性呼吸道疾病可能的交叉感染而担忧。

空气质量干预

通过采集青城山、都江堰、成都主城区及归谷国际住区样板间影响空气质量的几项主要指标数据，建立了可靠的区域空气质量变动数据库。它还关注空气污染指数变化曲线，提升了归谷国际住区新风空调设备对室内PM2.5等重要指标的积极干预效果。

全新风。客厅、卧室地面送风，厨房为侧送风。卧室采用专利技术的消音过风洞，厨房及卫生间采用普通过风洞。全空调厨房平时门窗密闭，抽油烟机附近外墙上设补风口，在抽油烟机开启后，从室外补充新鲜空气。

新风的平均风速仅为0.3米/秒，最大风量90立方米/人·小时；每小时空气置换一次，100%新风。新风系统对进入室内的空气进行适时处理（可吸入颗粒物、细菌、异味等），处理之后，可吸入颗粒物在0.5微米以上过滤达2/3，可有效控制PM2.5低于35微克/立方米，AQI指数达优以上；室内二氧化碳含量控制小于700 ppm（世卫组织规定，1 000 ppm以下人体舒适，以上则有害健康）。

噪音控制

为营建静谧的都市居住环境，归谷国际住区窗体采用多腔塑钢型材+三层中空玻璃，有效隔绝外部噪音，室内噪音低于40分贝（相当于轻声絮语的声响），等级达到国家一级声环境标准。为隔绝楼层间的噪声干扰，并充分考虑可再生资源利用，以优质竹地板全面取代木地板，地面架空20cm，地面铺装采用结构板、钢龙骨、填保温陶粒、面盖竹地板，构成了楼层间良好的保温与隔音效果。

归谷国际住区的突破性意义：

一、探寻到了住宅产品在高舒适、高节能与合理成本间的最佳契合点。

二、求证了室内空气质量PM10，尤其是可吸入颗粒物PM2.5的成熟解决方案 。

三、拥有具自主知识产权的近20项国家专利技术，充分诠释了“健康、舒适、节能、环保”住宅的开发和持续创新能力。

四、为国内乃至全球空气污染地区的住宅开发从传统向科技植入转型提供了样板。

成都交大房产简介：

成都交大房产初创于1988年。自1993年始，致力于房地产开发，坚持科技元素植入民用住宅的实践，始终执守“科技创享生活”的人本文化理念，在住宅建设中，追求建筑质量、环境舒适、布局合理和科技亮点的结合。

自投身房地产行业以来，交大房产立志打造与“科技创享生活”一脉相承的产品线，构铸与“诚信·敬业·务实·开拓”忠贞不渝的团队魂。自1996年伊始，创新性提出住区智能化的“交大智能小区”。到2010年，创新性研发健康与高舒适度的低碳节能住宅项目。25年来孜孜以求，始终致力于推动并见证了住宅产业进步与城市化进程。

交大·归谷国际住区概况：

位置：四川省成都市武侯区红牌楼长益西三路259号

用地面积：26 000平方米

规划建筑面积：117 724平方米

用地总容积率：小于2.8

交大·归谷国际住区项目荣誉：

国家“十二五”科技支撑项目“低碳建筑技术集成与运用”课题项目

住建部国家最高3A住宅性能项目

中国建筑节能减排“十一五”“绿色建筑经典示范项目”

2011年度第八届精瑞科学技术奖“房地产开发创新奖”

新地集团：

绿色建筑之路

全球气候变暖、环境持续恶化、资源过度消耗、城市化进程的加速、人口增长……人类赖以生存的地球正被过度透支，也对人类生存和社会经济发展构成了严重威胁。进入21世纪，人们开始关注可持续发展，试图将“绿色”理念变成日常行为，“绿色建筑”的概念也被越来越多地提起。

以官方的定义，绿色建筑是指为人们提供健康、舒适、安全的居住、工作和活动的空间，同时在建筑全生命周期中实现高效率的利用资源（能源、水资源、土地、材料），最低限度地影响环境的建筑物。绿色建筑也称为生态建筑、可持续建筑。绿色建筑的意义在于：减少能源需求，改进能源利用效率，使用低碳技术，减少非能源途径的排放，提高土地的利用率等。

SunnyWorld青岛新地集团有限公司（以下简称“新地集团”）关注中国的绿色发展及绿色建筑起步于2005年。那一年，新地集团董事长漆洪波受万科集团董事会主席王石邀请，以理事的身份参加阿拉善see生态协会。这一次，通过与关注地球未来的企业家交流，漆洪波对由于人类活动对地球环境的破坏开始关注起来。

“2006年，长沙远大空调的张跃送给我一本《生存在环境中》。读后我想，作为地球的居民，我们必须善待这个赖以生存的星球。实际上，这已不仅是为我们的子孙后代着想，而是为我们的后半生着想了。”漆洪波表示。

有了对地球未来深切的担忧以及以身作责的想法，新地集团开始在绿色环保领域行动起来。

绿色环保，从意识到实践

这也是新地集团的绿色环保行动从无到有的一个过程。

行动最先从新地集团内部开始，方向与目标是推动公司绿色办公。包括无纸化办公，弃用饮水纸杯，进行垃圾分类，更换照明灯具，节能改造空调系统，加强员工节能环保培训，以及及时跟踪测量环保措施的效果、确定所有新的项目必须按节能建筑标准进行设计，不低于LEED金级标准；强调碳中和，种植了35万棵树，并计划继续种植以确保所种植树木吸收的二氧化碳的量多于新地集团开发项目所排放的量，达到碳中和目标。

与此同时，为了了解国际、国内建筑节能技术的发展水平及应用情况，新地集团不断分派员工赴德国、北欧进行了多次考察；并与国内同行就专题学习交流十多次，为接下来正式建设绿色建筑做了较为充分的准备。

新地集团正式涉足绿色建筑是从南昌阿尔法国际社区项目开始的。该项目是新地集团第一个按照节能建筑标准设计的项目。事实上，这一项目在2006年之前设计工作已完成。在后期执行方面，新地集团对于是否重新按节能建筑的标准设计，争议较大，反对的理由包括延迟开工时间、成本增加、施工及管理的复杂性增加等。最终，本着“坚持标准，创造价值”的经营理念，新地集团决定重新按节能建筑的标准设计并一贯实施至今。

◆ 新地阿尔法国际社区一期单体效果图

绿色建筑实践——南昌新地阿尔法国际社区

项目介绍

◇项目定位

因南昌属于亚热带季风性气候，气候湿润温和、雨量充沛、四季分明，且春秋短、夏冬长，属于夏热冬冷地区。新地阿尔法国际社区在设计之初便着重考虑，在提供完善居室功能性的同时，还应注重提高生活的舒适度，且要满足外部景观与内部空间的良好结合，为南昌的高端人群打造一个在保温节能、冬季采暖、夏季制冷等方面，集成多种建筑节能科技、凝聚高品质亲情化物业服务的高舒适度的精装修解决方案式的国际化住区。

◇项目位置

新地阿尔法国际社区位于南昌最大的生态型城市板块——红谷滩新区红角洲生态学区，集江景、湖景、人文学区于一体。项目东临赣江；南与中国最高摩天轮——南昌之星相望；西眺森林公园、水城湖泊和层峦叠翠、风景秀丽的梅岭群峰。区域内高

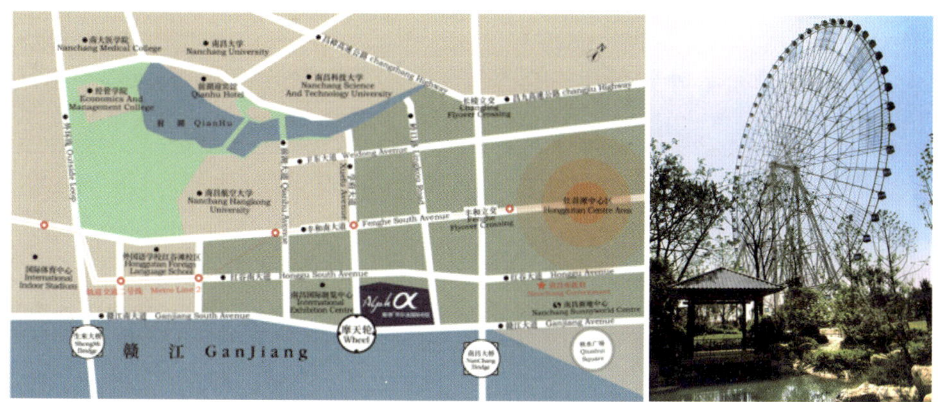

◆ 项目位置图

等学府林立，文化气息浓郁。

项目经济技术指标：

项目	一期指标（已实施）	二期指标	三期指标
土地面积:	38 184.6 m^2	42 888.1 m^2	33 333.8 m^2
总建筑面积	90 223 m^2	110 040 m^2	191 722 m^2
容积率	1.82	1.64	4.34
绿地率	24.6%	38.92%	30.01%
建筑密度	24.6%	22.5%	31.4%
住宅总户数	487	443	517
地下停车位	309	780	900

绿色建筑技术应用

新地集团阿尔法国际社区建筑舒适度与节能五大关键：

①墙体和屋顶保温：保温层、保温隔热。

②节能窗户：双层中空钢化玻璃带Low-E镀膜和非金属窗框保温隔热，阻隔紫外线。

③外遮阳：卷帘式遮阳板设于窗外，可保温隔热、适度采光、阻隔紫外线、安全防护。

④中央空调与新风热回收：水源热泵中央空调，调节温度、湿度；新风机，提供

新鲜空气，回收排风冷热量。

⑤全精装修交房，广泛采用环保型材料，工厂化生产现场安装，减少建筑垃圾，确保无甲醛等有害气体。

●绿色建筑之“水源热泵中央空调”

水源热泵的绿色体现：

①高效节能，机组制热性能系数在5.0以上，制冷性能系数在7.0以上。

②环境保护效果明显，机组供热时不需要锅炉系统，避免了排烟污染机组制冷时省去冷却塔，避免冷却塔噪声及霉菌滋生。

③一机多用，保证建筑物的夏季制冷和冬季制热，同时省去了锅炉、冷却水塔以及配套设施，降低机房面积。

④运行可靠，机组的运行工况稳定，几乎不受环境温度变化的影响，即使在寒冷的冬季，制热量也不会衰减，更无结霜除霜之虑。

⑤应用广泛，可充分利用储存于地下的可再生的能源。

⑥水源热泵中央空调系统，单机效率夏季COP值可达6.8，系统COP值可达3.66，冬季单机COP值5.2，系统COP值3.93，浅层地下水源热泵系统空调综合能效比为3.8。

●绿色建筑之“外墙保温系统”

外墙保温系统的绿色体现：

①外墙保温系统由外墙保温、屋顶保温和首层部分地面保温等三大外保温系统构成，外墙保温材料厚度是普通材料的2～3倍，自然环境下吸水率低，具有持久稳定的保温绝热性能。

②外墙保温：保温材料为70mm厚聚苯保温板，墙体传热系数K=0.54 W/（㎡·k）。

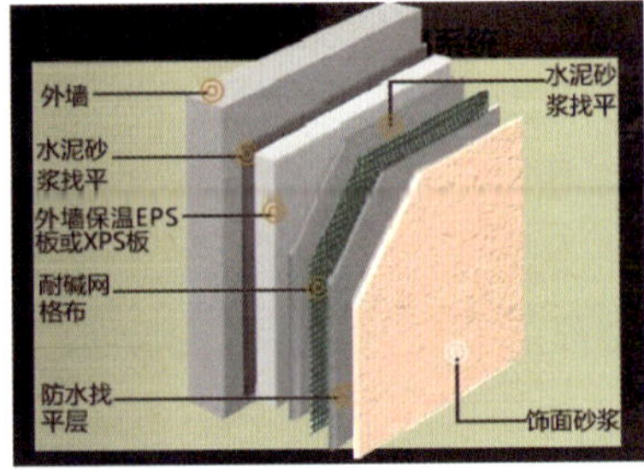

◆ 外墙保温系统图

③屋顶保温：保温材料为100mm厚挤塑保温板，屋顶传热系数K=0.29W/（㎡·k）。

④首层地面保温：保温材料为50mm厚挤塑保温板，地面传热系数K=0.4 W/（㎡·k）。

●绿色建筑之“热回收新风系统”

热回收新风系统的绿色体现：

①热回收率67%。

②新风系统送、排风由一台热回收风机完成，在室内一侧用风机向室内送新风，再从另一侧由风机向室外排出，污染物排除的同时吸入新鲜空气。

③不用开窗也能享受大自然的新鲜空气。

④避免“空调病”。

⑤有效地避免室内家具、衣物发霉的问题。

⑥及时清除室内装饰后长期缓释的有害气体。

⑦调节室内湿度，节省取暖费用。

⑧有效排除室内各种细菌、病毒。

⑨带热能量回收系统，避免了通风换气造成的能量过分损耗。

●绿色建筑之“金属卷帘外遮阳”

◆ 金属卷帘外遮阳图

金属卷帘外遮阳的绿色体现：

①遮阳率可达97%。

②具有隔热、防辐射、保温、节能、降噪等功能，夏天更凉爽，冬天更温暖。

③可以最大限度地减少阳光的直接照射，有效防止室内温度上升，从而避免室内过热；节约能源。

④充分利用自然光，在防止眩光的同时，最大限度地使用自然光，使室内照度分布均匀。

绿色建筑之“优质塑钢门窗”＋“Low-E中空玻璃”

优质塑钢门窗的绿色体现：

①具有保温、隔音、排水的功能。

②比其他门窗在节能和改善室内热环境方面有优秀表现。

③与人体接触感觉比金属舒适。

Low-E中空玻璃的绿色体现：

◆ 优质塑钢门窗图

①通过在玻璃表面镀上多层金属或其他化合物组成的膜系产品，使其镀膜层具有低辐射、高透光率的特点，因此可大大降低因辐射造成的室内外热能的交换，达到理想的节能效果。

②在双层玻璃中间留有一定的空腔，内充氩气，具有良好的保温、隔热、隔声等性能。可拦截由太阳射到室内的辐射热量，有较大的节能效果。

●绿色建筑之“养生营养水生成器”

养生营养水生成器的绿色体现：

①每户均设有养生营养水生成器，可提供直饮水。

②可有效去除水中固体沉淀物；性离子态矿物质微量元素。

③可吸附水中的氧化物、怪味、有机杂质等。

●绿色建筑之“进口紫铜管”

进口紫铜管的绿色体现：

①无毒，且可灭细菌。

②坚固、耐腐蚀，使用寿命长。

③重量较轻。

④导热性好，低温强度高。

●绿色建筑之“厨房垃圾处理器”

厨房垃圾处理器的绿色体现：

①将细小的骨头、蛋壳、菜叶、果皮、咖啡渣、残羹剩饭等食物垃圾粉碎成极小颗粒随水流入排污管，非常方便快捷。

②减少或消灭腐烂垃圾散发出的异味和有害气体，长效抑制细菌生长，使厨房的室内空气更加健康。

◆ 全装修交房图

●绿色建筑之“全装修交房”

全装修交房的绿色体现：

①减少二次装修带来的材料浪费，消除进户后楼上楼下其他住户装修对已入住者的噪音干扰。

②全装修材料广泛采用环保型材料，工厂化生产现场安装，减少建筑垃圾，确保无甲醛等有害气体。（新地自1993年创立以来所建住宅皆为精装房）与毛坯房相比，可减少现场建筑垃圾90%以上。

绿色建筑战略全面展开

得益于在绿色建筑方面的重要尝试与贡献，新地阿尔法国际社区被住房和城乡建设部、财政部列为“国家可再生能源示范工程”，并获得了580万元人民币的政府资助。

在此尝试之后，新地集团更坚定信心多做一些“绿色建筑”。所进入的各个城市的项目，都将针对绿色建筑标准进行专门设计，其中包括南京仙林大学城五星级酒店（“江苏省可再生能源示范工程”）、沈阳新地中心（节能目标75%）、南京新地中心（节能目标65%）等。

与此同时，新地集团还不断地向中国节能建筑领域的先行者进行经常性的、深入的参观、交流和探讨，如锋尚国际公寓、当代MOMA、朗诗国际街区、万科中心等项目，希望一起以切实行动与举措，将中国绿色建筑与环境保护事业不断推向新发展。

新地集团简介：

SunnyWorld青岛新地集团有限公司是一家高端商用物业与居住型物业发展商，是中国最早的房地产开发公司之一，其主体企业“新世界（青岛）置地有限公司”1993年1月成立，至今已近20年。新地集团于2002年11月正式成立，随后推进全国性发展战略，不断进军上海、苏州、南京、南昌、沈阳、威海等一些具有良好经济活力的一线、二线城市。目前，新地集团以上海为总部，在上述城市设立了20家分公司，发展、运营、管理了20个项目，员工人数逾500人，是一家具有二级资质的房地产开发企业。

新地集团聚焦于城市中心高端综合体项目的开发和经营，从公司创业之初就立下了坚持标准，创造价值的经营理念，以其坚持善的价值观导向而不是盈利导向区别于大多数地产公司。

南昌新地阿尔法国际社区概况：

作为新地集团在南昌的首席人居作品，南昌新地阿尔法国际社区集萃18年营造精华，更迎合绿色时代之需，全面采用低碳科技开发模式，将绿色人居理念与大都会生活模式完美融合，成为领先南昌的高端绿色人居。

南昌新地阿尔法国际社区荣誉：

江西省唯一“可再生能源示范工程”住宅类项目

江西省首个录入“福布斯之选——2009绿色人居典范”的项目

海信地产：

可再生能源应用样本

污水源热泵技术在青岛麦岛居住区项目的应用

为积极响应国家大力发展可再生能源建筑的要求，海信地产率先在青岛建成了迄今为止国内最大的应用，污水（海水）源热泵空调系统项目——麦岛居住区项目。该技术的成功应用不仅使麦岛居住区改造项目成为青岛市节能建筑的典范，接待了众多国内外国家级领导人及各省市领导的参观指导，同时也成为住房和城乡建设部与财政部首批的“可再生能源在建筑应用示范项目”。更令人欣慰的是，通过该项目的示范作用，以点带面地带动了该类技术在周边地区乃至全国的推广使用，推动了青岛市乃至全国建筑节能技术水平的整体发展。

据悉，该系统所应用的水源热泵系统，主要为污水（海水为辅）热能利用，其中包括低位热源系统、能源中心站系统、室外管网系统、室内管网系统、户内末端系统（夏季风机盘管、冬季地板采暖）五部分。可实现住户的区域供冷、区域供热两大功能，为业主打造了一个高舒适度、低能耗、绿色环保的高品质社区，大大提高了居民生活质量和居住品质。

麦岛居住区项目的污水源热泵系统

海信地产麦岛居住区项目污水源热泵系统总投资约3.58亿元，能源站为地下两层建筑，总建筑面积为2 511万平方米；供热、制冷范围126万平方米，其中地上建筑面积82.2万平方米。

该系统冬季采暖不用燃煤，对减少温室气体的排放有重要意义；在夏季空调工况中，空调废热被排放到了地下水体中，而不是像常规空调那样通过冷却塔排放到大气中，可避免城市的“热岛现象”。

经青岛市节能监测机构评估测算，麦岛居住区（地上建筑面积82万平方米）污水源热泵空调系统实施后，节能减排效果明显，节约建设用地约7 000 平方米，每年可减少燃煤30 663.5吨，每年减少向大气排放二氧化碳98 183吨，每年减少向大气排放氮氧化物125.8吨，每年减少向大气排放二氧化硫337.5吨，每年减少向大气排放粉尘200多吨，每年节电5 790万kWh。

麦岛污水/海水源项目节能耗费测算

单 项	传统能源	污水/海水源热泵
年供热耗费的电能/kWh	6.72×107（燃煤锅炉）	1.29×107
年供冷耗费的电能/kWh	0.78×107（分体空调）	0.42×107
年耗电量/kWh	7.5×107	1.71×107

经济效益分析

● 项目投资：

麦岛居住区一、二期（约30万平方米）污水源热泵系统投资费用构成：

投资统计表

一、直接工程费用					
序号	名称	单位	数量	总价（万元）	备注
1	能源站房、蓄能水池土建	座	1	700	
2	水池内保温防水、布水管及布水板等	座	1	652	
3	取回水管网、提升泵房	套	1	239	
4	变配电室	座	1	370	
5	能源站水暖电气配套费	套	1	212	
6	能源站设备及安装费	套	1	1 232	
7	换热站	座	2	248	含天玺项目
8	自动控制	套	1	456	
9	消防系统	套	1	57.6	
10	能源站监控、音响、装修	套	1	104	
11	热泵系统检测费	套	1	20	根据已监测项目测算
12	不可预见费			343	
13	合计			4 633.8	
二、工程建设其他费用					
序号	名称		系数		
1	设计费		0.60%	27.8	
2	监理费		1.38%	63.9	
3	建设单位管理费		1.23%	56.9	

4	前期可研、环评费用	0.40%	18.5
5	竣工图纸编制费	0.16%	7.4
6	结算审查费	0.05%	2.3
7	税费、规费	8%	370.7
8	合计		547.5
三、项目总投资（万元）			5 181.3

● 项目收益

（1）供热配套费

一期（麦岛金岸）应缴纳（按57元/ m^2 ）1 714.5万元，二期（天玺）应缴纳（按95元/ m^2 ）1 142.4万元，总计2 856.9万元。

（2）供冷收费

收费模式为基本费+使用费，标准为11.2元/ m^2 + 0.45元/kWh。在一个供冷季内，基本费11.2元/ m^2内含11.2/0.45=24.9 kWh/ m^2的冷量，若用户单位面积的制冷量小于等于24.9 kWh/m^2则只向用户收取基本费；若用户单位面积的制冷量高于24.9 kWh/m^2，则多出的部分按照0.45元/kWh收取使用费。

（3）供暖收费

依据青岛市供暖收费标准，按使用面积计算（30.4元/ m^2）。

运行成本：

运行成本包括折旧费、人工及管理费、电费、水资源费、税费等，总计约60.56万元/月。

投资回收分析：

按照地上总建筑面积为30万平方米计，投资回收期详细计算见下表：

投资回收期计算表

序号	名称	数据	计算	备注
1	总投资额	5 181.3万元		
2	配套费	2 856.9万元	1 714.5+1 142.4	
3	实际投资额	2 324.4万元	1–2	
4	供冷收益	120万元		按40%使用率
5	供热收益	912万元		按100%使用率
6	总收益	1 032万元	4+5	
7	折旧成本	116.2万元	2 324.4/20=116.2万元	20年折旧

8	运营成本	526.8万元	60.56X8.7	冬季4.7个月、夏季4个月
9	维修成本	25.9万元	5 181.3×0.5%=25.9万元	总投资额0.5%
10	税	33.4万元	607.7×5.5%	税率5.5%
11	总成本	760.9万元	7+8+9+10	
12	静态回收年限	8.6年	2 324.4/（1 032−760.9）=8.6	

通过以上计算可以看出，静态回收年限为8.6年。

根据以上经济效益分析以及节能减排效果，分别测算地上总建筑面积为80万平方米、30万平方米、20万平方米，采用污水源热泵空调系统的经济效益、节能减排效果：

序号	指标	单位	80万m^2	30万m^2	20万m^2	备注
1	总投资	万元	14 247	5 181	4 403	不含一、二次热力管网及末端投资
2	面积投资指标	元/m^2	178	172	220	不含一、二次热力管网及末端投资
3	静态回收期	年	7.5	8.6	8.9	
4 节能减排效果	节约建设用地	m^2	7 000	4 000	3 000	
	节约电量	万度	5 790	2 105	1 403	
	标准煤	吨	30 663.5	11 150	7 433	
	二氧化碳排放	吨	98 183	35 702	23 802	
	氮氧化物排放	吨	125.8	45.7	30.5	
	二氧化硫	吨	337.5	122.7	81.8	
	粉尘排放	吨	200	72.8	48.5	

● 使用效果：

麦岛污水源热泵系统一期于2010年春天建成并投入使用，自当年夏季供冷开始，至今已经历完整的三个夏季运行工况与两个冬季运行工况。目前正值第三个冬季供暖期，全过程设备运行正常，供暖、制冷均达到设计目标。业主满意，尚无涉及该系统的投诉。

一期总服务面积22万平方米，共计1 100户左右，小区交付后入住率常年在60%上下。从实际运行情况看，负荷与供应两个方面跟设计预想比较接近：其中夏季冷水进户温度在10℃～12℃，回水温度在14℃～15℃，户内温度一般在24℃；青岛夏季短，气温较低，现设定的供冷时段完全满足业主要求。冬季热水实际入户温度约42℃，回水温度约38℃，户内终端为低温热辐射盘管供暖形式，温度普遍超过20℃，舒适度较高；目前已有部分业主提出希望适当延长供热时段，因城市供热延长期尚未制订计费标准，此要求暂未满足。

水源热泵技术的优势

水源热泵系统，就是利用各种地表水为建筑提供热量或冷量的系统。水中所蕴含的热能是典型的可再生能源，因此，该系统是可再生能源的一种重要利用方式，是一种具有节能、环保意义的绿色供热空调系统。水源热泵空调系统的主要特点如下：

（1）绿色能源，环保效益显著

本系统采用水作为冷热源，取代了锅炉、冷却塔等，无须燃煤或燃油，没有大气污染物排放，只须消耗少量的电能。比较燃煤锅炉与热电驱动热泵方式，使用水源热泵，平均可减少30%～50%的CO_2排放量。

按节能指标/10万平方米计，年节能减排效果如下表所示：

序号	节能指标项目	单位	数量
1	节约建设用地	平方米	5 000
2	节约电量	万度	1 800
3	标准煤	吨	300
4	二氧化碳排放	吨	9 800
5	氮氧化物排放	吨	12.5
6	二氧化硫	吨	33
7	粉尘排放	吨	20

（2）高效节能，运行费用低，符合国家削峰填谷的用电政策

由于水的热容量较大，因此水源热泵具有较高的COP值（一般在3.2～5.5以上），即输入1kW的电能，可输出3.2～5.5kW的热能，远远高于其他供热形式。而且热泵系统不燃烧任何燃料，真正做到了零污染、零排放，经济效益、社会效益和环境效益十分显著。

目前中央空调已广泛应用，占大中城市用电量的20%以上，电力系统峰谷负荷差极大。电网负荷率下降，不得不拉闸限电，严重制约了工农业生产，影响了人们正常的生活。本系统采用了蓄冷技术，利用夜间电网多余电力继续运转制冷，以冰的形式储存起来，白天用电高峰时将冰融化提供空调服务，从而将空调用电从白天高峰期转移到夜间低谷期，削峰填谷，均衡城市电网负荷。

据美国环保署（EPA）估计，设计安装良好的水源热泵，平均可以节约用户30%～40%的供热制冷空调的运行费用。

（3）一机多用，使用灵活，经济效益良好

水源热泵冬季可以代替锅炉为建筑供热，夏季可以代替制冷机组和冷却塔为建筑供冷，同时该系统还可提供生活用热水，无须另外配置专用洗浴锅炉或热水器，就能得到持续不断的热水供应。

与其他供暖或制冷方式相比，本系统具有良好的经济效益。

水源热泵的基本运行原理

水源热泵技术是利用地球表面浅层水如地下水、地热水、地表水、海水及湖泊中吸收的太阳能和地热能而形成的低位热能资源。其中城市污水水温相对较高，且随季节变化幅度较小，温度全年浮动在10℃～25℃之间，适合暖通空调系统冬夏两用；供暖时水温较地下水温高3℃～5℃，制冷时较空气温度低10℃～15℃。污水源热泵技术是采用热泵原理，通过少量的高位电能输入，实现低位热能向高位热能转移的一种技术。

地能（地下水、土壤或地表水）作为水源热泵的冷热源，冬季把地能中的热量“取”出来，供给室内采暖，此时地能为“热源”；夏季把室内热量取出来，释放到地下水、土壤或地表水中，此时地能为“冷源”。麦岛居住区采用污水/海水作为水源热泵的冷热源，进行冬夏季的供冷/供暖。

污水源热泵工作原理图示如下：

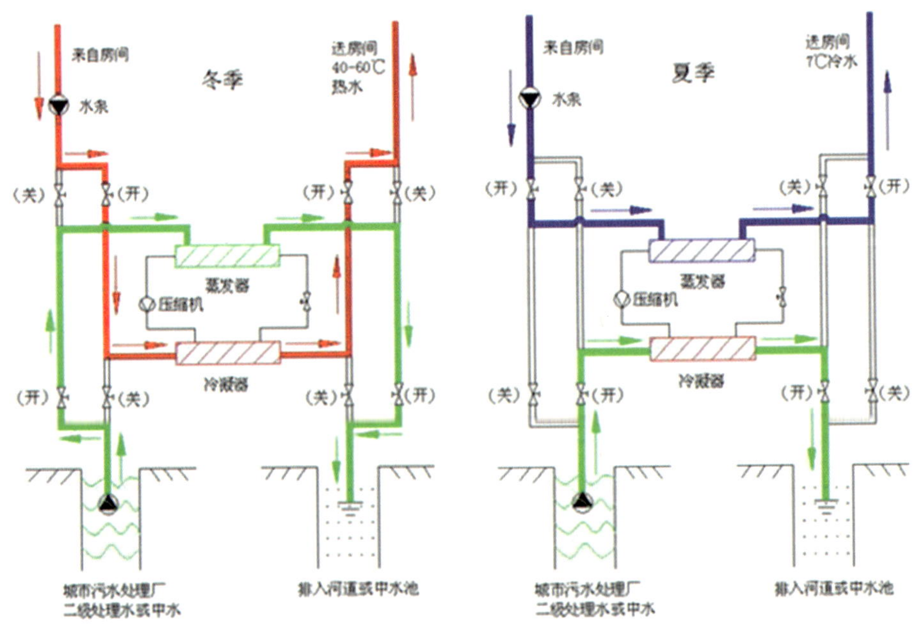

各级政府对可再生能源建筑的支持力度

因水源热泵系统属于可再生能源系统，符合国家发展战略，同时由于本系统投资较大，各级政府一般都会给予一定程度的财政补助。

● 中央政策：

住房和城乡建设部与财政部在2006年发布了《建设部、财政部关于推进可再生能源在建筑中应用的实施意见》和《可再生能源发展专项资金管理暂行办法》。该办法规定，可再生能源发展专项资金将以无偿补助形式给予支持。此后，两部委又于2009年再次发布了《可再生能源建筑应用城市示范实施方案》。实施方案提出，对纳入示范的城市，中央财政将予以专项补助，资金补助基准为每个示范城市5000万～8000万元。

● 地方政策：

各地方政府也积极推进可再生能源建筑的应用，并给予一定的补贴。目前地方政府普遍的做法为：首先，减免城市基础设施配套费中的供热部分作为补助；其次在减免配套费的基础上，直接按照应用面积给予一定金额的财政补助，具体补助标准各地有所差异，如北京市规定可以给予利用地源热泵项目每平方米50元的财政补贴，山东烟台政府对使用地源热泵供热制冷的项目，按每平方米应用建筑面积20元的标准给予补助；菏泽对列入市新能源（地源热泵）建筑应用示范项目的工程，按建筑面积20元～30元/平方米进行补助；临沂地源热泵建筑应用项目按每平方米20元予以补贴。

热泵的种类及区别

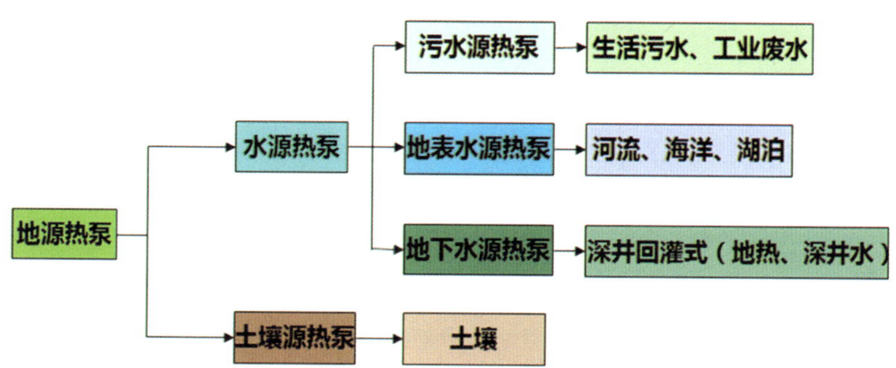

	地下水水源热泵	地表水水源热泵	土壤源水源热泵	污水源水源热泵	海水水源热泵
优点	运行过程无燃烧，无任何固态、液态、气态污染物排放，彻底解决了燃煤、燃气、燃油产生的污染问题，对改善大气质量的作用是直接而显著的。	运行过程无燃烧，无任何固态、液态、气态污染物排放，彻底解决了燃煤、燃气、燃油产生的污染问题，对改善大气质量的作用是直接而显著的。	主要依靠免费得到的土壤中的低位热能来供暖，夏季制冷时，由于地下土壤温度恒定，且比室外空气温度低，利用地下土壤作为冷源，制冷效率很高，大大节约了开支。	城市污水水量稳定，充分利用可再生资源，没有二次污染。污水源热泵系统节能环保，可以减少煤、油、天然气等矿物质能源的消耗，降低CO_2、NOX、SOX及粉尘的排放量。	夏季，以海水作为冷却水使用，冷却系统不再需要冷却塔；冬季，海水通过蒸发器，通过热泵的运行，提取海水中的热量供给建筑物使用。海洋中蕴藏的巨大的热资源巨大，利用海洋资源，结合热泵，进行区域供热/制冷，具有非常明显的优势。
缺点	需要打井，为保持地下水位需要注意回灌，从而不破坏水资源。钻井费用高，对水质水量有较高要求。	利用附近的江河湖或水库，水质不稳定，盘管容易被破坏，机组效率不稳。	为闭式系统。垂直埋管系统占地面积小，水系统耗电少，但钻井费用高；水平埋管安装费用低，但占地面积大，水系统耗电大。	防水防阻机设备较笨重，维护管理的难度较大；污水中会有大量的毛发以及纺织物纤维，同生物膜一样很难清除，常附着在换热器表面上，增加热阻，降低换热效率；污水源热泵中的污水换热器存在换热效率低、换热器体积大的问题，因此机房尺度较大。	初投资费用高，设备维护费用高。

结论：

热泵空调系统投资比较（不含场区内热力管网以及末端投资）

1. 按地上总建筑面积计，污水源、河、湖水源热泵系统，投资约为180元/平方米；海水源热泵系统，投资约为260元/平方米；地源热泵系统，投资约为180元~260元/平方米（青岛地区地下多为岩石，价格偏高，地质情况为沙土的地区价格较低）。

2. 能源站服务半径在1.5公里范围内运行较经济。

3. 利用热泵空调系统供热，在投资建设方面有供热配套费（青岛地区95元/平方米）作为补助，项目作为可再生能源示范工程，还可再享受一定数额的财政补贴。

4. 按财税【2009】11号文规定，居民供热企业可享受国家减免增值税，能源站免缴房产税、土地使用税。

5. 每年可享受碳排放交易收益2.5元/平方米。

6. 每年节电量70.6 度/平方米。

⑴与燃煤锅炉相比，污水源热泵空调系统供热年节电量66.2 度/平方米。

⑵与分体空调相比，污水源热泵空调系统供冷年节电量4.4 度/平方米。

7. 根据项目的实际情况，采用地源热泵（或水源热泵）+冰（水）蓄冷（热），这种做法符合国家削峰填谷的用电政策，也是国家积极倡导推广的新技术，不仅节能，而且使用起来更加经济。另外，根据项目的实际特征，可以考虑“系统热回收”生产热水。冬季和春秋过渡季利用夜间谷电时段生产热水，可大大降低生产热水的运行成本，实现向用户有偿供应热水的良性循环。

青岛海信地产简介：

青岛海信房地产股份有限公司成立于1995年7月，拥有住房和城乡建设部颁发的国家一级开发资质、甲级设计资质、国际一级物业服务资质。在17年的发展历程中，先后获得“中国房地产品牌企业50强”“中国城市运营商50强”等荣誉称号今天，经历过世界金融危机洗礼的海信地产，正在以国际级产品标准为参照，全面实现高端战略转型——产品品质的国际化、人才梯队的专业化、服务模式的精细化等都将成为海信地产下一步要达到的目标。

麦岛金岸概况：

麦岛金岸坐落于青岛市崂山区与市南区的交界处，依山面海，北靠浮山，南面则是珍稀的1.7公里原生态海岸线。项目总占地面积73万平方米，总建筑面积82.4万平方米。麦岛金岸是住房和城乡建设部首批可再生能源建筑应用示范项目，也是全国最大规模的水源热泵住宅社区，采用水源热泵系统供热制冷。项目采用中水系统，进行园区灌溉、水景补水，以及户内冲厕用水。为业主提供了高舒适度、绿色环保的高品质生活。

南京复地新都国际：

复地集团的绿色人居样本

随着全球化和城市化的不断扩张，人类不断面临着能源短缺和环境恶化的双重危机，也越来越清晰地意识到，以牺牲生态环境为代价的高速文明发展史将难以为继。建筑作为城市的主要象征和载体，不仅占用大量土地，更消耗了巨大能源。因此，有社会责任感的房地产企业和建筑业一定要走可持续发展之路。

其实，“绿色建筑”所关注的品质、资源、环境，也与复地（集团）股份有限公司（以下简称“复地集团”）在开发中致力于满足客户需求的诉求高度契合。从2005年上海爱伦坡生态别墅，到2010年上海世博会民企联合馆，再到全国多个房地产项目，复地集团一直致力于绿色建筑理念的推广，并持续在绿色建筑的研发、实践方面进行探索。

复地集团认为，房地产开发实际上是对土地之一的城市生态基础所提供的自然资源和环境进行调整和综合利用的过程，这就必然会改变和影响整个城市生态环境。因此，对于即将开发的每一块土地，都必须怀有敬畏之心，精心规划设计，用心用好每一寸土地，要对土地进行合理、有度、可持续地开发利用。同时，复地集团也倡导并将继续在房地产开发、建设、规划设计、营销推广、媒体传播等方面实施“低碳发展”理念，建立低碳发展机制，开发绿色建筑，广泛应用绿色技术，培育绿色核心竞争力，探索行业绿色建筑合作模式，履行节资环保的社会责任，充分体现“活力复地、生生不息”的企业发展使命。

这一理念与行动同样体现在复地集团开发的南京复地新都国际项目中，身临其中，绿色技术与产品的应用使人感受到生生不息的生命之力。

追求绿色人居

复地集团是从创新、实用、可行性等方面出发，从节地、节能、节水、节材以及室内外环境和运营管理等各个方面，系统化、综合性地推出了南京复地新都国际这一绿色人居建筑。

◆ 南京复地新都国际规划图

节地及建筑环境规划

南京复地新都国际建设用地原为南京市有线电厂厂区，属于城市更新建设项目，周边为老旧居民小区，建筑密度较大，已有的社会生态环境既丰富又复杂。通过对周边已形成的城市资源的研究，抓住与城市紧密衔接的切入点，是项目规划设计结构的基础。交通、社区配套、景观资源等元素的叠加、重组，构成了该设计的基本格局。

首先，2#地块为商业办公用地，与周边

◆ 原生古树的保留利用

◆ 原有挡土墙的修复

城市环境的联系最为密切，规划中以原有的文脉为基础，注重历史的延续性，合理利用原有地形高差，以保留树木及原始生态环境为设计点，创造出独特的空间体系，延续历史风貌，形成崭新发展时空，完成对新旧建筑规划的完美渗透与对接。

其次，居住地块由多栋18层高层住宅围绕着大花园排布而成。通过疏密的空间组合、错落有致的建筑形态，形成良好的居住空间环境。低密度、大间距是小区的亮点，人均用地面积15平方米，经济合理。

再次，采用人车分流的系统，建立畅通安全的步行空间；建立双大堂系统，方便居民现代生活出行的需要；中央景观区采用架空层，使景观空间连续并拓展。

最后，在规划中，通过对小区环境模型的建立，夏季典型时刻的郊区气候条件（风向、风速、气温、湿度等）下，模拟住区室外1.5m高处的典型时刻的温度分布情况，得到日平均热岛强度为0.91℃，达到绿色建筑要求的1.5℃以内；建筑物周围人行

◆ 开放式景观车库

区距地1.5m高处的风速为5.87m/s,风速放大系数为1.95，住区风环境有利于冬季室外行走舒适及过渡季、夏季的自然通风。

推进建筑节能

建筑热工设计：

项目按住宅节能标准65%进行设计，各项基本参数为：

外墙：0.67 W/(m^2・k)

屋顶：0.56 W/(m^2・k)

户门：1.7 W/(m^2・k)

外窗：2.4 W/(m^2・k)

外窗采用铝型材断热桥中空Low-E玻璃窗（5+12A+5），隔热性能优良

外墙采用保温板包裹，给建筑加上保暖的外衣

外遮阳的应用

江苏南京地区属典型的夏热冬冷地区，节能上就更需要夏季遮阳隔热、冬季采暖保温。遮阳产品在本地区普及率较高。

目前多数楼盘采用的遮阳形式为遮阳棚和活动卷帘，但都有各自的缺点。如遮阳棚、遮阳帆布易脏、易老化、易损坏，使用寿命短，影响城市建筑物的美观；金属卷帘易变形、有噪声等。

本项目在建筑选材上有所创新，采用了目前比较新型的中置遮阳系统。中置百叶窗玻璃的原理是将铝制的百叶帘安装于中空玻璃的中空腔体内，通过磁力拖动，实现中置百叶帘的收拢、展开及调光功能，以达到自然采光与完全遮阳的作用。

19mm的超大中空玻璃隔气层，大大提高了中空玻璃的保温隔热性、隔音减噪性。加之惰性气体的注入，最小传热K值在2.4以下，达到了节能65%的标准。同时，避免了其他遮阳产品的一些缺点，建筑立面也得到了良好的效果。

太阳能的利用：

项目利用屋面空间，在住宅楼14～18层设置太阳能热水器，可提供小区内5%以上的生活热水用量。

节能照明：

公共场所和部位的照明均采用高效光源、高效灯具和低损耗镇流器等附件，并设置了声控、定时、感应灯自控装置。

节水与水资源利用

雨水回用系统：

收集的雨水首先进入雨水处理池前的整流井，多余雨水经过溢流管排至市政雨水管，保证多余雨水溢流排放。收集的雨水经过格栅进入沉砂池，经过“沉砂—初沉—曝气—粗滤—消毒”等流程处理后，由机房内水泵提升，供绿化、景观补水等使用。雨水回用系统由PLC控制自动运行，具有工艺先进、运行可靠、处理成本低廉、维护管理方便、不占用地表等特点。

绿化用水采用喷灌方式，达到了节水、低能耗的要求。

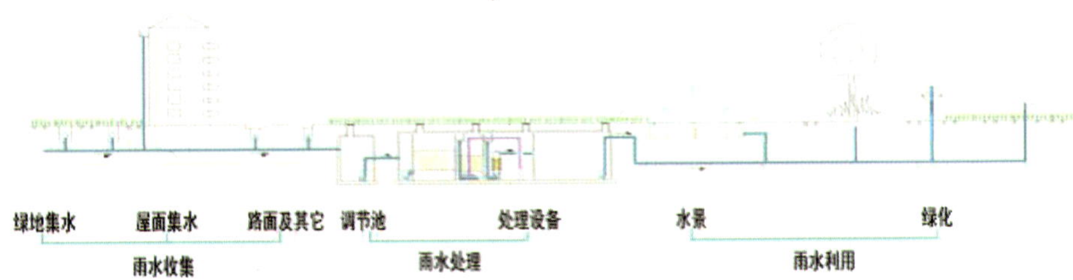

◆ 雨水回收处理流程图

室内外给排水管材均采用优质管材。

表1：室内给排水管材及附件类型

序号	使用位置	管材类型	连接方式
1	生活给水管及热水管	户内暗敷管道采用PP-R管	热熔连接
2		公共部位及埋地管道采用PSP钢塑复合管	双热熔连接

3	消防管	采用热浸镀锌钢管	>DN100卡箍连接; <DN100 丝扣连接
4		同层排水卫生间的立管与支管采用HDPE高密度聚丙烯管	热熔连接
5	排水管、通气管	其余立管均采用 PPI125单壁螺旋消音塑料排水管及管配件	粘接
6		排水支管及出户管均采用芯层发泡塑料排水管及配件	粘接
7	雨水管及空调冷凝水管	采用 UPVC塑料排水管及配件	粘接
8	集水坑提升管	采用内衬塑钢管	>DN100卡箍连接; <DN100丝扣连接

表2：室外给排水管材及附件类型

序号	使用位置	管材类型	连接方式
1	室外生活给水管	PVC-U管	热熔连接
2	室外污水管及雨水管	采用聚乙烯（HDPE）塑钢缠绕排水管	不锈钢卡箍接

表3：给排水管道阀门类型

序号	使用位置	阀门类型
1	给水系统管道（<DN50）	铜质球阀
2	给水系统管道（>DN50）	软密封闸阀
3	消防系统管道	采用 WBLX-1.6型蝶阀
4	止回阀	采用静音式止回阀
	浮球阀	100X-遥控浮球阀

减少管网漏损率的技术措施：

（1）选用的管材、管件，均符合现行产品行业标准的要求。为高品质管材。

（2）选用的阀门均为高品质防泄漏阀门。

（3）合理地进行了给水和消防系统的压力分区，避免管网超压。

（4）在需要计量的场合均安装了计量水表，实行水表的分户计量。所有计量水表均选用高灵敏度计量水表，计量水表安装率达100%。

（5）在设计中充分考虑了管道基础的处理，充分考虑了室外管道的覆土、埋深等问题。

节材与材料资源利用：

（1）现浇混凝土全部采用预拌混凝土，100%使用商品砂浆。

（2）高层住宅采用剪力墙结构，高强度钢筋HRB400及高强度混凝土均超过主要结构构件用量的70%。

（3）在设计及采购过程中，大量选用钢材、铝合金、木材、石膏制品等可循环利用的材料，最大化地降低环境负荷。可再循环材料比例占建筑材料总重量的比例超过10%。

运营管理：

住宅水、电、燃气分户、分类计量与收费。

智能化系统定位正确，采用的技术先进、实用、可靠，达到安全防范子系统、管理与设备监控子系统与信息网络子系统的基本配置要求，达到江苏省智能化住宅小区2A级以上标准。

完善的物业管理制度：

在平时的运营管理中，制定并实施节能、节水、节材与绿化管理制度。

进行分户、分类的计量与收费。按照高质高用、低质低用的梯级用水原则，制定节水方案；采用分户、分类的计量与收费；建立物业内部的节水管理机制。

本项目将设立垃圾周转站，便于生活垃圾的及时清理；实行垃圾分类回收并制定垃圾管理制度，对垃圾物流进行有效控制。另外，生活中产生的食物残渣等可以通过垃圾处理器粉碎后直接外排，省去了清运成本。

小区采用技术先进、实用、可靠的安全防范系统和设备监控系统。

物业管理部门通过ISO 14001环境管理体系认证。

设备管道的设置便于维修、改造和更换。

采用无公害病虫害防治技术，规范杀虫剂、除草剂、化肥、农药等化学药品的使用，有效避免对土壤和地下水环境的损害。

南京润昌房地产开发有限公司简介：

南京润昌房地产开发有限公司成立于2009年4月，是复地集团在南京成立的全资子公司之一，主要开发项目为南京复地新都国际。

复地集团是复星集团旗下的地产开发和投资集团。复地集团创始于1992年，从创办之初，基于对“个人、企业、社会、环境的良性互动和可持续发展”的系统思考和规划，就确立了以“修身、齐家、立业、助天下”作为企业核心价值观。经过20多年的发展，复地集团坚持关注商业生态和自然生态，在绿色建筑开发和环保公益活动方面进行了诸多实践。未来，复地集团将作为企业公民，继续探索和践行如何应对能源短缺、环境恶化的危机，如何更好地实现人、建筑、环境的和谐共处和可持续发展。

南京复地新都国际概况：

南京复地新都国际位于南京市下关区成熟地段迈皋桥片区，地块北邻和燕路，西至黄家圩路北延伸段。距地铁1号线红山动物园站步行仅10分钟。项目土地面积17.6万平方米，共包含三块用地：1、3号地块为住宅用地，均为18层住宅楼，总计26万平方米；最南侧的2号地块为商业办公用地，约3.5万平方米；地下9万平方米，含人防及机动车库。

南京复地新都国际荣誉：

中国房地产协会“中华建筑奖”

南京地产年会“十大明星楼盘”

搜狐焦点网评选“南京最美售楼处”

一期被评为绿色二星住宅

华远·华中心：

城市综合体开发的绿色样本

以绿色与未来居住为规划理念，通过旧城高密度再开发降低城市无序蔓延和以绿色建筑技术的广泛应用促进健康生活方式的开发模式，华远·华中心成为华远地产在绿色建筑探索与实践领域的一个里程碑式的项目，亦成为推动房地产行业可持续发展的一个引领性项目。

在绿色开发方面，华远·华中心从前期规划阶段，就将“绿色建筑节能技术”及“美国LEED-ND及LEED-NC评价标准”纳入到项目中来，并将相关标准在设计及施工阶段具体落实，为人们打造了一个健康、生态的生活圈层。在这样一个圈层中，其还通过人本主义空间设计与丰富的业态规划，强调了城市对人的关怀。人、建筑、城市的关系在华远·华中心变得和谐而又亲切。

建筑节能措施

作为LEED体系运用的一个标杆项目，华远·华中心采用了多项节能措施与技术。

在DesignBuilder建立金外滩建筑模型，输入各项设计参数，进行夏季设计日与全年能耗模拟，并对负荷能耗与经济性、环境效益进行分析。

◆ 能耗模型图

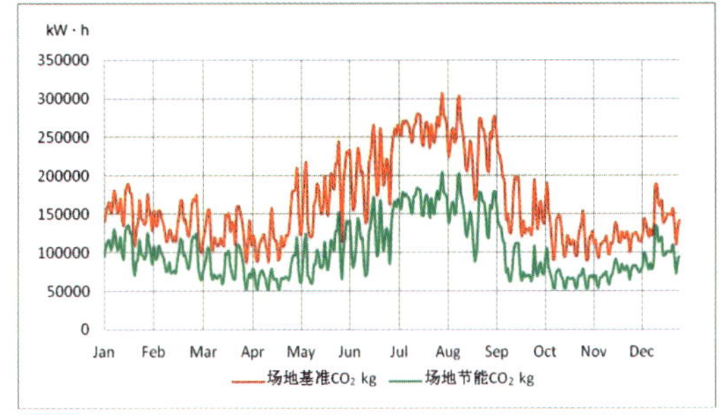

◆ 节能前后二氧化碳排放对比图

就能耗模拟数据分析、经济性对比、环境效益分析得出：全年能效可节约33.1%，而经济效益节约率约为36.1%。

绿色建筑节能技术应用

被动式节能措施

建筑被动式节能措施通过降低建筑负荷实现建筑节能，主要包含以下内容：

·提高建筑外围护结构的保温性能，如外墙、屋面充分保温，三层双中空玻璃加Low-E膜的外窗体系，减小屋顶太阳光吸收率，主体外墙采用70mm厚岩棉保温。

·在建筑构造设计上尽最大可能减少室内外结构产生的热桥，如室外阳台和固定外墙饰面材料的金属构件。

·在建筑运行与维护上，按照节能标准适当提高夏天室内设定温度和降低冬天室内设定温度。

·过渡季节使用自然通风来降低空调负荷。

·增加适当的住宅区域的阳台面积，起到一定的外遮阳效果，降低室内能耗。

主动式节能措施

建筑主动式节能措施主要通过高效设备、余热回收与利用、可再生能源利用实现建筑节能，包括：

·节能灯具的广泛使用，住宅部分75%的室内照明使用节能灯具，商业部分50%的灯具使用节能灯。室外照明使用节能灯具。90%含汞节能灯的含汞量不超过90 picogram / lumen-hour。

·通过空调系统整合设计提高系统能效，如通过设置不同型号的设备来提高单个设备满负荷运行小时总数，空调水循环系统变频控制等。

·购买使用能效高的家电、办公和卫生管理设备等。

·卫生器具合理采用节水型器具：采用高效节水的卫生器具，减少用水量。采取使用质量好、节水性能好的节水产品，用水器具包括如感应冲洗阀，厨房的洗涤盆、沐浴水嘴、盥洗室的龙头等拟采用充气水嘴。

·选择高效低耗节能设备和材料。

·合理采用绿化灌溉方式，如滴灌等。

·从各个专业结合考虑减少热岛效应。

·水循环地采暖系统的使用.

·住宅排风热回收用于预热/冷却室外新风，使用热交换器进行热回收。

·商业等公共部分使用热交换新风机。

·使用太阳能光伏发电系统，满足项目部分电力供应，采用太阳能路灯等装置等。

·直燃式吸收式制冷机使用天然气作为燃料。

·新建的公共建筑，冷热源、输配系统和照明等各部分能耗进行独立分项计量。

·建筑外窗的气密性不低于现行国家标准《建筑外窗气密性能分级及检测方法》GB/T7107规定的4级要求。

·利用排风对新风进行预热（或预冷）处理，降低新风负荷。

◆ 光伏发电板

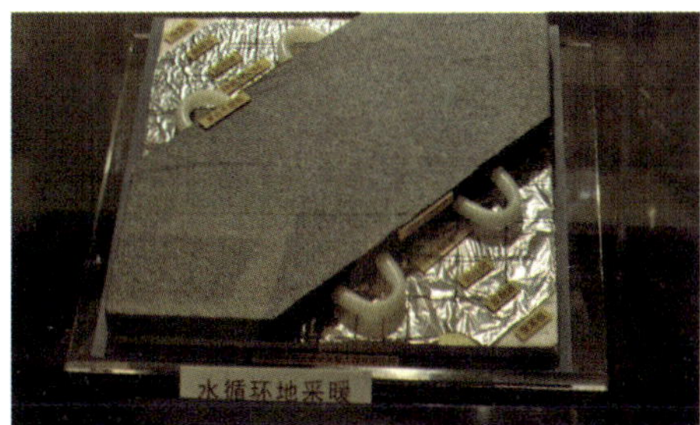

◆ 水循环地采暖图

·采用节能设备与系统。通风空调系统风机的单位风量耗功率和冷热水系统的输送能效比符合现行国家标准《公共建筑节能设计标准》GB 50189 第5.3.26、5.3.27条的规定。

华远地产简介：

“华远”是国内房地产业最早创立的品牌之一，至今已诞生20余年。华远地产于20世纪80年代初进入房地产业，一直致力于开发高品质的具有市场代表性的房地产产品。

华远·华中心概况：

华远·华中心地处长沙最具城市价值的中心区地段，北临解放西路，南至人民路，东至太平路。毗邻长沙商业中心黄兴广场，与橘子洲、岳麓山隔江相望。

华远·华中心总占地面积9.4万平方米，总建筑面积85万平方米，其中地上面积64万平方米。项目由包括滨江豪宅、SOHO公寓、高端商业、超5A甲级写字楼和超5星酒店等以购物、旅游、观光、办公、住宿及休闲娱乐为一体的城市综合性建筑群，已成为长沙新地标。

华远·华中心荣誉：

2010年12月获得长沙市住房和城乡建设委员会颁发的“金外滩绿色建筑试点项目”奖牌。

2011年12月获得由北京精瑞住宅科技基金会颁发的“2011年度精瑞科学技术奖绿色低碳住区金奖”奖牌。

中粮地产：

绿色建筑认证案例与思考

社会上经常见到中国绿标三星、美国LEED、英国BREEAM等绿色建筑认证体系，本文试图结合两个案例在增量成本控制方面做些思考。

案例一：深圳中粮澜山项目

深圳中粮澜山项目位于坪山新区深汕高速出口和丹梓大道交会处，包含7栋高层住宅、4栋多层住宅、21栋联排住宅、1栋商业办公楼和1栋幼儿园，进行中国绿标一星认证。

深圳地处夏热冬暖气候区，虽然降雨丰沛，年平均降雨量1 837mm，却是全国七个严重缺水的城市之一。为充分利用雨水，项目以雨水就地下渗为主，兼顾雨水收集。

深圳年平均日照数为2 060 小时，太阳年辐射量5 404.9 兆焦耳/平方米，为太阳能资源可利用区域。项目采用了平板太阳能热水系统为联排住宅、多层住宅所有住户和高层住宅12层以下住户提供生活热水。

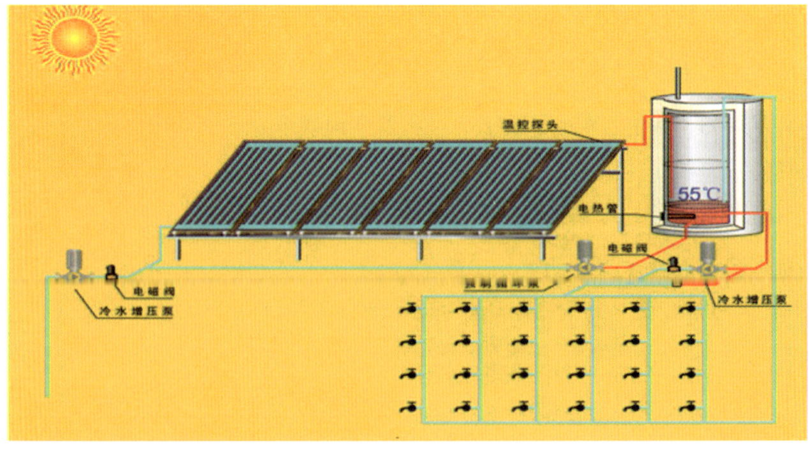

◆ 太阳能热水系统图

除以上技术外，项目还综合采用了通风模拟与自然通风、楼板隔声垫层、地下车库CO_2浓度监测、T5节能灯、太阳能草坪灯、透水地面、微喷灌、节水器具等绿色建筑成熟技术。

项目绿标一星认证的增量成本约28元/平方米，增量成本主要集中在隔声楼板、雨水收集、透水地面等方面，其中以隔声楼板为最。

案例二：北京祥云国际幼儿园

北京祥云国际幼儿园为北京市顺义区后沙峪中粮祥云国际项目的配套公建。幼儿园占地1123 平方米、总建筑面积3210 平方米、3层高、9 个班，属中型幼儿园。

项目拟进行美国LEED白金及中国绿标三星双认证，结合认证要求及项目实际情况，项目固定式遮阳与可调节式遮阳相结合，在儿童活动室南向及西向外窗采用固定式外遮阳，在西向公共走道处设置可调节外遮阳。

后沙峪地区属于第四系（新生代第四纪形成的地层），厚度在800~1000米，150米以内以粘砂夹粉砂、粉细砂、中粗砂为主。结合地质情况，项目采用了土壤源热泵系统。

采用温湿度独立控制的热泵式溶液调湿机组，通过盐溶液向空气中吸收或释放水分和热量，实现对空气湿度的精确控制。通过室内空调末端处理室内空气的显热来调节室内温度。温湿度独立控制减少了常规空调系统热、湿联合处理所带来的能量损失，能有效地避免出现室内湿度过高或过低的现象。

采用干式风机盘管末端，干式风机盘管冷冻水供水温度一般为16℃左右，只负担室内显热负荷，其设计工况下的冷冻水供水温度一般高于使用环境的空气露点温度，空气冷却过程无冷凝水产生，增强了空调舒适性，卫生健康。

北京属于太阳能辐照资源较丰富地带，项目采用平板太阳能热水系统，屋顶集热器面积约为300平方米，与坡屋顶一体化结合，可提供热量约为1600兆焦耳/天。

进行屋顶绿化，屋顶绿化不仅有助于夏季隔热，而且有助于冬季保温，对极端气温的缓冲和削减效果明显。

除以上技术外，项目还综合采用了风环境模拟与自然通风、声环境模拟与机房隔

◆ 彩色铝合金可调节外遮阳翻板图

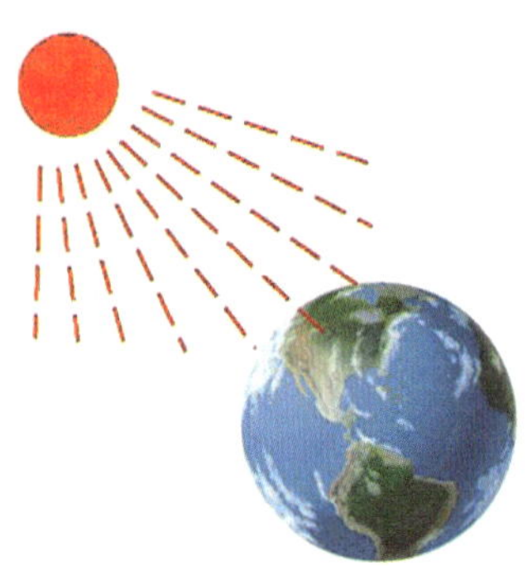

◆ 土壤源热泵系统示意图

声、光环境模拟、高强钢筋、脱硫石膏板、地板采暖、乡土植物、屋顶绿化、透水地面、中水、微喷灌、风力发电、节能灯具、CO_2浓度监测、能源管理系统等绿色建筑成熟技术。

项目进行绿标三星和LEED白金双认证，增量成本即达900元/平方米，增量成本主要集中在地源热泵系统、热泵式全热回收溶液调湿机组、可调节外遮阳、屋顶绿化、干式风机盘管、风力发电系统等方面，其中以地源热泵系统为最。

案例思考

虽然案例二情况特殊，如单体面积小、需要兼顾科普需求等，但对比两个认证案例并结合行业现状基本可知，高级别认证（特别是可再生能源方面规模化应用要求，涉及地源热泵、光伏发电、风力发电等）不一定带来低用电量，但一般会带来高增量成本。

有时即使同一认证级别，技术路线不同，增量成本也大不相同。也许从实际节能节费的角度整合绿色建筑技术路线，再以简练可靠的技术路线兼顾绿色建筑认证可能会更实际一些。

中粮地产集团简介：

中粮地产（集团）股份有限公司是一家全国性、综合性的房地产开发上市企业，总部位于深圳市，属国家核定的以房地产为主业的16家央企房地产企业之一，控股股东是世界500强企业“中粮集团有限公司”，房地产开发业务是中粮集团的三大主营业务之一。

中粮地产主要业务范围包括了住宅地产、商业地产、工业地产，拥有北京、上海、成都、深圳等10个城市公司。中粮地产战略定位于要成为有综合市场影响力的国内领先房地产企业，目前，已成熟的产品系列主要有鼎级景观住宅系列、都市精品住宅系列、大悦城综合体系列、祥云国际系列等。

亿城国际中心：

西山华府综合楼的绿色践行

通过采用节能高效的技术与设备，以及对于可再生能源的应用，位于北京海淀区东北旺乡的北京亿城西山华府综合楼成为了那一带的明星项目。也正是对绿色建筑的认可以及积极尝试，2012年，北京亿城西山华府综合楼荣获了年度第十七批绿色建筑评价标识项目，及公共建筑设计标识二星级标识；也使得亿城集团在绿色建筑领域的探索上又向前迈了一大步。

节能与能源利用

北京亿城西山华府综合楼用地面积9 978平方米，总建筑面积45 090平方米，地上7层，地下2层，总建筑高度28米。项目定位为企业总部自用办公与其他企业租用办公结合的城市综合体，内部含有精品商业、商务会议以及企业会所功能。

为了使这一项目达到较好的节能效果与能源利用，北京亿城西山华府综合楼使用了高效能的设备和系统。

高效能的空调组合

该项目部分采用了地源热泵温湿度独立控制空调和VRV空调组合的形式。地源热泵的冷热源温度一年四季相对稳定，冬季比环境空气温度高，夏季比环境空气温度低，这种温度特性使得地源热泵比传统空调系统运行效率要高10%～30%。

而温湿度独立控制的空调系统特点为：溶液除湿新风机通过盐溶液吸收或释放空气中的水分，实现对空气湿度的调节。和常规冷凝除湿相比，不仅降低了除湿能耗，而且消除了冷凝除湿所产生的潮湿表面，从而抑制了霉菌滋生，提高了室内空气品质。室内低温回风与室外高温新风进行全热交换，使新风预冷却预干燥。与之配合的高温冷水机组能效比（电能转化为冷量的效率）很高，$\eta>9$,常规冷水机组$\eta=5$。通过构建全新的空气处理流程与装置，实现了节能、环保与人体舒适性的良好结合，无论是节能降耗方面还是空气品质方面都大大优于传统大型中央空调产品。

VRV空调采用变频控制的涡旋压缩机可根据各区域的不同冷热负荷需求，调节压缩机的频率，进行制冷工质流量控制，降低了压缩机的运行电耗；同时，各空调房间可根据其使用时间和要求独立调节室内温湿度，不但满足了室内舒适度的要求，同时降低了运行费用。

节能高效的照明系统

照明节能设计主要考虑通过科学的照明设计，采用效率高、寿命长、安全和性能稳定的照明电器产品，包括电光源、灯用电器附件、灯具、配线器材以及调光控制设备，最终实现在满足照明需求的同时，尽量节约照明能耗。

能量回收系统

新风换气机均设置热回收装置，对冬夏季排风进行热回收，降低了空调新风电耗，热回收装置效率不低于70%。

电梯系统

为了能够有效吸收和利用运动中电梯产生的电能，本项目在自持办公部分选用了2部回馈型电梯，通过有源能量回馈器将大电容中储存的电量无消耗地回收再利用。从而既达到节电目的，又无耗电发热大功率电阻。大大改善了系统的运行环境，从而达到节约电能的目的。

可再生能源利用

利用太阳能热水系统提供7层酒店生活热水，主要用于淋浴用水。

为起到节能示范作用，本项目在屋顶布置太阳能光伏发电装置，光伏板总面积约50平方米，装机容量为5kW·h，用于地下室照明。光伏发电与市政电力并网运行，减少了独立供电的蓄电池占地及其投资费用，减少了运行维护费用。

节水与水资源利用

除了使用高效设备与利用可再生能源外，该项目在节水、节材方面也颇有建树。

节水措施

节水措施包括：使用节水器具，节水灌溉，按用途设置水表，雨水收集利用等。节水器具选用包括节水型大便器、小便器，感应式水龙头，节水型淋浴喷头等；采用节水灌溉方式，可自动或手动控制灌溉时间和开关；根据用水用途不同分别设置水表。

土建装修一体化设计施工

为了加强建筑物的完整性，本项目对土建和装修统一设计，避免了在装修施工阶段对已有建筑构件的打凿、穿孔，保证了结构的安全性，减少了建筑垃圾。既减少了材料消耗，也降低了装修成本。

室内灵活隔断利用

在保证室内工作、商业环境不受影响的前提下，设计中采用了部分办公空间为大开间开敞式，减少了分隔。对于一些房间的分隔选用预制板隔断。既可以减少空间重新布置时重复装修对建筑构件的破坏，又可以对隔断进行多次循环利用，节约了材料和资源。

建筑设备、系统的高效运营

为保证建筑设备、系统的高效运营，本项目建立了能源监测系统和能效综合管理平台。

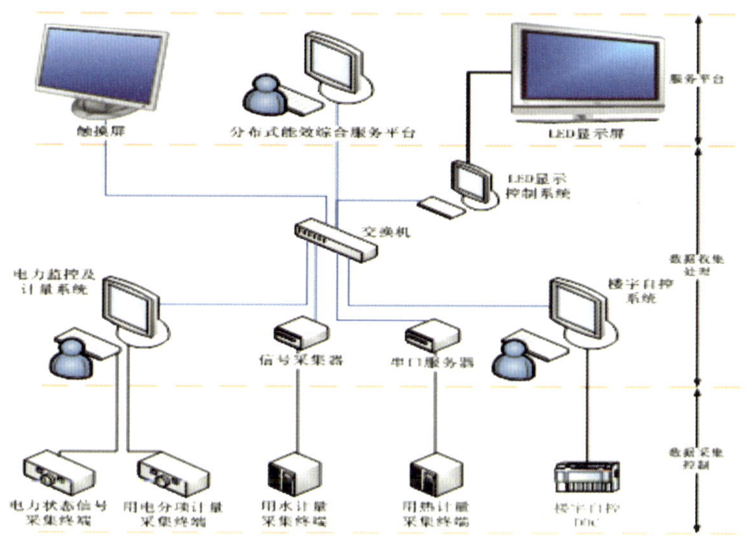

◆ 能源监测系统和能效综合管理平台

能源监测系统

监控柜内的通信设备通过现场总线对低压配电室电度表和分布在各楼层配电箱（柜）内的电表进行电度采集，并在监控计算机内进行分项计量。对用水类型中的传统水源（市政给水）和非传统水源（雨水等）进行分项计量。对本楼栋的供热量独立计量，加装热量表。通过分项计量，对建筑能耗情况进行实时监测。

建立建筑能效综合管理平台

将建筑的楼宇自控系统的设备运行信息、能源使用信息、环境质量信息等数据汇集到建筑能效综合管理平台。

通过建筑能效综合管理平台，可对建筑用能情况进行监测分析，对发生的问题进行实时处理。同时，定期进行节能诊断及分析，给出系统和设备的节能建议。建筑能效综合管理平台可与楼控系统实现对接，从而对用能系统实现优化节能运行控制，针对建筑的用能系统的具体使用情况和负荷特点，提供更加合理高效的运行控制策略算法，提高系统运行效率，降低能源消耗。

建筑能效综合管理平台具有能效分析、设备管理、信息管理等多种管理功能，可实现系统的综合管理。

建筑能效综合管理平台采用远程控制和管理，使用灵活方便，降低工作人员的劳动强度，提升建筑管理的整体水平。

室内环境质量

室温控制

由于本项目采用部分地源热泵+温湿度独立控制和部分多联机空调系统的组合空调系统，所以具有灵活的室内环境控制方式，保证节能和室内环境的健康舒适。充足的新风量不但能保证提供健康、舒适的高品质空气，而且设置了除尘、消除室内有害物质功能，并可实现温湿度精确控制。各空调房间可根据其使用时间和要求独立调节室内温湿度，不但满足了室内舒适度的要求，而且降低了压缩机的运行电耗，节约了运行费用。

室内空气质量监控系统

在人员密度变化较大的多功能厅、会议室、开敞式办公区设置了二氧化碳监测系统，实现二氧化碳浓度的监测和分析，超出浓度范围时可自动报警，并与新风系统联动。地下车库设置了一氧化碳监测系统。

光导管自然采光

在地下室采用下沉庭院、光导管及水景采光的形式，7层走廊设置光导管自然采光，通过这些设计改善室内照明质量和自然光利用效果。

项目创新点

基于地源热泵的温湿度独立控制空调

本项目采用部分地源热泵温湿度独立控制空调和部分VRV空调组合的形式，地源热泵的冷热源温度一年四季相对稳定，冬季比环境空气温度高，夏季比环境空气温度低，这种温度特性使得地源热泵比传统空调系统运行效率要高10%～30%。温湿度独立控制通过分别改变系统的除湿量与除热量，能够根据建筑热湿比随时间与使用情况的变化，对室内温湿度进行有效调节，克服常规空调系统中难以同时满足温湿度参数的要求，使室内热环境参数保持在人体热舒适范围内。

下沉庭院自然采光

在西侧布置下沉庭院为地下一层的职工餐厅提供自然采光，在顶层也设计了两个下沉庭院，为六层提供自然采光。下沉庭院的设计，不但具有观赏性，还可以通过植物和水景等设计手法达到改善环境的作用。而且绿色植物对环境最明显的作用就是调节温度、湿度和净化空气，具有明显的环境效益，对于改善建筑小环境和城市大环境都具有重要的作用。自然采光可以增加室内外的自然信息交流，减少人们的压抑心理等，同时，自然采光也减少了照明能耗。

能效综合管理平台

建立建筑能效综合管理平台，对建筑用能情况进行监测分析，对发生的问题进行实时处理。同时，定期进行节能诊断及分析，给出系统和设备的节能建议。建筑能效综合管理平台应与楼控系统实现对接，从而对用能系统实现优化节能运行控制，针对建筑的用能系统的具体使用情况和负荷特点，提供更加合理高效的运行控制策略算法，提高系统运行效率，降低能源消耗。

亿城集团简介：

亿城集团股份有限公司（000616.SZ，股票简称“亿城股份”）是一家在中国深圳证券交易所主板上市的专业化房地产企业，因成功投资开发了北京、天津、苏州等地多个知名项目而跻身国内品牌发展商行列，也因近年来快速增长的优异业绩成为中国最具成长性上市公司之一。亿城前身大连渤海饭店（集团）股份有限公司成立于1993年，1996年上市。从2001年开始，房地产开发逐步成为公司主营业务。近年来，通过持续不断的努力，亿城先后进入北京、大连、天津、苏州、秦皇岛、唐山等城市，发展成为全国性形象、局部具有突出优势的专业化房地产上市公司。

秉承“尊重创造价值”的开发信念，公司以前瞻眼光深挖土地价值，准确把握客户需求，提供能提升客户价值的高附加值产品，逐步形成了独有的差异化发展路径与品牌竞争优势，受到市场和客户的高度认可。

亿城国际中心概述：

亿城国际中心是由北京亿城山水房地产开发有限公司建设的公共建筑项目，集办公、商业于一体。项目位于马连洼北路南侧，东至竹园中街，南至马连洼南路，西至竹园东街，北至马连洼北路，规划用地面积为9 978平方米，总建筑面积为45 090平方米，其中地下共计2层，地下建筑面积为11 290平方米，主要为地下停车场及设备用房。项目整体建筑采用流线型立面，风格现代，建设完毕后为一座28米高写字楼和商业综合体。项目地上一、二层为商业，地上三层至七层为标准办公层，整体绿地率为30%，建筑密度为47.36%，容积率为3.39。

本项目合理采用相关绿色生态节能技术，根据项目自身特点，重点采用增强客户舒适性的技术，侧重于节能与能源利用以及室内环境质量两方面，融合围护结构保温隔热体系、高效节能设备、节能照明、自然采光优化设计、智能化控制技术等绿色生态技术为一体，结合项目基地的环境特点和规划的要求，将办公、休闲、购物等各种功能进行综合，是集约土地和城市资源的绿色公共建筑。

亿城国际中心荣誉：

亿城国际项目取得中国人民共和国住房和城乡建设部颁发的《二星级绿色建筑设计标识证书》

中房·东城人家：

融入地域文化的绿色人居

宁夏中房集团立足宁夏，将西夏文化、贺兰山文化、黄河文化与现代居住建筑相融合；将绿色、低碳理念与现代居住建筑相结合，铸就了一个主题文化特色鲜明、绿色节能效果突出、居住环境品质舒适的高端社区——中房·东城人家。

绿色建筑设计方案

中房·东城人家从整体规划设计之初，就以绿色、低碳、节能为出发点，无论是社区整体组团规划，还是楼栋单体的层数、户型等设计，都开展了一轮又一轮的方案讨论和优化；同时，引入民用居住建筑领域的多项成熟技术和体系，使整个项目的科技品质含量得到了很大提升，居住环境与功能设置变得更加完善。

风环境模拟

本项目模拟采用的是英国帝国理工大学开发的CFD软件PHOENICS，它是世界上第一套商业CFD软件，其准确性获得了不同领域的验证。

在建筑物周围行人区1.5m高度的风速小于5m/s；在此基础上，尽可能控制建筑物前后压差在冬季不大于5Pa；75%以上的板式建筑前后压差在夏季保持在1.5Pa左右，避免出现局部旋涡和死角，保证室内有效的自然通风。

日照分析模拟

本项目整体日照分析模拟采用的是清华大学建筑学院的建筑日照分析软件Sunshine V3.0。本项目为南北（偏西22°）布置，多层住宅放在南侧，中高层住宅放在北侧，并考虑到西南侧现有住宅的遮挡，保留足够的间距。按照银川市现行规定1.64H（H—建筑高度）的日照间距，并按规范规定考虑了0.9的折减系数，均满足日照要求。

绿色节能技术

太阳能光伏发电公共照明系统

本项目采用了太阳能光伏发电技术，利用太阳能光伏电为楼梯间等公共区域提供照明。同时结合使用LED节能灯具，大大降低了公共照明导致的能源消耗。

市政中水景观绿化喷灌系统

本项目合理利用可再生能源，整体规划设计引入市政中水系统，非传统水源利用率占传统水源约11.1%。社区整体景观喷灌管网完善，利用市政中水进行绿化灌溉，降低了对传统水源的消耗。

太阳能光热生活热水系统

在建筑总能耗中，除了采暖及空调能耗之外，最大能耗就是居民生活用热水产生的能耗，中房·东城人家实施了全面的太阳能热水工程。且太阳能热水系统设计与建筑设计同步进行，实现了建筑与太阳能一体化设置。

多层楼栋采用分户落水式单体太阳能热水器，中高层及高层住宅采用强制循环类型的集中集热—间接换热—分户储热式太阳能热水系统，有效解决了不同楼层间的用热不均衡问题。

项目可再生能源应用为18.2%，其充分利用清洁无污染的可再生能源，减少了对传统能源的消耗，同时减少了二氧化碳的排放，更大限度地减小了环境污染。

◆ 太阳能安装照片

雨水渗蓄等综合节水技术

宁夏回族自治区属于干旱缺水地区，对于水资源的节约及有效利用均有较高要求。中房·东城人家通过在景观设计中融入节水理念，通过设计一系列的雨水收集、渗蓄利用方案，诸如渗透性铺装、植草浅沟、下凹式绿地等，有效地对雨水进行收集利用。

同时，生活给水系统采用防渗漏效果好的管材，结合末端安装的节水型用水器具，通过系统限压供水，实现给水系统自身的节水功能。

建筑结构节能技术

中房·东城人家在建筑节能65%的基础上，率先通过改进传统墙体砌筑方式，引入夹芯墙外保温体系，实现建筑围护结构自身节能性的提升，有效降低了室内耗热量指标，大大节约了采暖能耗。

夹芯保温墙构造为内侧200mm混凝土空心砌块，中间填充50mm厚聚苯板，外侧砌筑120mm厚混凝土空心砌块，墙体整体传热系数为0.45W/(㎡·K)。该种构造有效解决了外保温层与瓷砖层的粘贴耐久性问题，其表面抹灰后较平整，建筑里面整体更美观。

文化特色

中房·东城人家以贺兰山岩画为主要设计元素，以国画黑白灰色彩构图，应用灰色为主，兼顾沉稳内敛的红色和金色，依托900多年文化积淀“西夏黑陶”，与建筑风格结合。同时又融入岩画图腾、西夏图腾、西夏文字等艺术符号，打造出了一个具有浓厚历史文化底蕴的中式住宅项目。

建筑

中房·东城人家园区大门及内部很多建筑都运用到了龙纹图案，龟背纹、西夏花砖等元素更是随处可见。这些龙纹图案都代表了一种向上、吉祥、平安的美好愿望，并且具有强烈的艺术魅力。

历史上，西夏统治的地域与吐蕃毗邻，且其河西陇右的诸多部落曾被藏族人占据，盛行藏传佛教并使用藏文。由于这一地缘优势与传统往来的渊源，西夏在仁孝时期便正式传入和接受了藏传佛教。随着佛教的盛传，西夏时期的许多建筑都融入了佛教的艺术文化。中房·东城人家社区里的莲花基座的建造就源于此。莲花在佛教里代表着盛世、繁荣、如意等。

西夏花砖是指在西夏时期极为流行的地砖式样，除了在西夏王陵发掘出了西夏花砖，在敦煌莫高窟中也存在着西夏花砖的踪迹。在中房・东城人家，不管是墙体还是地面，随处都能见到西夏花砖的运用，而建筑也因此被赋予了历史文化的深蕴。

文字

中房・东城人家社区正门，威严方正的牌楼造型、灰色沉稳的西夏文化基调，都融入了红色，所有的细节之中都体现了社区内对文化的精雕细琢；门头两侧的“东城人家”及门头上的“富贵吉祥”西夏字样，方正、严谨、笔触深厚。

● 诗歌

最能反应西夏诗歌文学特点的，是黑水城遗址（今属内蒙古额济纳旗）出土的文献中用西夏文撰写的诗歌和曲子词，诗歌中包括《赋诗》《大诗》《月月乐诗》等。这些诗歌多是称赞西夏盛世、歌颂西夏皇帝或大臣的作品，从中也可了解西夏统治者的风尚和爱好。在中房・东城人家中心广场里，细心的你一定会发现在一面S型景墙上赫然镌刻着的《月月乐诗》。

● 吉币呈祥

西夏钱币共有14种，全部为年号钱。其中西夏文钱币5种，汉文钱9种。相同的年号钱币，版别有多种，每一种在字体、直径、薄厚上都有差别。在中房・东城人家社区内，爱生活的你一定会发现一个特别的地方“古币呈祥广场”，随处可见的以西夏钱币为原型筑造的园林小品，让你顿时有种时光穿梭的感觉。

目前，国内外发现西夏官印153方，分一字印、二字印、四字印、六字印4种。西

夏官印印文均铸为白文（阴文），但文字形式几乎没有一个是相同的。西夏官印的背面，均镌刻成文。大多左边刻年款，右边刻姓名，但也有未刻者，或年款、姓名换位者。在中房·东城人家社区内行走，你可要多注意脚下和旁边那些景墙，也许在不经意间你就会目睹到西夏印章的风貌。

宁夏中房集团简介：

宁夏中房集团前身为中房集团银川房地产开发有限责任公司，始创于1982年，是宁夏成立时间最早、累计开发规模最大并首家取得国家一级资质的房地产企业，是宁夏第一家、全国第四家通过IS09001：2000质量体系认证的房地产企业，是宁夏数百家房地产企业及全国中房系统近300家成员企业中率先完成全面改制的企业。

中房·东城人家概况：

中房·东城人家项目地处银川市兴庆区新华东街南侧、友爱中心路东侧，距城市中心区约3公里。项目总占地约31万平方米，总建筑面积约64万平方米，配套商业建筑面积4.08万平方米。项目规划容积率1.8、建筑密度28%、绿化率35%、停车率80%，住宅类型以高层、中高层、多层为主。

中房·东城人家荣誉：

宁夏首个西夏文化主题社区

宁夏首个国家二星级绿色建筑设计标识认证社区

宁夏首批国家“AA”“AAA”级住宅性能认证社区

金大地·新地中心：

绿色建筑策略与实践

新地中心正以“安徽之门”的梦想引领着合肥乃至安徽省城市综合体的绿色发展。

位于安徽省省会合肥市政务文化新区的新地中心，为安徽金大地集团倾力打造的超大规模城市综合体，占地约6.28万平方米，总建筑面积逾60万平方米，涵盖住宅、商务办公、购物中心、会所等多种业态。

新地中心从项目立项开始，便秉承高起点、高规格的开发理念，同时聚拢了一大批国内外知名设计、顾问、施工团队，倾力打造着这一有“安徽之门”之称的绿色城市综合体。

绿色建筑设计策略

作为国家重点推动及未来建筑业的发展趋势，绿色节能成为了房地产企业产品开发的重点方向及发展目标。在这一趋势下，安徽金大地集团亦投身其中，并选取新地中心作为绿色建筑开发的首航，开启了新的征程。

实际上，由于城市综合体高容积率、高密度的建筑特性，实施绿色开发就显得更为重要，可以极大地提升居住人群的舒适度，节约能源并做到可持续发展。也正由于城市综合体特殊的属性，实现真正意义上的绿色建筑开发也将付出较大的代价。

为了符合绿色建筑开发的标准，安徽金大地集团邀请了绿色建筑技术与标准应用的权威单位之一中国建筑科学研究院共同进行了课题研究及标准制定，经过多轮探讨，最终确定新地中心住宅项目——天誉按照绿色建筑一星级的标准实施。

建筑平面

住宅户型本身讲究相对的规整与方正，而新地中心·天誉在户型设计中做到了合理的开间与进深尺寸，并进行了严格的功能分区，以满足豪宅的使用特性；也对节能做了充分考虑；在房间利用上，局部不被利用的空间被设置成了储物间。

建筑立面

出于地标建筑群体的考虑，新地中心·天誉立面造型被设计成了中国传统艺术剪纸的效果。在设计过程中经过多轮考量、模型研究，最终决定在不影响平面功能的前提下于建筑外侧设置线条构架，构架本身的材料也是极为环保的再生GRC板材及真石漆。摒弃了豪宅项目大面积干挂石材的材料浪费现象，同时又完全满足了视觉效果。

建筑材料

绿色建筑所倡导的材料使用，在新地中心·天誉也有体现，如其主体结构选用高标号的预拌混凝土，墙体砌筑材料选用再生资源——烧结煤矸石砌块，门窗五金选用断桥隔热铝合金型材及Low-E中空玻璃，其中最具代表性的1#、3#、4#住宅楼正在探讨采用国内首创的三银镀膜玻璃，节能效果能达到80%以上，大大超过了绿色一星级建筑的建设标准。另外，考虑到超高层建筑的隔音效果及居住舒适度，其还在省内首次选用了浮筑楼板的节能做法。屋顶选用了浅色陶瓷涂料面层及种植屋面。

建筑设备应用

长期以来，换气频率及舒适度都是超高层建筑需要重点解决的课题，为了突破这一课题，新地中心·天誉采用墙式通风器的方式，解决了此困扰。制冷采暖设备也是从节能的角度进行选择的，其在夏季制冷选用了VRV户室中央空调，冬季采暖选用了燃气壁挂锅炉形式，大大提升了能源使用效率，并增强了住户使用舒适度。公共区域的建筑照明皆采用节能的LED灯具。

建筑室外环境

新地中心·天誉的景观设计为日本国宝级设计大师——户田芳树亲自主持，充分利用建筑群体的各个界面设置多个主题的立体景观群。在景观设计元素里也倾注了大量的绿色节能措施——雨水收集灌溉系统、太阳能灯具等。同时为提升场地环境的舒适度，还进行了室外风环境模拟实验、土壤氡浓度检测等工作。

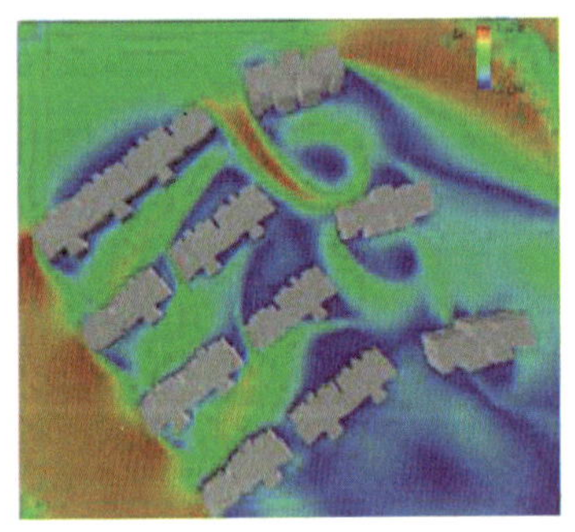

◆ 建筑室外环境之风环境模拟

◆ 建筑室外环境之灌溉

结语

新地中心·天誉对于绿色节能的尝试在社会上取得了较好的口碑及市场反响，安徽金大地集团相信通过企业不断的努力与坚定的追求，绿色建筑一定会在这些实践者手中愈来愈成熟，真正为人类生存、社会发展做出应有的贡献。

安徽金大地集团简介：

安徽金大地集团成立于1997年，是一家专业从事投资、房地产开发、商业运营和物业管理的综合性企业集团。经过16年的发展，目前业务覆盖合肥、淮南、安庆等城市，安徽金大地集团已成长为省内具有竞争力和影响力的本土品牌地产企业。2012年，公司实现开发面积190万平方米，持有的收租商业物业面积约23万平方米，全年实现销售收入30亿元，纳税金额2.6亿元。

展望未来，安徽金大地集团将继续秉承“以人为本、诚信开发、不断创新、打造品牌”的企业宗旨，致力于“成为区域领先的品牌地产运营商”，为实现安徽崛起、中部崛起而不懈奋斗。

新地中心概况：

新地中心为安徽金大地集团倾力打造的超大型城市综合体项目，历经近百万平方米的地产开发后，安徽金大地在新的企业战略规划中明确其核心思想是企业成长与城市发展相结合，创造更高的社会效益，力求实现由传统开发商向城市运营商的华丽转身。而新地中心项目因其超大的规模、复杂的业态组成，已成为转型中的金大地集团的代表作。

新地中心位于合肥市政务文化新区的核心区域。众所周知，由合肥市委市政府双子楼、天鹅湖、绿轴、奥体中心贯穿形成了长约4公里的中心轴线，在整个政务区乃至合肥市的版图上，很清晰地展现出“脊梁”和“龙脉”地位，显而易见，新地中心就位于这条龙脉的“榜眼”位置。而由新地中心10#写字楼与广电中心所形成的双塔矗立在轴线两侧，俨然一座气势磅礴的“安徽之门”。

上海东渡国际企业中心：

绿色实践

上海东渡国际企业中心从规划设计之初，就以绿色、低碳、节能为出发点，包括项目的地理位置、工程投资、用地面积、建筑面积、建筑类型、结构形式、开发与建设周期等方面都开展了一轮又一轮的方案讨论与优化。同时，引入民用商业建筑领域多项成熟技术和体系，使得整个项目的建设品质有了很大提升。

绿色设计与建材应用

本项目建筑外窗可开启面积不小于外窗总面积的30%，建筑幕墙具有可开启部分或设有通风换气装置，采用带有通风空气层的外挂石材幕墙。

玻璃采用的是中空充氩气的Low-E低辐射玻璃，玻璃上面镀了薄薄的一层银膜，可以双向阻止热或冷的传导。它具有可通过短波红外但是阻止长波红外线的特性，如冬天太阳的短波辐射光可以透过Low-E玻璃后，被地板家具反射后转化为长波红外线就出不去了，而夜间室内长波红外线就很难透过Low-E玻璃散出，因此，这种玻璃具有很好的保温性能，传热系数K值更是低至1.4 $W/m^2 \cdot K$，水平先进。

节水理念

绿色建筑对于水资源的节约及利用效率均有较高要求。东渡国际企业中心项目在景观和清洁卫生设计中融入了节水理念，在地下三层设计了一个雨水收集、渗蓄池，所有屋面的雨水均经过基地内设置的雨水管网收集到地下室雨水收集池，经雨水处理站处理后供基地内绿化及喷洒使用，绿化灌溉采用微喷等高效节水灌溉方式。同时，生活给水系统采用防渗漏效果好的管材，结合末端安装的节水型用水器具，通过系统限压供水，实现给水系统自身的节水目的。

光导照明

本项目地下室停车库和会所走道采用了自然光引入光导管照明系统。光导管技术是太阳能光利用的一种方式，属于绿色照明技术。该技术为光能的高效传输提供了途径。光导管技术与自然通风相结合，可以使光导管的功能更加完善，在采光的同时使室内保持良好的自然通风，对于建筑节能和改善室内空气品质具有实质性好处。

风环境模拟

经过室外风环境模拟分析，出具《室外风环境模拟分析报告》，根据模拟报告及相关检测文档优化调整，基本达标。

本项目建筑绿化率达到了25%以上，选择了适宜当地气候和土壤条件的乡土植物，且采用包括乔、灌木的复层绿化，如目前上海市的乡土植物：银杏、白栎、青冈栎、榉树、榆树、黄连木、南酸枣、石楠、泡桐、乌桕、苦楝、枫杨、构树、合欢、盐肤木、野柿等乔木，白檀、苦糖果、算盘子、枸杞、常春油麻藤、金银花等灌木和藤本类，以及麦冬、石蒜、一枝黄花、野菊花等草本。

东渡国际集团简介：

东渡国际集团成立于1989年，集团总部位于上海。目前在上海、南京、苏州、无锡、常州、成都等国内城市，以及美国等国家拥有全资子公司和合资公司。20多年来，东渡国际集团始终专注于青年人居产品研发，已成为国内青年人居文化领跑者，迄今为止已针对不同时期不同层次年轻人的个性化需求成功开发出青年城、丽舍、海派青城、青筑、国际企业中心等系列产品。

东渡国际企业中心概况：

东渡国际企业中心是集办公、商业、大型会所、餐饮及娱乐为一体的综合建筑，占地面积为2.57公顷，总建筑面积131 296.4平方米。本项目位于上海市普陀区苏州河畔长风生态商务区3A号地块，东邻上海化工研究院，西接泸定桥泸定路，北靠云岭东路，南临光复西路。

东渡国际企业中心荣誉：

中国绿色建筑二星级标识、LEED银级认证

PART 5

绿色建筑营销

绿色建筑的探索与实践

绿色建筑时代宣告来临

万通生态城新新家园绿色营销执行力报告

新潮流的缔造需要引领者，新理念的风行需要开拓者。

万通控股董事长冯仑曾经说过，绿不绿，未来不是商业战术选择问题，甚至不是战略问题，而是未来企业的贞操，是“必须的”。在全球环境危机的威胁下，室内污染问题日益受到全世界的关注。我国城市居民每天在室内生活长达21.53小时，消费者逐渐意识到绿色环保的重要意义。在城市生态环境日益恶化、可持续发展理念深入人心和消费者绿色需求引导市场新走向的多重背景下，绿色营销必然成为房地产企业新的重要课题与发展趋势。

2008年，万通地产重视确立绿色公司战略，引领行业发展纵深。哥本哈根会议之前，万通地产在中城联盟内部高层会议中宣布，未来5年万通地产预计开发总量约1 000万平方米，所有项目达到建设部绿色建筑的标准，争取达到绿色建筑三星级标准，总计减少碳排放量将达到244.55万吨。

如果说万通地产在中国房地产业率先擎起“绿色建筑”的大旗，那么万通生态城新新家园就是这样一杆大旗下的急先锋。作为万通地产新新家园品牌的升级之作，作为万通地产绿色战略标志性项目，万通生态城新新家园选址中国乃至世界最顶级的生态宜居示范新城——中新天津生态城，整合应用了20余项绿色建筑技术；在强化传统住宅素质的同时，更节能、更健康、更舒适，实现了一种高效、低耗、少废、少污、生态平衡的建筑环境，达到了人与建筑、建筑与自然、人与自然相互交融的理想居住境界。

对于这样一个引领绿色建筑潮流的标杆项目，在营销过程中引入绿色理念、实施绿色营销就显得十分重要。

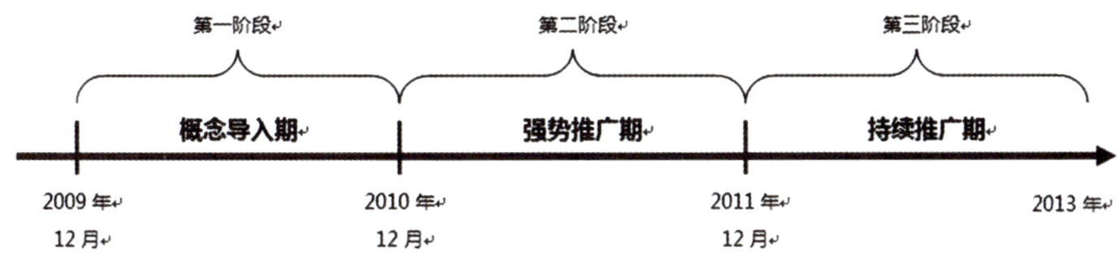

◆ 万通生态城新新家园绿色营销推广阶段

概念导入期

万通生态城新新家园开工盛典暨万通地产绿色供应链启动仪式

【营销流程】

1. 2010年6月8日，万通生态城新新家园举行了盛大的开工典礼，时任万通地产董事长的冯仑、时任万通地产董事总经理的许立、时任常务副总经理的姚鹏，中新生态城管委会主要领导，多位新加坡著名学者及北京和天津众多主流媒体出席了活动。

2. 冯仑当场宣布万通地产要与合作伙伴们建立一个采购和供应链全部为绿色产品的绿色供应链，加大绿色项目的转型。绿色供应链计划的启动，将企业绿色产品向上追溯到产品供应链体系，以保障绿色产品的顺利实现，为万通地产绿色公司战略的推进提供制度保障。

3. 现场每一位来宾都签署了绿色承诺书，承诺从点滴生活小事做起，创造绿色家园。

【营销效果】

在短期内形成了强大的信息传播攻势，最快提升本项目“绿色项目”的形象和知名度。通过官方口径发布项目信息，吸引国内、业界权威人士关注；增加记者提问环节，加强与主流媒体的互动，制造新闻信息点。

万通生态城新新家园产品说明会暨绿建三星揭牌仪式

【营销流程】：

1. 2010年10月24日下午，“万通生态城新新家园产品说明会暨绿建三星揭牌仪式”在天津滨海新区泰达万丽酒店会议中心成功举行，万通生态城新新家园成为华北地区首个获得中国绿色建筑最高荣誉——住房和城乡建设部认证绿色三星级住宅项目。

2. 住房和城乡建设部委员、中国建筑学会副理事长窦以德与万通时尚置业责任有限公司总经理汪庆宏，共同为万通生态城新新家园“绿建三星”认证标识揭牌。

3. 住房和城乡建设部委员、中国建筑科学研究院建筑设计院副院长曾捷就中国绿色建筑的发展和绿色三星认证标识做了专题演讲，深入浅出地介绍了绿色建筑对人们生活的意义及中国政府大力推动绿色建筑星级标识认证的目的。

【营销效果】

权威大奖的认证产生了很好的公益效应，对目标客户群进行权威性价值宣导和口碑传播，扩大了这一项目在滨海新区乃至整个天津的影响力。

概念导入期媒体组合

这一阶段的推广渠道主要以纸媒硬广及软文、网络软文及销售现场宣导为主。

◆ 报稿

◆ 网络广告

◆ 户外广告

◆ 围挡

◆ 道旗

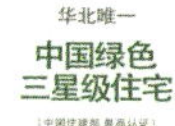

更节能 ENERGY SAVING

更健康 HEALTH

更舒适 COMFORT

强势推广期

万通地产“生态领智，赢响未来”天津高峰论坛

【营销流程】

2011年10月14日，中国首例实用性零能耗建筑——万通生态城新新家园零能耗

会所正式揭幕。揭幕当天，万通控股董事长冯仑、天津人大环保委员会副主任委员邢振纲、天津生态城投资开发有限公司总经理孟群就绿色城市发展模式、绿色地产产业化等问题展开富有开拓性的讨论，为中国未来绿色城市、绿色人居建设提供了众多独到并具有前瞻性的见解。

【营销效果】

零能耗会所代表了万通地产对前沿和新兴生态技术的探索，以及打造绿色生态产品的尝试。万通地产用自己的实际行动践行着对社会和用户的承诺。万通“零能耗建筑”的落成，更像是万通地产向整个行业发出的倡议书，让大家用实际行动践行“生态领智，赢响未来”的承诺，这在短期内形成了强大的信息传播攻势，吸引了国内、业界权威人士关注，制造了新闻信息点。这也是万通地产绿色建筑技术的集大成之作，增强了购房者的信心，对销售起到了推动作用。

绿色小天使活动

【活动背景】

万通生态城新新家园已经获得绿建三星标识，在硬件上毫无疑问已经是国内最高标准的绿色住宅了，但万通地产秉持为客户“创造最具价值的生活空间”的使命，还要考虑为客户营造一个绿色的生活方式。只有绿色建筑的硬件和绿色社区生活方式的软件兼备，才能相得益彰，凸显社区的绿色价值。因此，万通地产在绿色生活方式导入方面做了大量的传播和社区活动，下面是其中一例针对社区儿童的绿色生活方式倡导类公关小活动。

【活动内容】

1. “绿色小天使活动”是万通地产针对3～12岁儿童进行的一项绿色公益活动，旨在通过收集废旧电池兑换学习用品的形式，从小培养孩子的环保意识，塑造孩子完美品格。

2. 兑换规则：

5个废旧电池可兑换碳计算罗盘

10个废旧电池可兑换精美环保本

20个废旧电池可兑换精美绿色环保笔筒套装

30个废旧电池可获得“绿色小天使”荣誉证书和精美图书《气候变化的故事》

奖品均为一次性兑换，领取后旧电池数量清零

【活动效果】

从小培养孩子环保意识，塑造孩子完美品格。针对儿童的环保公益活动，体现了一个企业对社会的使命感和责任感，以及对下一代的关爱，能够体现万通地产绿色战略的价值观。同时，也树立了正面的品牌和项目形象，以亲子同乐的活动形式，吸引儿童和家长共同参与其中，促进项目到访。

强势推广期媒体组合

这一阶段的推广渠道主要以纸媒硬广及软文、网络软文及销售现场宣导为主。

◆ 报稿

◆ 网络广告

◆ 户外广告

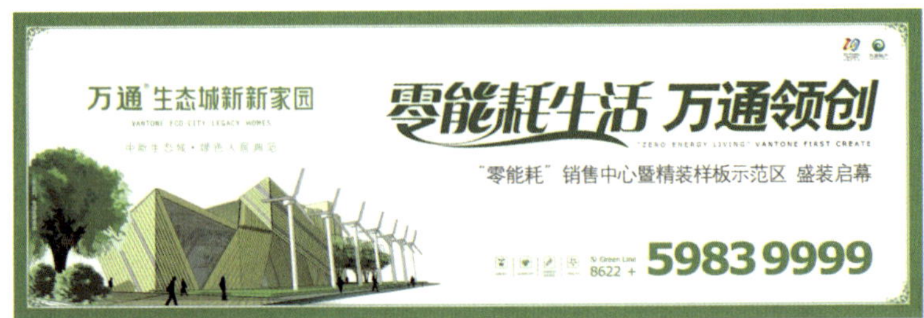

◆ 道旗广告

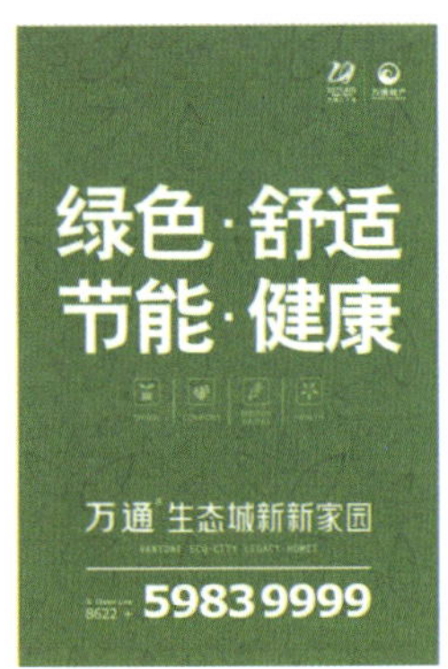

◆ LED户外

◆ 概念楼书——绿色人居启示录

持续推广期

绿房子日记——洋房生活绘本

【营销流程】

2012年春季，万通生态城新新家园一期洋房产品进入强销阶段，由于新政的影响，整个天津地产市场都处于低迷态势，市场观望情绪浓厚。中新生态城区域产品同时大量放量，区域产品同质化严重，人们对楼市前景非常悲观，区域陷入价格战泥沼，各开发商都在纷纷降价。因此，面对这样的市场格局，营销不能只是注重如何突出自己的产品，而是如何在这种停滞和高度竞争的环境里，逆市销售房子。

洋房产品都属于偏大户型，主要目标对象是一家三口的中上层家庭。在对到访客户的访谈中发现，很多家庭都很希望拥有一套自己的房子，但在目前低迷的大环境下，他们都非常犹豫。“市场上有很多选择，价格又不断跌，还是等价格跌到最低点再买吧”，这是一种很普遍的心理。如何打破这个无休止的“等等看”的态度呢?

万通地产想到了孩子。每个父母都有同感，小孩子成长很快，一瞬间就长大了。父母认为童年是成长最重要的阶段，该给他们最完美的成长环境。

万通地产创造出一个小主人公新新，以手绘的形式将孩子可爱的姿态描绘出来，并将手绘形象与项目效果图及实景照片结合起来，以新新一天的生活作为线索，全方位展现项目的环境与生活模式。通过新新一天玩乐、上学、和妈妈购物、居家休息等生活的展现，项目的区域、配套、园林、户型庭院、绿色科技等卖点也以生动活泼的方式展现出来，比起枯燥的楼书更容易被人接受。同时册子中贴近生活的场景和儿童娇憨可爱的姿态，也激发了家长想要给孩子幸福童年的同感，情不自禁地想象自己的孩子生活在万通生态城新新家园中的幸福笑脸，饱含了家长的感受和心声。

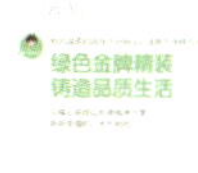

开辟绿色销售渠道

【营销流程】

对于一个融合诸多绿色建筑科技的项目来说，需要对项目员工特别是销售人员进行绿色教育，以便其对绿色销售的有效开展，并使其在销售环节中强调产品的绿色属性。万通生态城新新家园的置业顾问们就项目的绿色科技功能及万通绿色地产的企业理念都进行过系统的培训，通畅高效的绿色销售渠道既有利于销售业绩的提升，也有利于房地产企业绿色形象的扩大与传播。高素质的置业顾问、良好的消费环境和优质温馨的服务，也能使购房者产生愉悦的心理情绪，从而促进购买。

购房者购买行为的心理活动，是从对住宅实际的认知中产生的。浮筑楼板、Low-E中空玻璃、真空气力垃圾系统……这些陌生的科技专用词汇令购房者难以理解，从而使他们只对这些绿色科技有一些片面和孤立的心理印象，难以形成购买冲动。

项目在样板间多处放置了科技说明，将深奥的科技道理转化为简单的文字，为购房者进行解惑。当购房者踏入样板间的一刻，吸一口新鲜空气，明白了什么是鲜氧新风系统；脚踩在温暖的地板上，感受到何为地板辐射采暖；摸着光洁发亮的水龙头，得知这是节水器具……切身体验到绿色住宅给生活带来的便利和健康，就会产生积极态度，从而导致购买行为。

◆ 样板间科技说明

让科技为居住者服务

满庭春MOMA的绿色营销

凭借十大科技系统，当代节能置业股份有限公司（以下简称“当代节能置业”）如今已落地8个城市，在全国开发了15个节能绿色地产项目，赢得了5.8万多个家庭的信赖。多年来，这一科技地产的标杆企业持续地以“科技、节能、绿色、人居”的开发理念与产品引导着科技住宅的发展。

在能源日趋紧张以及国家加强节能减排力度的趋势下，科技住宅也成为了一种居住潮流。2012年，当代节能置业开发的满庭春MOMA在南昌、长沙、九江、仙桃4个夏热冬冷地区热销，排名均在各城市销售排行榜前列。其中，南昌满庭春MOMA全年热销1105套，成交金额7亿元，多次以科技地产领跑者的姿态荣登城市月度商品房成交套数排行榜前10名；九江满庭春MOMA2012年在九江市商品房住宅成交面积排行前3名。

“让科技为居住者服务”，凭借这一发展理念，当代节能置业及其开发的满庭春MOMA获得了市场的高度认可与好评。

科技与营销的结合

“家就该是温暖的”“满庭春MOMA冬暖夏凉24小时热水”这两句耳熟能详的广告语，恰恰是对满庭春MOMA科技节能绿色人居最为直观的表述。而在简单话语的背后，却是当代节能置业对提升生活居住舒适度的不断追求。

为实现冬暖夏凉有热水的居住水平，满庭春MOMA引入了十大科技系统，分别为天棚辐射系统、土壤源热泵系统、外保温系统、节能外窗系统、24小时热水系统、恒压供水系统、隔音降噪系统、生态园林系统、雨水回收利用系统、智能化家居及楼宇自控系统。十大科技系统使满庭春MOMA区别于普通住宅产品，深得客户喜爱，已购买客户选择满庭春MOMA产品的理由中60%以上是因其具有的科技与节能系统。

此外，满庭春MOMA在节能方面也颇有建树，设计引用了9层构造外墙（包括200mm加厚墙体、60mm厚保温层）、同层排水系统、中空Low-E玻璃等节能系统与产品，为业主打造了温暖舒适的生活空间。

获得这样温暖舒适的生活空间，消费者每平方米只需支付5元的能源价格就可以。北京地区现行每平方米的供暖费用是30元，而在长江流域夏热冬冷地区只要拿出北方地区1/6的采暖费用，就能解决好冬季采暖问题。

冬天：告别湿冷、温暖全城

冬天，当别的项目偃旗息鼓时，正是满庭春MOMA产品热销的时候。居住在满庭春MOMA，冬天不再开空调，不再忍受湿冷，不再缩手缩脚，是关爱家人的最好方式之一。长期使用空调，一是会引起呼吸道疾病，二是浪费能源，三是费用高。在这种情况下，很多家庭在冬天都是少开或不开空调，影响了生活品质。但满庭春MOMA能保证在最冷的两个月里，全天候24小时使家中的温度保持在16摄氏度到20摄氏度间；且又是辐射供暖，节能舒适，家中温暖如春。冬天，满庭春MOMA通过设计体验样板间的形式，使客户充分体验到了温暖与舒适。由此形成了口口相传的效果，成为销售的关键。

夏天：终结酷暑、健康降温

夏天，通过辅助降温使人们在酷暑时节进入房间便能感受到丝丝凉意，这凉意可以省去开空调引起的空气污染和直面冷风带来的不适感。同时这也是最节能的方式之一，通过地下水交换后直接降温就能达到效果。夏天也是满庭春MOMA推广的好时候。

科技体验中心的温暖

区别于传统售楼处，满庭春MOMA的售楼处叫作“科技体验中心”。

打造南昌首个科技体验中心，是满庭春MOMA深耕南昌以来，对专注于开发科技、绿色住宅系统成果的集中展现。进入现场展示中心，迎面就是“中国科技地产领跑者”9个闪光大字，步入体验中心，直接映入眼帘的是3排展板和各种各样的科技展品。

科技体验中心是把十大科技系统通过展板和实物相结合的方式更为生动地展示给客户。例如满庭春MOMA使用的是双层中空Low-E玻璃，其由外到内分别是6毫米玻璃、12毫米空腔、Low-E膜、5毫米玻璃，这种构造可有效保温隔热隔光，其中Low-E膜在冬天可以让阳光的热量穿透玻璃洒进房间，而同时可以阻止室内热量向外散失。体验中心现场会展示普通玻璃和中空Low-E玻璃在强光照射下感受到温度的情况，以及中空Low-E玻璃的特点。还有同层排水和普通排水结构区别的展示、外围护结构区别的展示，使客户明明白白看到科技住宅产品与普通住宅产品的差异性。

满庭春MOMA还打造了施工工艺样板间，通过对施工工艺、科学技术、材料、设备的分解展示，让置业者充分了解产品的品质，为客户展现了科技住宅独有的产品特点。样板间可以直观地看到墙体内部60毫米厚的保温层及天棚辐射管线，同时客户可以现场感知楼层的采光等，把对科技的认知从概念和图纸变成了真实感受，是看得见摸得着的房子。从每个细节感受到当代节能置业对产品的信心及生活的呵护。

在满庭春MOMA的样板间内，经常可以看到穿着薄毛衣、光着脚丫在地上玩耍的小宝宝。区别于传统仅限于参观的样板间，满庭春MOMA打造了南昌唯一“知冷暖”体验式样板房。客户光脚可以体验到一股不断上升的温暖气流，感受满庭春MOMA带来的温暖与舒适，从而打消客户的疑虑。

首开南昌试住先河

一直以来，买房子的基本程序是看沙盘，听销售人员天花乱坠的讲解，想象未来房子的模样，最后是漫长的等待。“试住”给了购房者更加透明的购房环境，只有亲身感受，才能知晓科技住宅的价值。尤其是在极寒极冷的时候，科技住宅的优势就体现出来了。同时，24小时深度体验，对产品的后期物管、服务也有了深刻的体验，有助于全方位了解产品的价值。满庭春MOMA凭借先验式的居住感受，给了居住者一般住宅不能实现的居住体验。这种居住体验对于购房者的购房决策往往会产生重要影响。

而“试住”这个词，自从满庭春MOMA进入南昌后，对于大部分购房者和业内人士来说，就不再是一个新名词了。随着时间的推移，“先试住后买房”的新型购房模式在彻底颠覆传统购房模式的同时，也逐渐被广大购房者所接受并称道。

以黄女士为例，她就是通过试住成为了满庭春MOMA的业主，并将这一项目介绍给了更多的人。黄女士的宝贝因为湿冷天气经常感冒，即使在家也会裹着小被子，熬过湿冷的南昌的冬天。有时，孩子顽皮，脚丫就踩在冰凉的地板上，或者和小伙伴直接趴在地上玩玩具，结果晚上就开始咳嗽流鼻涕。看着宝贝难受的样子，黄女士也饱受煎熬。一个偶然的机会，她从朋友那里听说了满庭春MOMA，家人都对这种可以让“孩子少生病”的房子产生了兴趣，报名参加了满庭春MOMA的冬季试住体验活动。

体验间里的一天一夜给黄女士一家留下了“温暖如春”的深刻印象。在这里他们度过了一个无冬之夜，湿冷被满庭春MOMA阻隔，没有多余的空调、加湿器、棉被，而是18℃左右的温暖环境；24小时热水源源不断地让每个人在家泡上温泉；呼啸的北风、水管的怪声通通不见了，夜晚温暖而安宁，窗外的雪景美得像童话世界。因为有了冬季天棚辐射供暖这样贴心的照顾，孩子的房间里温暖如春，不用再担心他蹬被子感冒，冬天不用浴霸也可以轻松洗澡，光着脚丫可以到处奔跑……早上还有物业管家端来的营养早餐。种种真实体验，让黄女士果断地成为了满庭春MOMA的业主。

相比于明星代言人的百万薪酬，不给钱也有人愿意做楼盘的免费宣传吗？在满庭春MOMA，不管是南昌、长沙、仙桃，始终活跃着这样一群自愿“零”代言的业主，不计酬劳，像个兢兢业业的推销员一样乐此不疲。他们的目的很单纯，是为了让更多的人了解满庭春MOMA，希望所有人都跟自己一样住得更好；他们的目的也很高尚，为节能、环保、绿色住宅的普及尽一份力。

谢奶奶退休前是位教师，自从她深入了解及入住满庭春MOMA之后，就向亲朋好友推荐温暖的科技住宅，这已变成她生活中的一部分。她还通过网络博客、社区公益讲座等形式讲述着自己和满庭春MOMA的故事。“我有责任向全社会推广这样的好房子”，谢奶奶总是这样自豪地说。

如今，满庭春MOMA的冬暖、夏凉、低噪、24小时热水在南昌已成为一面生活旗帜。从2011年10月首期交付至今，经过回访，在冬季湿冷的南昌，满庭春MOMA带来的科技温暖生活得到700户业主的共同见证。

新营销方式

随着微博的火热，催生了新的营销方式，即微博营销。满庭春MOMA也借助了微博营销。“如果你有100个粉丝，就相当于办了一份时尚小报；如果有1000个粉丝，相当于一份海报；如果有1万个粉丝，相当于办了一份杂志；如果你有10万个粉丝，相当于创办了一份地方性报纸；当粉丝数增加到100万，你的声音会像全国性报纸上的头条新闻那样有影响力。”这段话生动形象地分析了微博的信息传播价值。目前，微博主流用户群为20岁到40岁的人群，而这也刚好契合了刚性需求住房的主力购买者的年龄段，他们正好是潜在的刚需购房者，具有强大的购买欲和购买力。

满庭春MOMA把握网络舆论影响力，在主流网站开通微博账号，背景图片使用项目主题色，统一项目形象，并在背景图片上显示地址、定位语及电话；将项目动态以栏目化、专题化传播，吸引粉丝的持续关注和订阅。还与业主、购房者及媒体三方互动，形成意见及咨询平台，微博活跃度名列前茅，获得南昌十大影响力微博，推动了项目的形象传播。

此外，从2010年开始，每年全国“两会”都有人建议南方要采取集中供暖，2103年冷空气持续影响南方大部地区，南方要不要实施集中供暖，再次成为市民的热议话题。《人民日报》在南昌调查过程中，报道了满庭春MOMA是南昌少有的实现集中供暖的居民小区。满庭春MOMA借助这一热点话题，通过网络、现场展示等方式向南昌市民发出冬季温暖“邀请函”，邀请南昌市民免费试住，感受科技住宅产品带来的舒适生活，告别“冰河世纪”，让家人在温暖中度过春节，享受温暖健康的生活。

满庭春MOMA产品热销不是个案，是冬暖夏凉有热水的产品顺应置业者需求、坚持体验营销、倡导绿色建筑的结果。

南昌满庭春MOMA概况：

南昌满庭春MOMA雄踞南昌市青山湖临江商务区核心，与青山湖直线距离800米，未来将具备立体交通网络，20分钟通达全城；享400公顷青山湖城心秀色。更有临江商务区发展利好。

南昌满庭春MOMA荣誉：

中国绿色建筑三星级标识

天泰·太阳树平面设计赏析

天泰·太阳树项目坐落于环境优美、历史悠久的泉城济南，是由天泰集团进入济南开发的首个住宅小区，也是济南首席高舒适度低能耗绿色住宅产品。

项目位于济南市规划之南控板块，为济南的都市绿肺和泉水涵养区，是千佛山下稀缺豪宅资源；东靠蝎子山，北邻卧牛山，西邻龟山，南接兴济河，拥景揽秀，绿树葱葱，缔造绝佳生活胜地。

天泰·太阳树定位于集节能、环保、绿色、人文于一体的“不要空调暖气的绿色住宅”，总占地170亩，建筑面积约为20万平米，容积率1.8，绿化率达50%以上。

作为济南首个纯绿色住宅，雄踞泉城“南贵区”核心地带的天泰·太阳树，入则私享欧洲八重绿色科技营造的多重舒适体验、私拥浩瀚富氧领地；出则随享城市繁华。不要空调暖气的绿色住宅，将人居从体能时代过渡到智能时代，为济南建筑树立了范本。

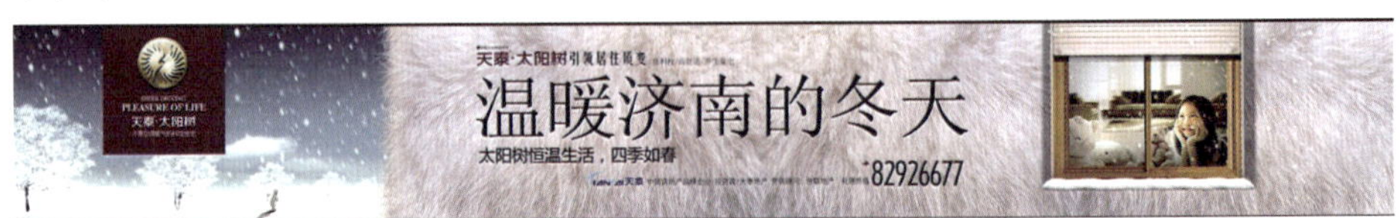

PART 6

绿色公益

绿色建筑的探索与实践

万科社区的垃圾分类实践

复杂的事情如何变“简单”

2010年6月，台北市前“民政局”局长，环保联盟台北分会总干事林正修来到上海万科朗润园，就该小区的垃圾处理问题做考察访问。对林正修来说，类似的考察更多意义上纯粹是经验的介绍、疑惑的解答，是以先行者或成功者的身份讲一些勉励和期许的话。然而，行走在朗润园的角角落落，看过、听过、询问过朗润园的垃圾治理

◆ 万科社区干湿垃圾分类桶

模式后，这位深谙台北垃圾处理之道的专业人士非常惊讶，临走时他说：“这里的居民可称行家。”本着“零垃圾”的目标，坚持“垃圾减量”与“资源回收”，台北为走出垃圾围城困境，一场“垃圾革命”为时整整十年；而朗润园里垃圾分类的实践，当时不过才刚实施了半年。

万科在社区推行垃圾分类，就是受台北垃圾分类的启发。2009年王石在台北考察，在了解到台北的垃圾分类解决之道后，萌生万科在大陆推动垃圾分类的想法。垃圾分类、垃圾不落地、垃圾随袋征收是台北垃圾分类的关键要点，实施垃圾分类后，台北市垃圾平均每日清运量从3 475吨减为1 000吨，时任“民政局”局长的林正修正是当时台北垃圾分类的主事者。

早在2000年，北京、上海、广州、深圳、杭州等被列为首批生活垃圾分类试点城市，过去的十多年里，尽管各城市多次进行探索实践，但大多徘徊不前、无疾而终。

1996年，迫于垃圾围城的压力，北京市开始在西城区进行试点垃圾分类；之后，连年推出垃圾分类小区、社会单位试点。但是，多年试点，收效甚微。

垃圾分类已经在上海推行了17年，但市民垃圾分类率依然未明显提升，大多数家庭习惯将家里的垃圾集中存放在一个塑料袋内，满了才扔进垃圾桶。2011年5月，上海市颁布第五次垃圾分类标准，并正式推行“百万家庭低碳行，垃圾分类要先行”项目。2012年底的一份调研报告指出，上千个试点小区中参与率能达到60%以上的不多，分类投放的准确率较低。

2012年2月，广州市政府发布《广州市城市生活垃圾分类管理暂行规定》。这是中国第一部生活垃圾分类管理办法。广州知名网友“樱桃白”尝试拨打城管部门热线，询问干电池的垃圾属性，结果3位工作人员分别给出可回收物、有害垃圾和其他垃圾三种答案。

北京西山庭院2006年即开始试行垃圾分类，664家住户所有的厨余垃圾不出社区，就地处理，厨余发酵成为绿化肥料。上海万科朗润园，在实施垃圾分类半年后，社区住户对垃圾分类的知晓率达到了95%，参与率达80%，分类准确率为55.7%。在广州金色家园，垃圾减量超过50%。从全国来看，自2009年3月万科启动零公里行动始，截至2012年12月，已经开展垃圾分类的万科社区达到147个，筹备实施社区37个，覆盖了所有万科已交付社区，社区平均垃圾减量接近20%。

以社区为单位，以物业为依托，一端有效对接回收、处理的大渠道，一端提高分散住户的参与率和准确率。北京、上海、深圳、广州，万科在全国近十个城市都成为当地的第一个垃圾分类试点社区或第一批试点，政府和媒体称之为“万科模式”。

第一波：减量15%

广州的垃圾分类很典型，城市社区的垃圾分类大致依托三种力量展开：志愿者、政府或物业。

志愿者模式，如广州番禺居民自发进行的“绿色家庭”活动，以号召回收有害垃圾及可回收垃圾为主要工作，可回收垃圾主要目标放在低价值的垃圾上，高价值的垃圾则由居民自行选择变卖，回收并不向居民支付金钱，只每隔一段时间会送上礼品。好处是志愿者在宣传教育上比较有热情和能量，缺点是无法深入社区生活，“不接地气”，在后端实施上难以落实，此外在经费上依靠公益捐赠，无法长期持续。

政府模式，实施主体依托街道和环卫单位，越秀区广卫街道依托环卫站对垃圾精细分类，收益“三三四”分配。特点是垂直管理，能调动的资源多，动员起来比较快，执行力度大，挑战是需要解决“以分养分”的自我造血功能。试点两年来，环卫工二次分拣每月收益不足千元，而街道为此投入三四十人，粗算加班费才几元钱。

社区模式，对物业有很高的要求和挑战，短期需要一次性的硬件和资金投入，长期看，需要获得业主的认可与支持，需要持续细致的管理和调整，需要考虑长期运转成本和收益之间的平衡。

在万科小区，没有“物业管理”，只有“物业服务”，尽管是要做好事，也需要从倾听住户的意见，呼吁住户的参与和支持开始。

在上海朗润园，启动垃圾分类之前，每户业主的信箱里都收到一份来自物业的调查问卷：“你是否愿意成为垃圾分类的志愿者？”答案很快揭晓：1019户业主，900多户表示愿意。

在广州蓝山，小区有100多户业主率先申请加入并成为“环境友好家庭”。

在广州金色家园，在对200多户常住户进行逐一入户调查后，只有两户因为不了解所以表示反对垃圾分类。

经过动员，住户的分类意识都得到了普遍的提高，业主，尤其是同一层的，都会主动交流分类的做法和经验，甚至建立了专门的ＱＱ群，在业主论坛上也会热心提建议。很多万科试点小区的业主委员会还成立了专门的小组来对垃圾分类的实施进行监管。

有了分类的意愿，但要进行分类，还要解决分类的标准问题。

北京西山庭院是万科最早进行垃圾分类的社区，最初100个居民里只有30人能基本做到垃圾分类。一开始，很多业主不知道如何科学地给垃圾分类，常把剩饭等厨余垃圾当成可回收垃圾。不仅是业主，就算是推动和践行垃圾分类的工作人员也不是特别懂。具体做法也极不规范，厨余垃圾的分类塑料袋也直接扔到厨余处理设备的反应池里，因为塑料袋不可降解，出现把厨余处理设备的搅动轴都绞了的情况。

最开始推行的方式是普及分类的标准。2010年，万科公益基金会联合腾讯公益慈善基金会开发了一款公益游戏，该游戏以唐僧师徒四人为主角，各种不同的垃圾从空中落下，地面设有四个分类垃圾桶，游戏人物接住垃圾并投入准确的垃圾桶内则可得分。超过2000万网友关注，37万网友通过游戏熟悉垃圾分类知识，成功闯关，有3万网友留言表示对活动的支持。但会玩游戏的人，未必是那些在家庭中负责投放垃圾的人。

◆ 世博会万科馆垃圾分类游戏截屏

如果负责投放垃圾的人对于什么是可回收垃圾、什么是不可回收垃圾分不清楚，那为什么不直接把图示显著地印上去，让大家的投放更方便？业主称其为“傻瓜垃圾桶”，垃圾全部转换为图像贴在垃圾桶上，不识字的人也能准确投放。小小的改变，一下子就把准确率提高了10%。

物业公司推出垃圾分类“绿色存折”，每个家庭上交可回收垃圾，便可换得存折积分，积满相应分数就能换得一份小礼物。而随着万科将垃圾分类与公益捐助联系起来，更多的业主开始积极投身“以可再生资源变卖的受益捐助公益事业”的行动中来。

垃圾分类列入物管日常考核标准，“业主不分类，物管要挨罚”，万科试点小区垃圾分类严格执行包干制，原来固定负责每栋楼的物管必须担负起提醒、监督楼内业主进行垃圾分类的任务。因每层投扔的垃圾无法分辨主人，所以检查发现某层的垃圾没分好就视为该层的四户都没进行垃圾分类，分类良好的户数除以整栋总户数计算出的“垃圾分类率”将直接和物管的绩效挂钩。垃圾分类列为物管的日常考核标准，大大促进了物管对负责楼垃圾分类的监管力度和上门跟业主协调沟通的积极性。

注重沟通技巧，以孩子带动家庭。小区业主的素质各不相同，要贯彻垃圾分类必须特别注意引导、规劝部分不配合的业主的方法。万科物业的日常服务贴心细致，物业和业主间都建立了非常亲密的关系。在良好关系的基础上，物管在与业主频繁的接触中，多次善言规劝，是可以与大多数业主取得共识性的沟通的。此外，物业垃圾分类宣传很重视小区儿童。物业通过小游戏、绿色存折积分等形式教育小区的孩子们形成垃圾分类的习惯，这对带动每户家庭和小区长远的垃圾分类工作都具有重要的意义。

事实上，在万科中心，万科集团的办公楼，用每天检查每个办公区域的垃圾桶并公开通报准确率的方式，在一个月里就把垃圾分类准确率从40%上升到96%，这一成绩不具备普及性，因为办公楼的垃圾相对比较简单，但这启发了万科去调动社区内相互监督的力量。于是2010年7月，万科在全国20个城市120个社区启动了 “立及行动日”。立及行动日，分别取“垃”“圾”二字的右边，确定每月的第四个周六为“立及行动日”，业主在这一天把可分类回收的垃圾集中到定点回收处，充满仪式感和参与性的垃圾回收活动，可以强化业主们的垃圾分类习惯。

一年多的实践下来，平均每个试点的万科社区可以实现垃圾减量15%，但单纯依靠人们的自觉，还不足以实现更高水平的减量。

第二波：减法和加法

在最初取得垃圾分类的减量成效后，万科试点社区里垃圾桶的数量多了很多，以前是一个桶，现在变成了一组四个桶：可回收、不可回收、有害、其他。每层楼的楼道都放有三个垃圾桶，分装可回收物、不可回收和其他垃圾，而每层楼其实只有四户人；每栋楼的楼下还统一设置一套四个的分类垃圾桶，分装可回收垃圾、不可回收垃圾、有害垃圾、其他垃圾。桶的数量增多，不但要额外增加采购的费用，而且也数倍地增加了清运、转运的压力。在上海的一个万科试点社区，一度出现八个细分的垃圾桶，每月内部通报试点社区投放准确率的曲线又开始向下。

不但万科物业同事们在桶前花了更多的时间，万科的小区住户也在桶前花了更多的时间，而准确率和处理效率并没有显著上升。

万科公益基金会和万科物业的同事们重新检讨整个社区垃圾投放、转运、分拣、处理的流程。由此提出一个“退步”的方案：重回两分法，减少桶的配置，推动物业二次分拣。

这时的二分法，不是在各个城市街头常见的“可回收”和“不可回收”，而是“厨余（湿垃圾）”和“其他（干垃圾）”。厨余垃圾占了社区日常生活垃圾一半的重量，住户习惯每天清理甚至随时清理。

在日常生活中，厨余垃圾通常就是独立投放的，不需要给住户增加额外分类的难度。厨余垃圾和其他废弃物混杂，会污染其他可回收物，如果没有厨余，可以更多地由物业承担二次分拣，这是可以尝试规模化、提高效率的。有害垃圾的量很少，其实并不需要设太多的有害垃圾桶，只需在小区出入口处放一个回收桶，然后告诉居民送过去就行。

不但分类要从“四分法”退回“两分法”，万科还计划减少垃圾桶的配置数量。广州金色家园，300户的规模配置了350个垃圾桶。北京万科星园是一个有2122户业主的社区，一天产生的垃圾多达3吨。当初为了方便业主，每个楼层都摆放了4个垃圾桶。在一项针对“撤销楼层垃圾桶”的调查中，大部分业主投了反对票，这个具有十多年历史的小区，业主们已经形成了开门就能扔垃圾的习惯。这意味着社区6个负责垃圾分类处理的人中，其中5个得全天负责垃圾清运，

◆ 星园社区垃圾分类去向图

只有1个人能专职进行分类处理。就因为每一层都配垃圾桶，不能产生异味，万科的垃圾清运频次高，每次清运时桶里都只有不到一半，其实效率很低。更少的桶，也意味着在复制推广万科社区经验时，并不需要其他社区追加太多的硬件投入。

要实现更高的垃圾减量，要做减法，也要做加法。

在入户调查中，万科发现住户挺在意后端处理时是否能分类处理。如果住户在家中分类妥当，而由于缺乏分类处理体系，垃圾到了中转站或终端又被“一锅烩”，那么住户自然难以产生分类的积极性，而这些信息往往是缺失的，无法反馈给参与垃圾分类的住户。

万科意识到，在推动住户做垃圾分类时，应该让大家受到视觉上的冲击，看看如山的垃圾填埋场，看看自己门口垃圾楼里堆积的小垃圾山。如果不了解垃圾处理的流程和末端的压力，居民对于垃圾的认识只是局限在自己可以每天毫无约束地将自己产生的垃圾通通丢到垃圾桶里。至于为什么每天丢垃圾时，可以随时丢到垃圾桶里，这些垃圾桶里的垃圾去了哪里，绝大部分居民根本就不知晓。只有让他们知晓垃圾的走向，经历了哪些环节，如何处理，垃圾后端处理的压力和代价，像填埋、焚烧等带来的环境污染代价，居民才能够更加积极地响应垃圾分类。同时要让人们了解这样的环境代价最终会由自己承受。

万科资助第三方进行独立的垃圾走向调研，向业主呈现了两种真实发生的、垃圾在城市中流动的路线：前端不分类的垃圾，会进入填埋、焚烧，污染地下水和空气；前端分类的垃圾，在分门别类地进行回收、处理、再生之后，需要进行填埋或焚烧的量降低为30%，甚至更低。调研过程也被拍摄剪辑为影片。

在北京西山庭院小区的再生资源回收区，社区里的所有垃圾由谁来分类处理，运输去向是哪里都标示得一清二楚。例如，可回收物，由开源技贸回收总公司运输，去向是韩家川回收中心；厨余垃圾由西山庭院物业管理公司运输，去向是西山庭院厨余处理站，最终成为小区的花肥；其他垃圾则由海淀环卫中心运输，去向则是六里屯填埋场。同样的方式，在北京星园、在深圳万科城都得到了推广。

另一个增加的动作，是主动对接，加强对低附加值废弃物的再生利用。

随着市场经济的发展，供销社管理的废品回收系统在20世纪80年代末基本终结。取而代之的是以个人运作、市场为导向的废品回收系统。而这样的一个系统往往是按照废品再利用的商品价值和价格波动来收购废品。一些价格低又不容易成规模收集的废品，像塑料包装、塑料袋和利乐包等，还有就是占用空间较大，不好运输的垃圾等，拾荒人和收废品的人都不愿意收购。

在北京西山庭院，塑料瓶、报纸等高附加值的废弃物，由一家叫开源技贸的回收公司每年交纳一定的管理费，驻扎在小区里回收。而一次性塑料袋、利乐包等低附加值的废弃物，则由利乐所支持的联合鼎盛再生资源回收公司回收并再生为新的资源。

万科和利乐，已经在北京、杭州等多个社区开展合作，按照利乐公司和万科公益基金会的规划，未来三年内试点项目将覆盖北京、上海、广州、深圳、杭州及成都等六城市的十二个万科社区。双方将从垃圾管理全流程的完整架构着眼，共同为试点社区制定全套升级方案，连接和改进家庭分类、社区分类、专业分拣、收储运输、末端处置等各个环节，并因地制宜优化操作流程，推动业主科学参与，提高社区垃圾清运效率，切实促进垃圾资源化利用和实现显著的垃圾减量效果。

一番“减法”“加法”做完，万科试点社区的垃圾减量效果提升得更为明显，加上部分试点社区所配置的厨余处理设备，出现了一批垃圾减量超过50%的社区。

第三波：探索与带动

今天，万科物业已经开始提前介入到地产开发设计环节，根据社区的开发情况出具详细建议——垃圾桶该怎么配置，厨余垃圾处理设备的容量应该如何与户数相匹配，哪些植物在后期维护中节水省人工等，都会包含在这份报告中。物业服务的动作前置，后续实际运营中的管理成本会更低。

在广州，万科金色家园成为广州市仅有的两个“垃圾按袋计量收费”模式试点之一。小区住户获派发厨余垃圾专袋，专袋上都有专属编号对应居民住户，根据编号能追溯垃圾的扔放源头。万科与科技机构开发了垃圾专袋条形码手持扫描终端，只要对准垃圾袋上的条形码扫描，屏幕上就立即弹出该垃圾袋的相关分类信息，如所属房号、分类类别以及供选择“分类正确、分类不正确和部分分类正确”等选项。通过使用iData 80数据采集终端，可以快速有效地对待处理的垃圾袋信息进行采集和分类，不仅提高了工作效率，而且节约了人力成本。以前大堂助理要花一个半到两个小时才能完成检查登记工作，现在只需要一个小时。

北京万科红狮家园是北京第一家实施垃圾分类的保障房社区，正在探索更低运行费用下的垃圾分类工作方式。

在几乎所有开展垃圾分类的万科试点小区，都出现了垃圾整体投放量减少的趋势。在全部万科的试点小区，每天有专人用秤去称垃圾的分量，厨余垃圾多少、可回收垃圾多少、其他垃圾多少。北京西山庭院，过去每天处理垃圾1.5吨，现在每天垃圾量不到1吨，有时只有0.7吨。而且比重也发生了变化，早期20%~30%为厨余垃圾，10%为可回收物，其他垃圾为60%。随着业主对垃圾分类的熟悉，其他垃圾占比逐渐下降，占50%，厨余垃圾占比为30%，可回收物提升到了20%。广州蓝山，小区外排垃圾量由分类前的月均3.1吨降至目前的每月1.2吨，据小区的“便民资源回收屋”统计，每月进入可回收范围的废弃物从8 187斤上升到12 466斤，这说明居民懂得分类和变卖废物了，不会像以前一样一股脑儿扔掉。随着业主垃圾分类意识的增强，废旧物品清理出来的量也在增加，小区垃圾量则不断减少。

三口之家进行垃圾分类，每年至少可以回收150公斤的再生资源，可以减少排放二氧化碳910.16千克。参照万科社区的垃圾减量水平，如果在北京、上海、深圳、广州4个城市全面推广，预计每年减少垃圾可超过1 500万吨；如果在万科所进入的33个城市均推行垃圾分类和回收，预计每年将减少超过7 000万吨垃圾。而这正是万科董事会主席王石，当年在万科发起垃圾分类项目的初衷和目的。

万通公益基金会

开创中国模式生态社区，践行低碳城市生态文明

2013年，在亚布力中国企业家论坛第十三届年会上，万通控股董事长冯仑再一次阐述了万通系的公益理想。他表示，一个好企业要在企业与社会、利益相关者之间保持良好的互动和平衡关系。除了要照顾到股东的利益，还要施惠于周边所有相关的人。只有这样，才能保持企业持久、均衡地增长。

理想背后是点滴行动。近年来，公益基金、低碳产品、生态社区、志愿者服务等项目，逐渐串联起万通地产的绿色公司经营之道，成为万通地产履行公益责任方面的关键词。

其中，万通公益基金会无疑是万通实现“绿色公司战略”一个最重要的平台。

2008年4月16日，承载着承担和履行企业社会责任使命的北京万通公益基金会成立。它与公司的绿色战略降生在同一年，以推动环境保护、节能减排，促进人与自然和谐相处为宗旨。作为资金提供方，上市公司万通地产每年会拿出利润的0.5%，万通系非上市公司则拿出利润的1%，捐赠给基金会。仅在2011年，万通地产就捐赠200多万元给万通公益基金会，而这一年基金会用于公益项目的投入就高达780多万元。

作为一家将生态社区建设作为主要业务领域的公益机构，从2009年起，万通公益基金会就积极地和地方合作伙伴一起致力于城市生态社区的建设，旨在通过开展生态意识提升、践行生态技术和开展参与式社区生态治理来提高社区的生态服务功能，打造城市生态社区。

党的《十八大报告》提出“五位一体”——把生态文明建设放在突出地位，融入经济建设、政治建设、文化建设、社会建设各方面和全过程之后，保护生态环境，

促进人与人、人与自然的和谐相处等问题越来越受到关注。社区，作为城市的基本细胞，日益成为社会建设的着力点和支撑点。作为为人服务的建筑，如何才能最大限度地发挥其生态功能服务于人的生活，在很大程度上依赖于人们日常的生态生活方式。健康的生态生活方式，不仅可以提高小区建筑的生态服务功能，更能直接地给人们带来健康的生活环境。而万通公益基金会通过资助民间组织的方式与社区居民一起共同建立了生态的生活环境，并且协助居民长远地建立起生态社区管理的机制。

“今后我们会更多地倡导人与建筑、人与自然的互动，通过改变人的行为去改变他的认知，让人们意识到自己可以与所居住的小区形成互动，自己的行为可以带来健康的生态生活方式，达到和自然的和谐。”基金会秘书长李劲一番描述，让我们顿时感觉到眼前满是绿色，生机勃勃。

“像基金会一样做基金会”

虽然身为一家企业基金会，但多年来，李劲一直在不同场合强调基金会的“独立性”。在2010年基金会与合作伙伴交流会的现场，有合作的民间公益组织质疑万通公益基金会因为要受“企业需求的影响”而不能很好顾及合作伙伴的感受。李劲回答：“我们没有承受来自企业的压力，独立是万通公益基金会的原则。”

“独立、专业、公益”，作为万通公益基金会的机构原则，被明确写进基金会的介绍手册当中。值得一提的是，基金会这种独立的姿态，也逐渐得到了合作伙伴的认同。一个非常具有说服力的例子是，相比两年前那场“激烈交锋”，当2012年万通公益基金会与十数家项目合作伙伴进行交流研讨会时，交流的双方格外友好亲切。显然，经过两年的磨合沟通，这家由企业发起成立的基金会已经与民间公益组织实现了真正的友好互动和携手进步。

李劲毕业于哈佛大学肯尼迪政府学院，曾在国际计划组织中国总部担任项目总监，并曾在联合国开发计划署中国代表处任高级项目官员，他称自己非常推崇美国基金会的运作方式，即以资助民间组织而非自我操作的方式去运作。而在这一点上，当他首次与冯仑面谈，就已达成共识。

“公益基金会是推动社会进步的引擎，因此它不需要像车轮一样去运转，而是应该带动更多的社会力量去发挥更大的作用。”因此，虽然自我操作的方式能够获得更大的社会效应，但万通公益基金会依然自成立之日起就一直坚持资助型基金会的道路，努力在项目资助、项目管理、合作伙伴关系模式和政策倡导方面进行深入的思考和探索。

但要达到多方的平衡显然不是一件易事。除了上面提到的曾遭遇合作伙伴的质疑之外，来自万通企业内部的质疑也曾让李劲备受压力。“我们的业务和公司没有交集，公司管理层也会觉得，公益基金会对公司的品牌传播、业务开拓没有帮助，那公司为何要在上面做出投入？”而坚持资助型的运作方式，也会面临更多的风险。如果合作伙伴执行不力，就会让项目的实施受阻，甚至让前期的投入“打了水漂”。

面对这些，李劲说，唯一的解决办法就是两个字——“专业”，用最专业的人，做最专业的事。而当万通公益基金会在公益圈内逐渐树立起自己的口碑和地位时，他发现，基金会的运作也更多地得到了公司高层和员工的认可。

生态社区项目模式

经过近5年在社区的探索与实践，万通公益基金会形成了自己较为成熟的生态社区推广模式。其理解的生态社区就是在建设、管理和发展过程中，贯彻生态理念和生态价值观，运用社区适宜的生态技术。而国家政策倡导的“资源节约型，环境友好型”就是对生态社区的最好诠释。

目前，万通公益基金会已经在北京、天津、成都、杭州、台湾等地的50余个社区资助开展生态社区项目。通过支持民间组织在社区组织居民开展社区垃圾综合管理、

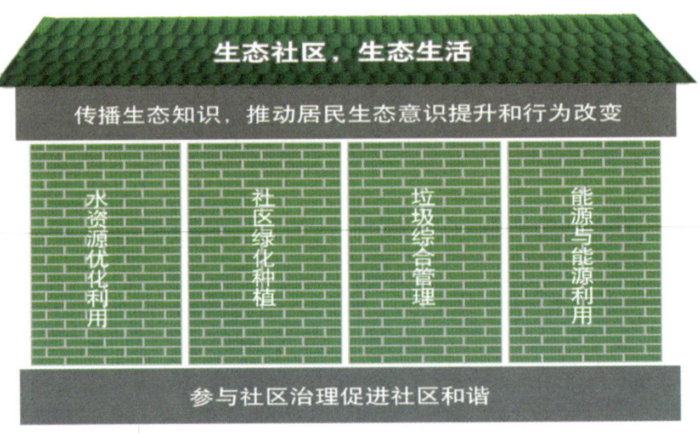

水资源优化利用、绿化和种植、节能与可再生资源利用等方面的项目，在社区开展可再生资源回收、厨余垃圾有机化处理等活动，鼓励居民通过雨水收集设备收集雨水，用于洗车机、社区绿化浇灌，倡导社区居民开展社区家庭阳台和庭院的果蔬种植等一系列活动，来提高社区的生态服务功能。

生态社区项目范本

成都望江嘉苑生态社区项目是万通公益基金会资助的一个项目。

望江嘉苑社区位于成都市锦江区，是城市较典型的物业管理小区。2001年建成，总户数为999户，常住人口大约为3 000人左右。居民多为中青年社会中坚力量，经济收入和受教育程度相对较高，是资源和物品主要消费群体。

该项目通过整合成都市环保局、成都市城市管理局、锦江区政府、河滨社区、望江嘉苑小区业主委员会、物业管理公司、专业技术人员和志愿者等多种资源，通过NGO（成都根与芽）深入社区工作，推动公众参与生态社区的策划、管理和监督。

通过动员和组织社区居民，当地NGO在社区组织成立了志愿者小组。在生态技术应用方面，项目以社区有机种植为切入点，组织居民学习有机农业的专业知识，激发居民对农耕种植的乐趣，并支持居民在社区公共区域开发管理公共菜圃，种植有机蔬菜，改善社区生态环境的同时，倡导绿色健康的生活方式。

望江嘉苑项目还创新地将水资源优化利用、绿化和种植、废弃物管理生态技术结合使用，有效地提升了社区生态服务功能。合作伙伴与社区居民共同设计了雨水收集池，形成了水车灌溉景观，用雨水灌溉公共菜圃，用厨余垃圾堆肥来实现菜圃的有机肥种植，公共菜圃及家庭有机种植长势喜人。

目前，望江嘉苑社区已通过锦江区及成都市“生态社区”的创建申报，并申请通过了四川省“生态社区”。

而北京民安生态社区项目则是另一个较为典型的案例。

民安社区位于北京市东城区北新桥街道的二环以内城区，东邻东二环，南边是东内大街，西邻公园绿地，北边是北二环。占地0.4平方公里，有住户3 400户左右，居民数8 000人左右。民安是回迁社区，内有单位房，也有商品房，居民身份多样，收入水平差异较大。社区内有一养老院和一个城市公园，是北京市文明先进社区之一。

◆ 居民阳台种植

◆ 立体绿化

经过和NGO合作伙伴的合作，民安社区已经形成了自己的环保小组。这些环保小组不仅能自主地定期开展活动，还能动员其他社区居民参与到活动中来。在经过多次暴雨侵袭的北京，社区雨水收集再利用措施刻不容缓。而早在2010年，万通公益基金会资助的民安社区项目就引入了雨水收集技术，安装了单位容积为2吨的雨水收集桶16套，收集雨水640吨，用于居民洗车、社区绿地灌溉等，收集的雨水利用率达75%~90%。社区志愿者组织不仅能很好地利用这些雨水进行绿地养护和洗车，还广泛地进行节水宣传。

同时，万通公益基金会一直致力于关注社区垃圾处理议题，提倡可再生资源回收、垃圾资源化处理。2012年民安社区“绿厨小屋”正式揭牌投入使用。“绿厨小屋”是基金会资助民安社区安装的厨余垃圾处理机，实现了社区厨余垃圾就地化处理，减少垃圾运输带来的碳排放和二次污染。同时，处理机通过高速发酵的方式将厨余垃圾变为有机肥料，回馈社区居民用于花草、果蔬种植，推动长期可持续的生态社区建设，逐步打造居民绿色生活方式。

除运用生态技术外，民安社区成立的110余人的专业志愿者驿站，累计志愿服务超过2200小时，形成了社区生态环境改善的可持续管理。通过志愿者活动，增强居民的社区自治及参与意识，促进生态知识传播工作，对于改善居民生活方式具有一定的推动作用。

基金会民安社区项目不仅得到了北京市和东城区发改委、区政府的认可和支持，还吸引了中欧低碳城市项目将民安社区纳入其项目的试点社区，并将在未来三年继续支持社区生态技术，使社区生态成果得到可持续保障和发展。

行动的力量

在接受我们采访时，李劲不止一次地表示，万通公益基金会希望通过资助生态社区项目，让人们意识到，行为的改变，可以为自己创造美好的生活环境，带来更好更健康的生活方式，而这样的行为改变是能得到支持的，从而就会在更大程度上影响到人们的意识，内化为自我的要求。

而从他自身的经历出发，这份工作也改变了他的生活方式。一个不为人知的细节是，当他刚刚加入万通公益基金会的时候，家里买了一辆大排量的汽车，但是，开了一段时间以后，他意识到，自己从事这样的工作不适合开大排量的汽车，于是把车卖掉了，买了一辆1.6L的汽车。“现在开起来也觉得很舒服。”而无论是在办公室还是在家里，他都会要求进行垃圾分类，并且将厨余垃圾进行发酵堆肥。

而就在我们采访之前，一位同行拜访了李劲。当这位同行归还喝水的杯子时，李劲说的是：“请您喝完最后一口水。”这样点点滴滴的细节，已经成为万通公益基金会工作人员中不成文的规定。而这，就是行动对意识的影响吧。

“未来，基金会还将继续立足生态社区，发展对生态社区建设有共识的机构，筹措更多资金和资源，拓展项目规模，力图将项目取得的经验和成果与国家和地方政府规划相结合，使其纳入相关部门行动方案，使项目模式在更多社区和更广泛的区域发挥作用。”但是，显然，无论是绿色建筑在房地产行业的深入开展，还是推广生态社区的建设，万通公益基金会面临的都不是坦途。

然而，李劲的态度却很坚定：“我们依然会继续在城市生态建设这个领域走下去，与更多的合作伙伴一起，共建‘美丽中国’！我们还没有很多同行者，但相信同行者会越来越多！”

复地集团参与发起“中国古村落保护”公益活动

尊重乡村 理解乡村 欣赏乡村

“复地集团采购地扪村特产，充分显示出企业对乡村价值的认同。感谢复地集团能在古村落保护活动中考虑得如此周到。”在上海黄浦江边复星商务大厦7楼的会议室里，从贵州省黎平县远道而来的地扪侗族人文生态博物馆馆长任和昕激动地说：“慈善和公益绝不是喊口号，更不应该为了扩大活动影响力而娱乐化，只有理解和尊重，才能真正地把‘善’传导到全社会。”

企业、媒体、协会共同参与

复地集团参与发起“中国古村落保护”公益活动，至今已一年有余。

2011年6月16日，同样是在复星商务大厦，复地集团与同济大学规划院等一起襄助中国古村落保护与发展专业委员会，举办了第三届“中国景观村落”评选活动启动的新闻发布会，原国土资源部副部长陈洲其出席，包括新华社在内的众多媒体参与。

两个月后的8月21日，成都复地公司发起并主办了“首届四川最美古村落评选”活动，四川省200多个村落报名，经过一系列探访、投票、评比，最终40个村落获奖。华西都市报等媒体投入大量资源，对该活动连续深入报道。复地集团更派出集团内热心公益事业的同事，参与了景观村落评选的踏勘活动。这一系列举措，使得古村落保护成为媒体、企业和协会共同关注的大型民间活动。

2011年9月6日，新华社发布报道，温家宝总理同国务院参事冯骥才共同对话古村落保护问题。温总理说：“古村落的保护，实际上我们把它扩大来看，就是工业化、城镇化过程中对于物质遗产、非物质遗产以及文化传统的保护。”国家、政府对古村落保护的重视程度，由此可见一斑。

采购特产助村民安居乐业

2012年3月24日至27日，复地集团20余位高管从贵阳出发，一路翻山越岭，考察了肇兴、堂安、地扪等地的侗族山寨村落和雷山西江的苗族山寨村落。

考察期间，复地集团高管团队到了地扪。地扪是一个坐落于黔东南州群山环绕的侗族山寨，由于尚未受到外来文化的影响，因此村落还较为全面地保持着传统的建筑形态、社区风格和农耕文化。同时，由于对村落保护的热爱，当地有志愿者建造了一所地扪侗族人文生态博物馆，以记录者的视角，记录古村落的变迁，以及留存制茶、织布等传统手工艺。任和昕馆长和复地集团高管们围炉夜话，畅谈古村落保护的方方面面，双方深感理念相契。

在考察期间，考察团队还领略了当地侗、苗两族古村落的规划布局、建筑特色和人文内涵，对生态村落和旅游开发两种古村落保护发展模式有了直接的了解。同时，也对古村落保护提出了包括如何完善村落垃圾搜集和处理机制、如何保护当地水环境等建议。

考察团成员之一、复地集团副总裁蒋朝光在考察笔记中写道：“地扪侗族古村落的保护方式特别值得推广，这种保护不是把人员请进去，而是把文化和产品送出来，从而使得原始文化建筑能够以最为生态的方式长久存在。这样的做法可能短期内没有经济效益，但从长远来看，是最理想的保护方式。”

考察结束后不久，复地集团开始采购地扪村出产的红米、红茶、银绣工艺品等特产，作为商务活动中相互馈赠的纪念品。复地集团认为，保护古村落不仅是对当地建筑的保护，更重要的是保护当地的生活方式，希望通过对地扪特产进行批量采购，帮助村民安居乐业，只要村民愿意留在村落中，则古村落的建筑自然有人维护、古村落的文化自然有人延续。同时，这些出自古村落的特产天然纯净，也正符合复地集团既关注商业生态，又关注自然生态的理念。

任和昕馆长非常认同复地集团采购地扪特产的做法，他表示：“复地集团采购地扪村特产，充分显示出企业对乡村价值的认同。只有理解和尊重，才能真正地把

‘善’传导到全社会。”

保护古村落任重道远

2012年5月12日，由中国国土经济学会主办、复地集团和上海同济城市规划设计研究院联合协办的“第三届中国景观村落授牌颁证大会”在北京钓鱼台国宾馆举行。来自云南、贵州、浙江、四川、江西和山西等6个省的10个村落获评“第三届中国景观村落”，全国政协人口资源环境委员会副主任江泽慧、国务院参事刘燕华等为获奖的景观村落授牌颁证。

复地集团品牌和企业文化部总经理任胄代表复地集团在会上表示：“古村落的选址布局、人文生态，对今天的城乡规划和建设很有借鉴意义。在复地集团组织的对贵

◆ 贵州地扪村红米田

◆ 贵州地扪村手工纸

◆ 贵州地扪村蜡染

◆ 贵州地扪手工茶

州侗族生态博物馆的代表——地扪村的考察中，大家各有深切感受，这正是古村落多元性、多样性的魅力使然。保护古村落非常符合复地集团的企业价值观，我们还将做的更多。”

6月9日晚，中央电视台播出了《中国记忆——中国文化遗产日》特别节目，以大量篇幅介绍了大量中国古村落面临消逝的现状和古村落保护工作的开展情况。片中，中国古村落保护与发展专业委员会秘书长张安蒙带领摄制组，探访了烟台养马岛孙家疃孙氏祖宅等几处面临消逝危机的古村落，并就这些村落的文化和历史价值进行了逐一解读。张安蒙秘书长表示，正是由于有复地集团这样积极履行社会责任的“企业公民”的大力支持，中国古村落保护活动才得以开展并不断发展壮大。

助中华文化血脉生生不息

保护古村落本身就是一种对文化、环境、建筑和生活方式的全面保护。通过参与

◆ 保持原貌的古村落

实践，复地集团发现，如今分布在全国各地的很多古村落都已人烟稀少，如果没有主动保护的意识和资源，这些承载着中华文化血脉的古村落很快就会湮没在城市化以及人口快速流动的大潮之中。

复地集团认为，在保护古村落的公益过程中，绝不能简单地将古村落视为施舍的对象，只有带着尊重、理解和欣赏的态度，才能真正延续古村落的生命。在漫长的中华民族历史上，村落及乡土文化，滋养着中华民族的文化血脉，也支撑着中华民族在面对一个一个困难的时候，能勇敢坚强地度过。在新的时代里，认同根基的乡土文化，并从中获得城市化进程中的社会信仰价值，意义非凡。复地集团批量采购地扪特产，帮助当地村民安居乐业，使房屋恢复其原有的居住功能，使村落重新焕发生机，延续其文化载体功能，也是在促使中华民族的文化血脉能源远流长。

中城联盟绿色联合采购征程

这是一条并不好走的路，其间泥泞异常、磨擦不断、状况频出。然而，就是这样一条路，中城联盟联合采购一事在坚持了十多年之后，终于有了切实的回应与成果。

2011年9月15日，中城联盟在西安召开了“首次战略供应商签约大会”，50余位中城联盟成员企业董事长参加了与13家供应商的集中签约仪式，签约额为2.2亿元，平均采购价格比独家采购成本降低约5%至10%，直接受益成本1000多万元。

实际上，1999年中城联盟在成立之初，就计划推动联合采购一事，并设置了中城联盟建材联合采购网站。在中城联盟看来，实施联合采购不仅有助于企业快速扩张、降低成本、保证品质、实现规模效益，还能提高企业在跨区域发展中的竞争力。这样的采购模式也备受工业界及经济学界推崇。

事与愿违，受制于各房地产企业信任机制、采购流程、供应商管理、招投标等采购模式的差异，中城联盟联合采购一事一直未能实行。

然而，经过10多年的磨合、推动，联合采购终于在2011年成功实行。此后，中城联盟又推动了第二次联合采购、第三次联合采购……截至目前，中城联盟61家企业中已有24家参与到了联合采购中，第一、二次联合采购共为盟员企业节省资金5700万元。第三次联合采购正在推进中，计划采购额达7.5亿元。

十年联合采购路

1999年，中城联盟成立。

这一联盟是由房地产行业内颇具影响力的多家企业联合发起的、全国各主要城市的品牌开发商以平等互利为原则组成的行业策略联盟。万科集团、万通地产、建业地产等均是联盟内企业。宗旨是通过成员之间“信息共享、联合培训、联合采购、联合融投资”等合作形式，“成为先进人居理念的实践者，倡导企业的社会公民责任，提出以客户需求为导向的发展战略，打造宜居的绿色环保生态社区”。

在四种合作形式中，联合采购一直是中城联盟力推的重点，也是推动的难点。

为了配合联合采购事宜，2000年12月1日，中城联盟的建材联合采购指定网站就正式启用，旨在为多家房地产开发企业提供建材采购服务。几乎同时，万科集团也在自己的网站上设置了类似于中城联盟的采购平台，希望业内同行也可借助这一平台共同采购。

然而，从2000年至2011年，应者寥寥，联合采购一直未能实行。尽管多数房地产开发企业承认，联合采购是一件好事，但落实到执行层面，问题颇多。

首先，由于缺乏一个各方信任、立场中立的执行机构为联合采购的企业搭建平台，各个企业间信息不对称，建筑部品的需求无法有效整合，无法形成联合采购；其次是产品标准不统一，由于各开发企业的产品类型、档次、销售对象及开工时间有所不同，也无法形成联合采购。“一个企业各个项目间联合采购都有困难，更别说不同企业间的联合采购了。”房地产业某知名企业采购负责人表示。

此外，各个开发企业的采购流程、供应商管理、招投标等采购模式的差异也是制约因素。更重要的是，稳固的原材料采购渠道和供应商体系没有建成，要把这些整合起来，需要协调各方利益。

出于上述原因，中城联盟历史上几次启动联合采购均以失败而告终。

2011年年初，在中城联盟例行董事长战略研讨会上，联合采购一事再一次被提出。这一次，万通地产董事局主席冯仑、朗诗集团董事长田明等与会者一致赞同，并确定先形成核心小组，再逐步推动。至此，新一轮的联合采购开始上路。

此次联合采购有九家联盟企业参与，分别是朗诗集团、万通地产、旭辉地产、云南俊发、河南建业、新地集团等，在朗诗集团任联合采购主任委员单位的构架下组成了联合采购工作小组。在采购原则上，采取了相关产品由一家企业全权负责，其他企业按照项目需求、进度上报采购数量的操作模式。采购标准由各家企业共同制定。

首次联合采购，选择了电梯这一技术含量高、标准化较高的部品，此外还有卫浴、五金等部品。

2011年6月8日，万通地产、旭辉地产、云南俊发、朗诗集团、河南建业、新地集团、青岛天泰等七家房地产企业的采购负责人和电梯工程师聚于青岛，首次就联合采购电梯项目达成了一致意见。6月中旬，他们又赶往上海，与三菱、日立、通力等五家业内知名电梯企业进行了合作方面的沟通。

历时四个月的交流、谈判后，2011年9月15日，中城联盟在西安召开了盛大的“首次战略供应商签约大会”，50余位中城联盟成员企业董事长参加了与13家供应商的集中签约仪式，签约额为2.2亿元，平均采购价格比独家采购成本降低约5%~10%，直接受益成本1 000多万元。

此次联合采购的成功实行标志着中城联盟在联合采购的平台上迈出了实质性的一步，它不仅为联盟后续采购平台的搭建提供了更广阔的空间，也为联盟内企业实现真正意义上的全面、深入合作提供了良好的践行范本。

事情在一步一步地向好的方面发展。2012年4月27日，中城联盟在重庆举办了2012年中城联盟战略供应商签约大会，近150人参加了当天的签约大会，中城联盟秘书长戴大为主持，万通冯仑、华远任志强、新地漆洪波、郎诗田明等中城联盟17家参与联合采购的企业董事长悉数出席，与供应商签约并授牌。

这是中城联盟推动的第二次联合采购行动。此次联合采购自2012年1月启动，17家成员企业的28个项目参与，在95天的时间里，经过多轮、近500场的会议、谈判，最终从83家报名供应商中选择24家作为合作对象，采购品类包括电梯、地源热泵、可视对讲、厨电、洁具及五金、地板、墙地砖、空调主机等12项，签订了总金额5.6亿元的合约，为参与企业节省了共4 700万元采购成本。

2012年12月14日，西安，来自24家成员企业的52位采购负责人终于敲定了最后一些细节，宣布中城联盟第三批联合采购正式启动。确定的11个采购品类总采购金额预估将达到7.5亿元。其中，钢材、防水材料、管材等品类都是首次进行联采，计划于2013年4月签约。

联合采购小组已经将第三批联合采购的目标初步设定：一是采购额达到7.5亿元；二是邀请更多新成员加入，特别希望联盟内一些有行业代表性的公司加入；三是建立监督体系，形成完善的规则体系；四是走出去，将中城联盟联合采购的影响拓展到国际范围，进行国际合作的试点。

联合的力量

中城联盟秘书长戴大为将联合采购能够开花结果归结为三个原因，一个是成员企业间的相互信任，这是首要基础，各成员企业经过十几年的相处，彼此已经非常信任和坦诚；二是标准化，包括建筑部品的标准化、公司管理模式及采购流程的标准化；三是中城联盟的联合采购平台是完全公益的、非营利的。

对于战略供应商的选择标准，也设立得非常明晰：必须是行业内数一数二的品牌；必须有全国性的销售渠道与服务网络；20%的中城联盟成员单位在项目中使用过并给予过推荐的产品；绿色产品与节能产品优先采购。

这些标准和原则从多个方面尽可能地保证了联盟企业的权益与利益。

“参加联合采购的企业是一定不会有损失的，但要实现联合，有些企业可能需要妥协，放弃一些机会。”朗诗集团采购负责人束健表示，也就是说联合起来的利益和每个公司自身的利益之间如何矛盾最小化。

这样的矛盾一定会出现。还好，本着推动联合采购、实现规模效益与质量保证的目标，联盟企业还是选择了更大的合作格局与发展格局，认为“付出越多，得到越多”。

事情也是朝着这个方向发展的。

以河建业集团为例，在第一次联合采购中参加了五个品类建材的采购，其中有四类产品它们通过集团采购已经形成了品质可控、规模效益，导致其在联合采购中的收益几乎为零。但在之前不擅长的空调主机采购方面，因参与联合采购却节省了大约15%的成本，收益较好。

节约成本仅仅是参与联合采购的企业获得的一个好处。联合采购的目的并非单纯省钱，开发商是产品集成者，所以联合的首要目的，是采购到更好的材料、部品和服务。“与常规采购模式不同，联合采购是根据合作协议，要求战略合作伙伴在设计环节就要及早参与设计选型，并从专业角度提出设计及选型建议，这样施工图纸完成时已经是经过合理优化的图纸了。因此联合采购除享受优惠的价格，节约直接采购成本外，还能在过程中享受到超值服务，减少无效成本的支出并获得间接收益。”华远地产股份有限公司副总经理许智来表示。

另外就是交流了采购经验，提高了企业的采购能力。大汉城建董事长傅胜龙曾在公司内部总结讲话中讲道，大汉城建参加联合采购最大的收获是锻炼了一支采购队伍。“此次大汉城建派出公司副总经理亲自带队深度参与了多个部品的联合采购，其他公司采购什么样的货品，采购文件是如何拟写的，标书是怎么发的……整个拿回公司去研究、学习，取长补短，很好地提高了公司采购工作的能力”。

还有很重要的一点是，因为中城联盟的绿色联合采购对建筑部品选择的标准之一就是绿色节能产品优先，这决定了联合采购的意义已不仅仅是帮助成员企业节约采购成本，更是从建筑的源头就将“绿色环保”放在首位。另外，因为联合采购的量大，很多部品都是厂家生产后直接运送到项目现场，这大大节约了建筑部品的在库、在途时间，节省人力、物力，实现低碳环保。

而能做到将尽可能多的品类纳入联合采购，一个关键点是各公司的董事长是否能够支持，并充分信任和授权；另一点是各公司的采购经理能否落实到实操层面。比如西安雅荷，在可视对讲联合采购上，因与其原来的采购模式区别较大，很多产品又是他们之前没用过的，而且，联合采购的价格比此前自己采购时价格便宜近20%，这时在企业内部就出现了争议，甚至被质疑是不是假货？最后徐淑萍董事长一锤定音：“这么多大公司都在用的产品，我们为什么不敢用？而且，价格便宜得这么多，这明显就是收益，只要联合采购有的品类，雅荷都参加。”

正如戴大为所言，成员企业间的相互信任、联合采购规则的执行以及联合采购小组的踏实工作，是中城联盟联合采购能成功完成两批的内在条件，其中，各董事长的支持是“原发动力”。

联合采购也需要各联盟企业以契约精神为准则，踏踏实实推进，才能走得更远。

此前，对于联合采购冯仑就打了一个极贴切的比方：联合采购可以是做包子，也可以是做汤圆。做包子是先做皮，皮还可以做得很大，但里面的馅儿能有多大就不一定了；做汤圆是先做馅儿，然后馅粘上面粉，越团越大，“我们当然要按汤圆的做法来做联合采购。踏踏实实，是做成联合采购最需要的态度”。

PART 7

国内外绿色建筑评价标准

中国绿色建筑评价标准

一、编制背景

在建筑的建造和使用过程中，需要消耗大量的自然资源，同时增加环境负荷。据统计，人类从自然界所获得的50%以上的物质原料用来建造各类建筑及其附属设备。这些建筑在建造和使用过程中又消耗了全球能量的50%左右；与建筑有关的空气污染、光污染、电磁污染等占环境总体污染的34%；建筑垃圾占人类活动产生垃圾总量的40%。

绿色建筑是指在建筑的全寿命周期内，最大限度地节约资源（节能、节地、节水、节材）、保护环境和减少污染，为人们提供健康、适用和高效的使用空间，与自然和谐共生的建筑。

绿色建筑是将可持续发展理念引入建筑领域的结果，将成为未来建筑的主导趋势。目前，世界各国普遍都很重视绿色建筑的研究，许多国家和组织都在绿色建筑方面制定了相关政策和评价体系，有的已着手研究编制可持续建筑标准。由于世界各国经济发展水平、地理位置和人均资源等条件不同，对绿色建筑的研究与理解也存在差异。

我国政府从基本国情出发，从人与自然和谐发展，节约能源，有效利用资源和保护环境的角度，提出发展“节能省地型住宅和公共建筑”，主要内容是节能、节地、节水、节材与环境保护，注重以人为本，强调可持续发展。从这个意义上讲，节能省地型住宅和公共建筑与绿色建筑、可持续建筑提法不同，但内涵相通，具有某种一致性，是具有中国特色的绿色建筑和可持续建筑理念。

我国资源总量和人均资源量都严重不足，同时我国的消费增长速度惊人，在资源再生利用率上也远低于发达国家。我国各地区在气候、地理环境、自然资源、经济社会发展水平与民俗文化等方面都存在巨大差异。我国正处于工业化、城镇化加速发展时期。中国现有建筑总面积400多亿平方米，预计到2020年还将新增建筑面积约300亿平方米。在我国发展绿色建筑，是一项意义重大且十分迫切的任务。借鉴国际先进经验，建立一套适合我国国情的绿色建筑评价体系，反映建筑领域可持续发展理念，对积极引导大力发展绿色建筑，促进节能省地型住宅和公共建筑的发展，具有十分重要的意义。

在《国务院关于做好建设节约型社会近期重点工作的通知》（国发[2005]21号）及《建设部关于建设领域资源节约今明两年重点工作的安排意见》（建科[2005]98号）中均提出了完善资源节约标准的要求，并提出了编制《绿色建筑技术导则》《绿色建筑评价标准》等标准的具体要求。

二、编制原则

1. 借鉴国际先进经验，结合我国国情。
2. 重点突出“四节”与环保要求。
3. 体现过程控制。
4. 定量和定性相结合。
5. 系统性与灵活性相结合。

三、编制情况

根据建设部建标标函[2005]63号的要求，由中国建筑科学研究院、上海市建筑科学研究院会同中国城市规划设计研究院、清华大学、中国建筑工程总公司、中国建筑材料科学研究院、国家给水排水工程技术中心、深圳市建筑科学研究院、城市建设研究院等单位共同编制《绿色建筑评价标准》（以下简称《标准》）。

在编制过程中，编制组借鉴国外同类标准，进行了专题分析研究，召开了专家研讨会，开展了《标准》试评工作，经反复讨论、修改，形成了《标准》征求意见稿。

四、标准简介

《标准》用于评价住宅建筑和办公建筑、商场、宾馆等公共建筑。《标准》的评价指标体系包括以下六大指标：

1. 节地与室外环境；2. 节能与能源利用；3. 节水与水资源利用；4. 节材与材料资源利用;5. 室内环境质量；6. 运营管理（住宅建筑）、全生命周期综合性能（公共建筑）。

各大指标中的具体指标分为控制项、一般项和优选项三类。其中，控制项为评为绿色建筑的必备条款；优选项主要指实现难度较大、指标要求较高的项目。对同一对象，可根据需要和可能分别提出对应于控制项、一般项和优选项的指标要求。

绿色建筑的必备条件为全部满足《标准》第四章住宅建筑或第五章公共建筑中控制项要求。按满足一般项和优选项的程度，绿色建筑划分为三个等级。

对住宅建筑，原则上以住区为对象，也可以单栋住宅为对象进行评价。对公共建筑，以单体建筑为对象进行评价。对住宅建筑或公共建筑的评价，在其投入使用一年后进行。

1. 总则

1.1 为贯彻执行节约资源和保护环境的国家技术经济政策，推进可持续发展，规范绿色建筑的评价，制定本标准。

1.2 本标准用于评价住宅建筑和办公建筑、商场、宾馆等公共建筑。

1.3 绿色建筑的建设与评价应因地制宜，统筹考虑并正确处理建筑全寿命周期内，节能、节地、节水、节材、保护环境、满足建筑功能之间的辩证关系。

1.4 绿色建筑的建设与评价应符合国家的法律法规与相关的标准，实现经济效益、社会效益和环境效益的统一。

2. 术语

2.1 绿色建筑

在建筑的全寿命周期内，最大限度地节约资源（节能、节地、节水、节材）、保护环境和减少污染，为人们提供健康、适用和高效的使用空间，与自然和谐共生的建筑。

● 2.2 热岛强度

热岛效应是指一个地区（主要指城市内）的气温高于周边郊区的现象，可以用两个代表性测点的气温差值（城市中某地温度与郊区气象测点温度的差值）即热岛强度表示。本标准采用夏季典型日的室外热岛强度（居住区室外气温与郊区气温的差值，即8：00－18：00之间的气温差别平均值）作为评价指标。

● 2.3 可再生能源

指从自然界获取的、可以再生的非化石能源，包括风能、太阳能、水能、生物质能、地热能和海洋能等。

● 2.4 非传统水源

指不同于传统市政供水的水源，包括再生水、雨水和海水。

● 2.5 可再利用材料

指在不改变所回收物质形态的前提下进行材料的直接再利用，或经过再组合、再修复后再利用的材料。

● 2.6 可再循环材料

指已经无法进行再利用的产品通过改变其物质形态，生产成为另一种材料，使其加入物质的多次循环利用过程中的材料。

3. 基本规定

● 3.1 基本要求

3.1.1 本标准着重评价与绿色建筑性能有关的内容，实施本标准时，尚应符合经国家批准或备案的有关标准。

3.1.2 应以节约和适用的原则确定建筑标准。

3.1.3 绿色建筑的建设应对规划设计、施工与竣工阶段进行过程控制。

3.1.4 绿色建筑建设应选用质量合格并符合使用要求的材料和产品，严禁使用国家或地方管理部门禁止、限制和淘汰的材料和产品。

● 3.2 绿色建筑评价与等级划分

3.2.1 绿色建筑评价指标体系由节地与室外环境、节能与能源利用、节水与水资源利用、节材与材料资源利用、室内环境质量和运营管理（住宅建筑）或全生命周期综合性能（公共建筑）六类指标组成。每类指标包括控制项、一般项与优选项。

3.2.2 绿色建筑的评价原则上以住区或公共建筑为对象，也可以单栋住宅为对象进行评价。评价单栋住宅时，凡涉及室外环境的指标，以该栋住宅所处住区环境的评价结果为准。

3.2.3 对新建、扩建与改建的住宅建筑或公共建筑的评价，在其投入使用一年后进行。

3.2.4 绿色建筑评价的必备条件应为全部满足本标准第四章住宅建筑或第五章公共建筑中控制项要求。按满足一般项和优选项的程度，绿色建筑划分为三个等级，等级按表3.2.4-1、表3.2.4-2确定。

3.2.5　本标准中定性条款的评价结论为通过或不通过；对有多项要求的条款，各项要求均满足要求时方能评为通过。定量条款的要求由具有资质的第三方机构认定。

表3.2.4-1　划分绿色建筑等级的项数要求（住宅建筑）

等级	一般项数（共40项）						优选项数（共6项）
	节地与室外环境（共9项）	节地与能源利用（共5项）	节水与水资源利用（共7项）	节材与材料资源利用（共6项）	室内环境质量（共5项）	运营管理（共8项）	
★	4	2	3	3	2	5	——
★★	6	3	4	4	3	6	2
★★★	7	4	6	5	4	7	4

注：根据住宅建筑所在地区、气候与建筑类型等特点，符合条件的一般项数可能会减少，表中对一般项数的要求可按比例调整。

4. 住宅建筑

4.1 节地与室外环境

控制项

4.1.1 建筑场地选址无洪灾、泥石流及含氡土壤的威胁，建筑场地安全范围内无电磁辐射危害和火、爆、有毒物质等危险源。

4.1.2 住区建筑布局保证室内外的日照环境、采光和通风的要求，满足《城市居住区规划设计规范》GB 50180中有关住宅建筑日照标准的要求。

表3.2.4-2　划分绿色建筑等级的项数要求(公共建筑)

等级	一般项数（共43项）						优选项数（共21项）
	节地与室外环境（共8项）	节地与能源利用（共10项）	节水与水资源利用（共6项）	节材与材料资源利用（共5项）	室内环境质量（共7项）	全生命周期综合性能（共7项）	
★	3	5	2	2	2	3	——
★★	5	6	3	3	4	4	6
★★★	7	8	4	4	6	6	13

注：根据建筑所在地区、气候与建筑类型等特点，符合条件的项数可能会减少，表中对一般项数和优选项数的要求可按比例调整。

4.1.3 绿化种植适应当地气候和土壤条件的乡土植物，选用少维护、耐候性强、病虫害少，对人体无害的植物。

4.1.4 住区的绿地率不低于30%，人均公共绿地面积1～2平方米/人。

一般项

4.1.5 选用已开发且具城市改造潜力的用地或在废弃场地上进行建设；若为已被污染的废弃地，需要对污染土地进行处理并达到有关标准。

4.1.6 住区公共服务设施按规划配建，采用综合建筑并与周边地区共享。

4.1.7 住区内部及附近无污染散发源。

4.1.8 住区环境噪声符合《城市区域环境噪声标准》GB3096的规定。

4.1.9 住区室外日平均热岛强度不高于1.5℃。

4.1.10 住区风环境有利于冬季行走舒适及过渡季、夏季的自然通风。

4.1.11 根据当地的气候条件和植物自然分布特点，栽植多种类型植物，乔、灌、草结合构成多层次的植物群落，乔木量≥3株/100m^{2}绿地面积。

4.1.12 选址和住区出入口的设置方便居民充分利用公共交通网络，到达公共交通站点的步行距离不超过500m。

4.1.13 住区非机动车道路、地面停车场和其他硬质铺地采用透水地面，并利用园林绿化提供遮荫。场地透水指标符合以下规定：

透水率>0.5×（1-建筑覆盖率）

透水率：开发后基地透水面积÷基地总面积

优选项

4.1.14 开发利用地下空间，如利用地下空间作公共活动场所、停车库或储藏室等用途。

4.2 节能与能源利用

控制项

4.2.1 住宅围护结构热工性能指标符合国家和地方居住建筑节能标准的规定。

4.2.2 当设计采用集中空调（含户式中央空调）系统时，所选用的冷水机组或单元式空调机组的性能系数(能效比)应符合国家标准《公共建筑节能设计标准》GB 50189中的有关规定值。

4.2.3 设置集中采暖和（或）集中空调系统的住宅，采取室温调节和热量计量设施。

一般项

4.2.4 利用场地自然条件，合理设计建筑体形、朝向、楼距和窗墙面积比，采取有效的遮阳措施，充分利用自然通风和天然采光。

4.2.5 选用效率高的用能设备，如选用高效节能电梯。集中采暖系统热水循环水泵的耗电输热比，集中空调系统风机单位风量耗功率和冷热水输送能效比符合《公共建筑节能设计标准》GB 50189的规定。

4.2.6 当设计采用集中空调（含户式中央空调）系统时，所选用的冷水机组或单元式空调机组的性能系数(能效比)比国家标准《公共建筑节能设计标准》GB 50189中的有关规定值高一个等级。

4.2.7公共场所和部位的照明采用高效光源和高效灯具，并采取其他节能控制措施，其照明功率密度符合《建筑照明设计标准》GB 50034的规定。在自然采光的区域设定时或光电控制的照明系统。

4.2.8 设置集中采暖和（或）集中空调系统的住宅，采用能量回收系统（装置）。

4.2.9 根据当地气候和自然资源条件，充分利用太阳能、地热能等可再生能源。可再生能源的使用占建筑总能耗的比例大于5%。

优选项

4.2.10 采暖和(或)空调能耗不高于国家和地方建筑节能标准规定值的80%。

4.2.11 可再生能源的使用占建筑总能耗的比例大于10%。

4.3 节水与水资源利用

控制项

4.3.1 在方案、规划阶段制定水系统规划方案，统筹考虑传统与非传统水源的利用。

4.3.2 设置完善的供水系统，水质达到国家或行业规定的标准，且水压稳定、可靠。

4.3.3 设置完善的排水系统，采用建筑自身优质杂排水、杂排水作为再生水源，实施分质排水。

4.3.4 用水分户、分用途设置计量仪表，并采取有效措施避免管网漏损。

4.3.5 采用节水器具和设备，节水率不低于8%。

一般项

4.3.6 合理规划地表与屋面雨水径流途径，降低地表径流，采用多种渗透措施增加雨水渗透量。

4.3.7 绿化用水、景观用水等非饮用水采用非传统水源。

4.3.8 绿化灌溉采取微灌、渗灌、低压管灌等节水高效灌溉方式。

4.3.9 在缺水地区，优先利用附近集中再生水厂的再生水；附近没有集中再生水厂时，通过技术经济比较，合理选择其他再生水水源和处理技术。

4.3.10 在降雨量大的缺水地区，通过技术经济比较，合理确定雨水处理及利用方案。

4.3.11 使用非传统水源时，采取用水安全保障措施，且不对人体健康与周围环境产生不良影响。

4.3.12 采用非传统水源时，非传统水源利用率不小于10%。

优选项

4.3.13 非传统水源利用率不低于30%

4.4 节材与材料资源利用

控制项

4.4.1 室内装饰装修材料满足相应产品质量国家或行业标准；其中材料中有害物质含量满足《室内装饰装修材料有害物质限量》GB18580～18588和《建筑材料放射性核素限量》GB6566的要求。

4.4.2 采用集约化生产的建筑材料、构件和部品，减少现场加工。

一般项

4.4.3 建筑材料就地取材，至少20%(按价值计)的建筑材料产于距施工现场500公里范围内。

4.4.4 使用耐久性好的建筑材料，如高强度钢、高性能混凝土、高性能混凝土外加剂等。

4.4.5 将建筑施工、旧建筑拆除和场地清理时产生的固体废弃物中可循环利用、可再生利用的建筑材料分离回收和再利用。在保证安全和不污染环境的情况下，可再利用的材料(按价值计)占总建筑材料的5%；可再循环材料(按价值计)占所用总建筑材料的10%。

4.4.6 在保证性能的前提下，优先使用工业或生活废弃物生产的建筑材料。

4.4.7 使用可改善室内空气质量的功能性装饰装修材料。

4.4.8 结构施工与装修工程一次施工到位，避免重复装修与材料浪费。

优选项

4.4.9 采用高性能、低材耗、耐久性好的新型建筑结构体系。

4.5 室内环境质量

控制项

4.5.1 每套住宅至少有1个居住空间满足日照标准的要求。当有4个以上居住空间时，至少有2个居住空间满足日照标准的要求。

4.5.2 卧室、起居室（厅）、厨房设置外窗，窗地面积比不小于1/7。当一套住宅设有1个以上卫生间时，至少有1个卫生间设有外窗。

4.5.3 对建筑围护结构采取有效的隔声、减噪措施，卧室、起居室的允许噪声级在关窗状态下白天不大于45dB（A声级），夜间不大于35dB（A声级）。楼板和分户墙的空气声计权隔声量不小于45dB，楼板的计权标准化撞击声声压级不大于70dB。外窗和户门的空气声计权隔声量不小于30dB。

4.5.4 居住空间能自然通风，通风开口面积不小于该房间地板面积的1/20。

4.5.5 室内空气质量符合《民用建筑工程室内环境污染控制规范》GB50325的规定。

一般项

4.5.6 居住空间开窗能有良好的视野，且避免居住空间之间的视线干扰。

4.5.7 围护结构的热工设计符合《民用建筑热工设计规范》GB50176的规定。

4.5.8 设采暖和（或）空调系统（设备）的住宅，运行时用户可根据需要对室温进行调控。

4.5.9 采用可调节外遮阳，防止夏季太阳辐射透过窗户玻璃直接进入室内。

4.5.10 设置室内空气质量监测装置，利于住户的健康和舒适。

● 4.6 运营管理

控制项

4.6.1 制定并实施节能、节水、节材与绿化管理制度。

4.6.2 住宅水、电、燃气，采暖与（或）空调分户、分类计量与收费。

4.6.3 制定垃圾管理的制度，对垃圾物流进行有效控制，对废品进行分类收集，防止垃圾无序倾倒和二次污染。

4.6.4 设置密闭的垃圾容器，生活垃圾采用袋装化存放，保持垃圾容器清洁、无异味。

4.6.5 制定并实施施工项目节能与节水的具体措施。

4.6.6 制定并实施施工项目保护环境具体措施，控制由于施工引起的大气污染、土壤污染、噪声影响、水污染、光污染以及对场地周边区域的影响。

一般项

4.6.7 垃圾站（间）设冲洗和排水设施，存放垃圾能及时清运、不污染环境、不散发臭味。

4.6.8 智能化系统定位正确、采用的技术先进实用、系统可扩充性强，能较长时间地满足应用需求；达到安全防范子系统、管理与设备监控子系统和信息网络子系统的基本配置。

4.6.9 采用无公害病虫害防治技术，规范杀虫剂、除草剂、化肥、农药等化学药品的使用，有效避免对土壤和地下水环境的损害。

4.6.10 栽种和移植的树木成活率>90%，植物生长状态良好。

4.6.11 施工单位制定建筑废弃物管理计划，建筑废弃物回收利用率达到30%以上。

4.6.12 建筑施工企业和物业管理部门通过ISO14001环境管理体系认证。

4.6.13 垃圾分类回收率（实行垃圾分类收集的住户占总住户数的比例）达90%。

4.6.14 设计为改造和更换设备、管道提供便利。

优选项

4.6.15 对可生物降解垃圾进行单独收集或设置可生物降解垃圾处理房，垃圾收集或垃圾处理房设有风道或排风、冲洗和排水设施，处理过程无二次污染。

5. 公共建筑

5.1 节地与室外环境

控制项

5.1.1 场地建设不破坏当地文物、自然水系、湿地、基本农田、森林和其他保护区。

5.1.2 建筑场地选址无洪灾、泥石流威胁，建筑场地安全范围内无危害性电磁辐射及火、爆、有毒物质等危险源。

5.1.3 不对周边居民区及交通道路造成光污染。

一般项

5.1.4 充分开发利用地下空间作为公共活动场所、停车库或设备房等。

5.1.5 场地到达公共交通站点的步行距离不超过500m。

5.1.6 充分考虑建筑周边、广场、道路、停车场的绿化和遮荫，绿地率高于国家及相关地区标准。

5.1.7 绿化物种选择适宜当地气候和土壤条件的乡土植物，且采用包含乔、灌木的复层绿化，减少单纯的草坪绿化。

5.1.8 绿化修剪和灌溉及时，绿地内无裸露土壤，绿化用地土壤厚度、土质条件满足植物的需要。

5.1.9 场地内无严重污染空气环境的污染源。

5.1.10 场地环境噪声符合《城市区域环境噪声标准》GB3096的规定。

5.1.11 室外风环境利于建筑通风和冬季人员行走舒适。

优选项

5.1.12 充分保护和利用原有场地上有价值的树木、水塘、水系等，采取措施提高土地生态价值。

5.1.13 选用废弃场地进行建设或为工业厂房改造。

5.1.14 道路和地面停车场采用透水地面，场地透水指标符合以下规定：

透水率>0.5×(1−建筑覆盖率)

透水率：开发后基地透水面积÷基地总面积

5.2 节能与能源利用

控制项

5.2.1 围护结构热工性能指标符合国家和地方公共建筑节能标准的有关规定。

5.2.2 空调采暖系统的冷热源机组能效比符合国家和地方公共建筑节能标准的有关规定。

5.2.3 建筑采暖与空调热源选择，符合《公共建筑节能设计标准》GB50189第5.4.2条的规定。

5.2.4 照明采用高效光源和高效灯具或采取其他节能控制措施。

5.2.5 对于新建、改建和扩建的公共建筑，应根据用户等情况，对冷热源、输配系统和照明等各部分能耗进行独立分项计量。

一般项

5.2.6 建筑总平面设计有利于冬季日照并避开主导风向，夏季则利于自然通风。建筑主朝向选择本地区最佳朝向或接近最佳朝向。

5.2.7 建筑外窗可开启面积不小于外窗总面积的30%，透明幕墙具有可开启部分或设有通风换气装置。

5.2.8 建筑外窗的气密性不低于《建筑外窗气密性能分级及其检测方法》GB7107规定的4级要求。

5.2.9 采用适宜的蓄冷蓄热技术和新型节能的空气调节方式。

5.2.10 采取切实有效的热回收措施，设计为可以直接利用室外新风的空调系统。

5.2.11 通风空调系统在建筑部分负荷和部分空间利用时不降低能源利用效率。

5.2.12 风机的单位风量耗功率和冷热水系统的输送能效比符合《公共建筑节能设计标准》GB50189第5.3.26、5.3.27条的规定。

5.2.13 建筑需蒸汽或生活热水选用余热或废热利用等方式提供。

5.2.14 采用太阳能、地热、风能等可再生能源利用技术。

5.2.15 楼宇自控系统功能完善，各子系统均能实现自动检测与控制。

优选项

5.2.16 建筑屋面采用种植屋面技术。

5.2.17 对于直接以天然气作为一次能源的系统，采用分布式热电冷联供技术和回收燃气余热的燃气热泵技术，提高能源的综合利用率。

5.2.18 可再生能源的使用占建筑总能耗的比例大于5%。

5.2.19 建筑冷热源、空调输配系统、照明、生活热水等部分能耗实现分项和分区域计量。

5.3 节水与水资源利用

控制项

5.3.1 根据建筑类型、气候条件、用水习惯等制定水系统规划方案，统筹考虑传统与非传统水源的利用，降低用水定额。

5.3.2 设置完善的供水系统，水质达到国家或行业规定的标准，且水压稳定、可靠。

5.3.4 管材、管道附件及设备等供水设施的选取和运行不应对供水造成二次污染，并应设置用水计量仪表并采取有效措施防止和检测管道渗漏。

5.3.5 合理选用节水器具，节水率大于25%。

一般项

5.3.6 在降雨量大的缺水地区，选择经济、适用的雨水处理及利用方案。

5.3.7 在缺水地区，优先利用附近集中再生水厂的再生水；附近没有集中再生水厂时，通过技术经济比较，合理选择其他再生水水源和处理技术。

5.3.8 采用微灌、渗灌、低压管道灌溉等绿化灌溉方式，与传统方法相比节水率不低于10%。

5.3.9 优先采用雨水和再生水进行灌溉。

5.3.10 游泳池选用技术先进的循环水处理设备，采用节水和卫生的换水方式。

5.3.11 景观用水采用非传统水源，且用水安全。

优选项

5.3.12 沿海缺水地区直接利用海水冲厕，且用水安全。

5.3.13 办公楼、商场类建筑中非传统水源利用率在60%以上。

5.4 节材与材料资源利用

控制项

5.4.1 建筑材料中有害物质满足《室内装饰装修材料有害物质限量》GB18580～18588和《建筑材料放射性核素限量》GB6566的要求。

5.4.2 室内装饰装修材料对室内空气质量的影响符合《民用建筑工程室内环境污

染控制规范》GB50325的规定。

一般项

5.4.3 施工现场500公里以内生产的建筑材料用量占建筑材料总用量70%以上（按重量计）。

5.4.4 使用耐久性好建筑材料，如高强度钢、高性能混凝土等建筑材料。

5.4.5 使用可改善室内空气环境的功能性装饰装修材料。

5.4.6 结构施工与装修工程一次施工到位，不破坏和拆除已有的建筑构件及设施，装修时避免重复装修与材料浪费。

5.4.7 在保证性能的前提下，优先使用工业或生活废弃物生产的建筑材料。

优选项

5.4.8 从全生命周期（包括材料的生产、运输、使用、维护、废弃、再生利用等）评价并优选所用建筑材料。

5.4.9 采用高性能、低材耗、耐久性好的新型建筑结构体系。

5.5 室内环境质量

控制项

5.5.1 采用中央空调的建筑，房间内的温度、湿度、风速等参数满足设计要求。

5.5.2 围护结构内部或表面无冷凝现象。

5.5.3 采用中央空调的建筑，新风量符合标准要求，且新风采气口的设置能保证所吸入的空气为室外新鲜空气。

5.5.4 室内空气中污染物浓度满足《民用建筑室内环境污染控制规范》GB50325的规定要求。空调系统的过滤器、风机盘管和风道等定期清洗或更换。

5.5.5 建筑外窗的隔声性能达到《建筑外窗空气声隔声性能分级及其检测方法》GB 8485中II级以上要求。

5.5.6 建筑室内采光满足《建筑采光设计标准》GB T50033的要求。

5.5.7 建筑室内照明质量满足《建筑照明设计标准》GB50034中的一级要求。

一般项

5.5.8 单独处理的新风直接入室，避免二次污染。

5.5.9 合理进行建筑平面布局和空间功能安排，减少相邻空间的噪声干扰以及外界噪声对室内的影响。

5.5.10 室内背景噪声满足《民用建筑隔声设计规范》GBJ118中室内允许噪声标准一级要求。

5.5.11 宾馆类建筑围护结构构件空气隔声性能（Rw）满足《民用建筑隔声设计规范》GBJ118二级要求。

5.5.12 建筑设计和构造设计有采取诱导气流、促进自然通风的措施。

5.5.13 建筑75%以上的空间可根据需要实现自然采光。

5.5.14 建筑入口和主要活动空间有无障碍设计。

优选项

5.5.15 采用中央空调的建筑，采用经济有效的空气净化技术和系统。

5.5.16 采用可调节遮阳，调控夏季太阳辐射。

5.5.17 设置室内空气质量监测系统，保证健康舒适的室内环境。

5.5.18 建筑75%以上的空间可实现自然通风。

● 5.6 全生命周期综合性能

控制项

5.6.1 建筑规划设计充分体现所在地域的气候、经济、历史、文化等特点，并同自然环境特征相协调。

5.6.2 采取具体措施有效控制施工引起的大气、土壤、噪声、水、光污染以及对场地周边区域的影响。

一般项

5.6.3 建筑规划设计充分体现所在地域的气候、经济、历史、文化等特点，并同自然环境特征相协调。

5.6.4 占地标准、建设规模和荷载余度适宜，有效节约资源。

5.6.5 建筑设备管道更换方便，空间可灵活划分，调整方便。

5.6.6 施工、运营过程具有节约资源计划书，采取具体措施有效实现施工及运行过程中的节能、节水、节材。

5.6.7 物业管理部门或公司通过ISO14001环境标准认证。

5.6.8 施工单位制定建筑废弃物管理计划，建筑废弃物回收利用率达到30%以上。

5.6.9 采用智能化手段进行系统运行状况的数据计量。

优选项

5.6.10 结合模拟手段进行建筑规划设计优化。

5.6.11 从建筑全生命周期角度，通过技术经济分析确定各项技术、设备、材料的选用。

5.6.12 具有并实施节能管理与激励机制，管理业绩与节约资源、提高经济效益挂钩。

5.6.13 对水、电、天然气、热等实行独立计量收费，取代按面积收费的方式。

美国LEED绿色建筑认证

1.认证概述

LEED认证由美国绿色建筑协会在1998年建立并推行，全称Leadership in Energy & Environmental Design Building Rating System，国际上简称LEED，目前在世界各国的各类建筑环保评估、绿色建筑评估以及建筑可持续性评估标准中被认为是最完善、最有影响力的评估标准。

美国绿色建筑协会（U.S Green Building Council）是世界上较早推动绿色建筑运动的组织之一，它也是随着国际环保浪潮而产生的。其宗旨是整合建筑业各机构，推动绿色建筑和建筑的可持续发展，引导绿色建筑的市场机制，推广并教育建筑业主、建筑师、建造师的绿色实践。

绿色建筑运动在美国起源于20世纪70年代的世界能源危机，使人们认识到节能与环保对人类生存的地球的重要性，揭示了绿色建筑的概念。美国绿色建筑协会成立于1993年，总部设在美国首都华盛顿，是一个非政府、非营利组织，其成员来自于社会各个方面，以组织成员形式组成，主要有政府部门、建筑师协会、建筑设计公司、建筑工程公司、大学、建筑研究机构和建筑材料、设备制造商。

LEED评估体系由五大方面、若干指标构成其技术框架，主要从可持续建筑场址、水资源利用、建筑节能与大气、资源与材料、室内空气质量几个方面对建筑进行综合考察、评判其对环境的影响，并根据每个方面的指标进行打分，综合得分结果，将通过评估的建筑分为白金、金、银、铜和认证级别，以反映建筑的绿色水平。

LEED 在中国大家一般都称作“能源环境设计先锋奖”，分为认证级、银级、金级、铂金级。

LEED的产品体系

面向新建筑的评估体系——LEED for New Construction，简称LEED-NC

提倡业主与租户共同发展——LEED for Core & Shell，简称LEED-CS

针对商业内部装修——LEED for Commercial Interior，简称LEED-CI

强调建筑运营管理评估——LEED for Existing Building，简称LEED-EB

住宅评估——LEED for Home，简称LEED-H

社区规划与发展评估——LEED for Neighborhood Development，简称LEED-ND

● LEED-NC

LEED-NC主要用于新建商业办公建筑，但是该评价体系同样适用于其他一些类型的建筑，如公用事业建筑（图书馆、博物馆、教堂等）、酒店以及可居住层数大于或等于四层的住宅建筑。

LEED-NC主要是针对新建建筑及较大改造建筑在设计阶段及施工阶段的指导与认证。这里的较大改造主要是指对主要的采暖通风空调设备、主要的围护结构、内部装修进行了改造。

● LEED-CS

在高度发达的商业社会中，一个建筑物建成之后，其内部空间往往都是出租给各个不同的商家进行不同商业形态的营运，这种模式就称为Core & Shell开发模式，所谓的Core就是各个租客，他们构成了整个建筑的核心部分，而开发商，或者是建筑物的业主，则是Shell,即负责开发、管理和营运整个建筑的公共区域。为了鼓励出租建筑的业主在建筑设计和施工过程中也采用绿色环保的可持续发展理念，美国绿色建筑协会推出了LEED-CS。

LEED-CS适用于主要功能空间出租面积大于50%的建筑，若出租面积小于50%则建议采用LEED-NC。

● LEED-CI

对于租赁区域的装修和改造而言，LEED-CI是理想的绿色设计和绿色施工评估系统。根据LEED-CI的建议，租户和他的设计团队、施工团队能够在他们所能够控制的区域范围内采取各种可持续发展的设计措施，提高室内环境。

LEED-CI适用于租房者租用的办公室，商场、公用事业空间。若租房者进行了转租或租用了整幢大楼，则不适用LEED-CI。

● LEED-EB

LEED-EB主要是针对已经建成的建筑在运营及维护过程中进行可持续运营策略指导，其目的是将建筑运营效率最大化，并减小对环境的影响和破坏。

符合LEED-EB认证要求的建筑包括办公、商场、酒店、公用事业建筑及可居住楼层在四层及四层以上的建筑。

● LEED-Home

LEED-H是针对住宅所进行的一种认证体系，它所针对的住宅产品主要类型包括：独立基地上建造的独立结构、单个家庭居住的独立房屋、复式别墅、排屋、Town House（二层楼或三层楼多栋联建住宅）等。如果住宅在四层或四层以上，则建议采用LEED-NC标准。

● LEED-ND

LEED-NC和LEED-EB一起，共同构成了民用建筑从选址、设计、建造、营运、维修保养到拆除这样一个完整的生命周期当中应该采取的可持续发展措施。

LEED-CS和LEED-CI一起，则完整构成了个Core & Shell开发模式内外结合所应采取的绿色建筑措施。

LEED-ND则在更高的社区规划与发展层面上，把各种LEED产品结合在一起，提出了实现综合性社区发展模式的具体措施。

LEED 的环保价值

环境、建筑各个指标的量化：LEEDTM认证体系对于建筑的评价并不简单地停留于定性分析，而是根据如ASHRAE（美国采暖空调工程师学会）标准的深入定量分析。

能源使用须达到美国ASHRAE/IESNA 90.1-2007所规定的建筑节能和性能标准或本地节能标准；并在此基础上进一步节省能耗20%～60%；用水成本减低20%～30%；室内空气质量达到美国ASHRAE62－2004的最低要求或更高；减少固体废物排量 35%～40%。

LEED的市场价值

LEED针对的是愿意领先于市场、相对较早地采用绿色建筑技术应用的项目群体。LEED认证作为一个权威的第三方评估和认证结果，对于提高这些绿色建筑在当地市场的声誉，以及取得优质的物业估值非常有帮助。

LEED评估体系除了宣传绿色建筑各种潜在好处，更重要的是告诉投资者：绿色建筑更加物有所值，更能获得相对于其他产品更高的投资回报。绿色建筑的实际价值得以提升，从而与其他产品区别开来。这样就构成了一个良性循环，从而推动市场转型。

随着市场的形成，企业可以选择建造绿色建筑，从而在企业的员工、客户和投资者面前表现出企业的关怀和社会责任。而且，绿色建筑也将为企业带来营运成本的节约、员工工作效率的提高、因病缺勤率的降低，并有助于留住优秀的员工，因为人们总是倾向于在绿色建筑中工作。

2.LEED认证体系

LEED认证评价要素

· 可持续场地（Sustainable Sites）

· 建筑节水（Water Efficiency）

· 能源利用与大气保护（Energy & Atmosphere）

· 材料与资源（Materials & Resources）

· 室内环境质量（Indoor Environmental Quality）

· 创新及设计流程（Innovation & Design Process）

可持续场地

可持续场地评价里面包括有建筑过程中水土保持与地表沉积控制； 保持和恢复公共绿地；减少室外光污染；合理的租户设计和施工指南。

建筑节水：

LEED-CS在建筑节水这一部分，将节水分为 “景观用水量降低，利用先进的科学技术节约用水，减少一般性日常用水”3个得分项。可采用雨水回收技术、中水回用技术等。

能源利用与大气保护

首先，建筑过程中必须达到最低耗能标准，在ASHRAE STANDARD中对建筑过程中最低能耗量有比较明确的解释，LEED也是参照这个能耗标准确定在能耗上是否达到LEED所要求的能源消耗标准。主要采用的技术措施有不使用含氟里昂的制冷剂；双层Low-E玻璃；优化保温和遮阳系统；被动设计；安装分户计量系统；选用节能空调；安装太阳能、风能等可再生能源系统等。

材料与资源

针对建筑材料浪费这一实际情况，LEED认证过程中，开创性地加了材料与资源利用这一项得分点。此得分点旨在推广建造过程中合理利用资源，尽量使用可循环材质，并以加分的形式体现在LEED认证过程中。在材料与资源评估中主要参考了以下几条：可回收物品的储存和收集，施工废弃物的管理，资源再利用，循环利用成分，本地材料使用率。

室内环境质量

室内环境空气质量监控，主要是对建成后的建筑物的室内环境品质进行监测。在这一项的实施过程中，以下几点被考虑了进来，它们分别是：最低室内环境品质要求，吸烟环境控制，新风监控，加强通风，施工室内空气环境品质管理，低挥发性材料的适用，室内化学物质的使用和控制，系统的可控性，热舒适性和自然采光与视野分布。采用的技术措施有安装新风监控系统；在危险气体或化学制品储存和使用区域采用独立排风系统。

创新及设计流程

设计创新是指如在楼宇设计过程中，添加了合理的、具有开创性的、对节能环保有很大益处的设计理念，可获得额外的创新得分。而这些理念在某种程度上高于LEED认证的标准。

德国可持续建筑评估体系DGNB

体系简介

经过大量的分析调查和研究工作，德国在2008年正式推出了第二代可持续建筑评估体系—DGNB（Deutsche Guetesiegel Nachhalteges Bauen），在产生背景和基础方面，DGNB具有以下特点：

1. 德国DGNB体系是世界先进绿色环保理念与德国高水平工业技术和产品质量体系的结合，作为欧洲工业化程度最高的国家，德国的工业技术水平和产品质量体系经过多年发展和实践已具备一套相当高的标准，DGNB则是构筑在现有工业化标准体系之上。

2. 德国DGNB体系是由政府参与的德国可持续建筑评估体系。

3. 该认证体系由德国交通、建设与城市规划部（BMVBS）和德国绿色建筑协会（German Sustainable Building Council）共同参与制定，因此具有国家标准性质和很高的科学性和权威性。

4. DGNB体系是德国多年来可持续建筑实践经验的总结与升华。德国在被动式节能建筑设计、微能耗和零能耗建筑探索与实践方面在欧洲乃至世界都位于先进行列，1998年就曾制定颁布了整体可持续发展纲领。在过去的几十年里，德国建筑界建筑节能领域积累了丰富的实践经验，其中不乏成功的经典案例和失败的惨痛教训，DGNB的制定正是建立在这些宝贵经验的基础之上，扬长避短，去粗取精。

制定思路

将地球环境需要保护的群体进行定义和分类，确定“保护体”（Schutzgueter），包括：自然环境和资源、经济价值、健康和社会文化。

针对每一类保护体制定相应的“保护目标”（Schutzziele），即以自然环境和资源为保护对象的目标——环境保护，以经济价值为保护对象的目标——降低生命周期消耗，以及以社会文化与健康为保护对象的目标——保护健康。

以确定的保护目标为指导制定一系列有针对性的评估标准以衡量建筑的生态性、经济性及社会和功能性，同时评价执行和实现这些目标的过程中的技术质量和程序质量，以确保整个建筑从设计建造至运营管理的“绿色质量”。各项技术构成在最终的成果中按其重要性占取相应比例，其中程序质量占10%，其余各项各占22.5%。

技术构成

德国可持续建筑DGNB认证是一套透明的评估认证体系，它以易于理解和操作的方式定义了建筑质量，便于评估人员进行系统性和独立性的评价建筑性能。体系中可持续建筑相关领域评估标准，主要从六个领域进行定义，大致如下：

生态质量

01 全球温室效应的影响

02 臭氧层消耗量

03 臭氧形成量

04 环境酸化形成潜势

05 化肥成分在环境中含量过度

06 对当地环境的影响

07 其他对全球环境的影响因素

08 小环境气候

09 一次性能源的需求

10 可再生能源所占比重

11 水需求和废水处理

12 土地使用

经济质量

01 全寿命周期的建筑成本与费用

02 物业的价值稳定性

03 冬季的热舒适度

04 夏季的热舒适度

05 室内空气质量

06 声环境舒适度

07 视觉舒适度

08 使用者的干预与可调性

09 屋面设计

10 安全性和故障稳定性

11 无障碍设计

12 面积使用率

13 使用功能可改性与适用性

14 公共可达性

15 自行车使用舒适性

16 通过竞赛保证设计和规划质量

17 建筑上的艺术设施

技术质量

01 建筑防火

02 噪音防护

03 建筑外围护结构节能及防潮技术质量

04 建筑外立面易于清洁与维护

05 环境可恢复性、可循环使用、易于拆除

过程质量

01 项目准备质量

02 整合设计

03 设计步骤方法的优化和完整性

04 在工程招标文件和发标过程中考虑可持续因素及其证明文件

05 创造最佳的使用及运营的前提条件

06 建筑工地，建设过程

07 施工单位的质量、资格预审

08 施工质量保证

09 系统性的验收调试与投入使用

基地质量

01 基地局部环境的风险

02 与基地局部环境的关系

03 基地及小区的形象及现状条件

04 交通状况

05 临近的相关市政服务设施

06 临近的城市基础设施

基地质量是单独评估的，它不包括在建筑质量总体测评中，因此建筑都是可以独立于基地进行评估的。

评估方法和分级

DGNB体系对每一条标准都给出了明确的测量方法和目标值，依据庞大的数据库和计算机软件的支持，评估公式根据建筑已经记录的或者计算出的质量进行评分，每条标准的最高得分为10分，每条标准根据其所包含内容的权重系数可评定为0～3分，因为每条单独的标准都会作为上一级或者下一级标准使用。根据评估公式计算出质量认证要求的建筑达标度。

评估达标度（分为金、银、铜级）：

50%以上为铜级；

65%以上为银级；

80%以上为金级。

最终的评估结果在用软件生成的罗盘状图形上，各项的分支代表了被测建筑该项的性能表现，软件所生成的评估图直观地总结了建筑在各领域及各个标准的达标情况，结论一目了然。

DGNB认证分为两大步骤，分别为设计阶段的预认证和施工完成之后的正式认证。

德国DGNB可持续建筑体系的突出优势：

● DGNB不仅是绿色建筑标准，而且是涵盖了生态、经济、社会三大方面因素的第二代可持续建筑评估体系。

● DGNB体系推出了建筑全寿命周期成本（LCC）的科学计算方法，包含建造成本、运营成本、回收成本的动态计算。DGNB的认证过程能在项目的初期阶段为业主提供准确可靠的建筑建造和运营成本分析，使绿色建筑能够真正达到既定的建筑性能优化和环保节能目标，展示如何通过提高可持续性获得更大的经济回报。

● DGNB评价标准以确保达到业主及使用者最关心的建筑性能为核心，如建筑能耗、室内舒适度、环境指标等，而不是以简单衡量、以有无措施为标准，这种方式为业主和设计师达到目标提供了广泛途径。而第一代评估体系许多方面只是简单考察是否采用了某项技术，这类技术有时只提高建造和维护成本，对业主、使用者和节能环保没有任何意义。

● DGNB评价环节如建筑节能、视觉舒适度、产品环保性能，皆以高水准严格的德国和欧洲工业标准为基础，保证了可持续建筑认证的严谨科学性。

● DGNB是建筑整体综合评价体系，它可以展示不同技术体系应用相关利弊关系，如中水技术应用在水系统评估中获得加分，但在节约能源和建设及运营成本方面得到减分。最终效果如何，需要看综合指标。这种科学体系有效地克服了第一代评估体系片面孤立评价技术的缺点。

● DGNB推出了建筑材料和设备生产排放量以及建筑使用过程中的排放量这一建筑全寿命周期环境评价（LCA）体系，致力于逐渐建立起一套以降低生命周期消耗为目标的材料、构件全生命检测与回收的制度，这势必是一个经历曲折与阵痛的过程，但这样一套体系将大大提高建筑的可持续性标准。正如德国汽车工业一样，若干年前德国最初提出要求生产厂家对汽车零部件进行回收受到了相当大的阻力，然而在经历了从抵抗到最终实现所有汽车零部件全部由生产商进行回收之后，德国的汽车工业向可持续发展的更高标准又迈进了一大步。同时，DGNB体系包含了评价建筑温室气体排放、臭氧层消耗量、减少酸雨等内容，以更有力的手段让投资者和建造者分担环境保护的社会责任。

● DGNB体系作为沟通开发商、业主和使用者的有效交流工具，使三方在建筑可持续性上达成共识；作为一项质量保证的标志，获得DGNB认证的建筑意味着更高的建筑环境性能和用户满意度，使得该建筑商品将具有更突出的商业吸引力，提高了商业竞争力。

● DGNB体系是建立在德国建筑工业体系之上的高水平质量标准体系，同时按照欧盟标准体系原则,可适用于不同地区国家环境经济情况。凭借德国在绿色建筑理论方面的多年探索和节能技术方面长期的市场运作经验，为该系统在欧洲甚至世界范围内的适用提供了可能性。

碳排放量

以德国DGNB为代表的世界上第二代可持续建筑评估技术体系，首次对建筑的碳排放量提出了完整明确的计算方法，在此基础之上提出的碳排放度量指标（Common Carbon Metrics）计算方法已在2009年11月得到包括联合国环境规划署（UNEP）在内的多方国际机构的认可。

DGNB体系对建筑物碳排放量首次提出了系统而可操作的计算方法。建筑全寿命周期主要表现在建筑的材料生产与建造、使用期间能耗、维护与更新、拆除和重新利用这四大方面。建筑物的碳排放四大方面与计算方法分别为：

1. 材料生产与建造：考虑原料提取、材料生产、运输、建造等各方面过程中的碳排放量。计算方法是根据DIN276体系将建筑分解，按结构与装修的部位及构造区分对待，计算所有应用在建筑上KG300和KG400组别的建筑材料及建筑设备的体积，考虑材料施工损耗及材料运输等因素，与相关数据库进行比较，得出每种材料和设备在其生产过程中相应产生的二氧化碳当量。所有应用在建筑上的材料碳排放量相加得出总量。材料碳排放量的计算时间按100年考虑，每年的碳排放量即为其1/100。这样就可计算出建筑物的材料生产与建造部分每年的碳排放量。单位是kg CO_2-Equivalent / m^2 ×y（每平方米建筑面积每年排放二氧化碳当量的千克数）。

2. 使用期间能耗：主要包含建筑采暖、制冷、通风、照明等维持建筑正常使用功能的能耗。对于建筑使用部分的碳排放量计算，要根据建筑在使用过程中的能耗，区分不同能源种类（石油、煤、电、天然气及可再生能源等），计算其一次性能源消耗量，然后折算出相应的二氧化碳排放量。

3. 维护与更新：指在建筑使用寿命周期内，为保证建筑处于满足全部功能需求的状态，为此进行必要的更新和维护、设备更换等。材料和设备的寿命与更新及维护间隔频率，按照VDI2067和德国可持续建筑导则（Leitfaden Nachhaltiges Bauen）相关规定计算。计算所有建筑使用周期内（按50年计算）需要更换的材料设备的种类体积，对比相关数据库，可以得到建筑在使用寿命周期内维护与更新过程中的碳排放量数据。

4. 拆除和重新利用：DGNB对建筑达到使用寿命周期终点时的拆除和重新利用的二氧化碳排放量计算采用如下方法，将建筑达到使用寿命周期终点时所有建筑材料和设备进行分类，分为可回收利用材料和需要加工处理的建筑垃圾。对比相应的数据库，可以得到建筑拆除和重新利用过程中的碳排放量数据。

英国建筑研究所环境评估法BREEAM

世界上第一个绿色建筑评估法是1990年由英国的“建筑研究所”（Building Research Establishment，简称BRE）提出的“建筑研究所环境评估法”（Building Research Establishment Environmental Assessment Method， BREEAM）。其后，受BREEAM的启发，不同的国家和研究机构相继推出各种不同类型的建筑评估法，例如，加拿大、美国及其他许多欧洲国家。许多评估法参考或直接以BREEAM为范本，如中国香港的“建筑环境评估法”（HK- BEAM）、加拿大的BREEAM等。无疑，BREEAM开了绿色建筑评估之先河。

BREEAM评估体系的发展

BREEAM评估法第一分册“办公建筑”是1990年由当时还是政府官方机构的BRE公布推广的。在其后的几年里，评估其他类型建筑的不同分册，如“住家”“超级商店和超级市场”及“工业单位”等也相继推出。1993年，BRE还研究公布了“现有办公建筑”分册以评估已建成的建筑。为反映知识技术方面的进步与市场、规范的变化，保持BREEAM 与实践同步和不断更新，BRE 定期对BREEAM 各分册进行修改。例如，“现有办公建筑” 分册分别于1993年和1998年进行了两次修改；最新一册 “生态住家”（Ecohomes）于2000 年 4月完成了修订并公布使用。BREEAM的评估方法比较简单直接。它主要包含了一些评估条款 （Criteria），覆盖了能源使用、资源、污染物排放、场地及室内环境等各个方面。被评估的建筑只要根据其所满足的条款及最终获得的分数，即可获得一个“标签”：“通过”“好”“很好”或“优秀”。BREEAM还被鼓励用于设计阶段，作为绿色建筑设计的辅助工具，以期提高和改进项目的环境表现。BREEAM的根本目的是提倡及推动绿色建筑的实践和发展，自1990年诞生以来，BREEAM评估了英国市场25%～30%的新建的办公建筑。资料显示，至2000年，BREEAM已评估超过 500 个建筑项目。BREEAM在英国市场的占有率是世界上其他评估法难以匹敌的，这既有赖于英国政府在政策、资金上的大力支持，也和BREEAM与市场及建筑工业的实践紧密配合、保持高度透明的评估等做法分不开。BRE曾委托顾问公司就BREEAM客户对BREEAM评估所带来的好处，以及BREEAM是否可达到提高英国建筑的环境表现的目的，进行了一次市场调查。调查结果显示，80%的人认为BREEAM评估在“改善环境”方面达到了预期的效果，在“资金、效益”“提供实践标准（Benchmark）”及“在设计阶段提供建议”等方面甚至超过了预期的目的。这反映出BREEAM基本上满足了客户对于绿色建筑评估的要求和期待，也从一个侧面说明绿色建筑评估对绿色建筑实践所产生的作用是相当积极的。为保证评估的质量，BRE从1998年开始培训并签发执照给BREEAM评估人及指定评估机构。这个做法保证了BREEAM评估的可靠性。

BREEAM体系下的绿色建筑评估涉及9个方面的内容，分别是：

管理

健康和舒适

能源

交通

水

材料

土地利用和生态

垃圾

污染

BREEAM评估结果按照各部分权重进行计分，计分结果分为5个等级，分别是：

通过（Pass）≥ 30%

良好（Good）≥ 45%

优秀（Very Good）≥ 55%

优异（Excellent）≥ 70%

杰出（Outstanding）≥ 85%

绿色建筑标准的母本

BREEAM不仅适用于英国本土，还被其他国家所引用。例如美国LEED、澳大利亚Green Star、日本CASBEE、新加坡Green Mark等绿色建筑的评估标准均是各个国家根据本土国情参考BREEAM体系创建的。

事实上，针对英国本土以外的评估项目，英国建筑研究院会在BREEAM体系支撑下，在严格考察项目当地的气候、生态环境、建筑材料、文化、施工规范、建筑法律法规、基础设施、历史关联、政治、地理等因素后，开发适用于该项目的评估标准。但为了保证在BREEAM体系下，各个项目之间具备可比性，BREEAM评估在基本评估内容不变的情况下，根据项目实际情况调整得分权重和技术指标来制定评估标准。例如海湾地区面临的主要环境挑战是缺水，则适用于海湾地区的评估标准则更加强调了节水。

伴随着人们在绿色建筑方面的实践与认识的加深，20多年来，BREEAM的发展经历了从简单到丰富的过程。目前BREEAM体系已涵盖众多类型的建筑，包括办公楼、工业建筑、监狱、医院、零售商场、法院、学校和住宅等，还特设针对一些新型建筑的Bespoke BREEAM评估体系。同时，考虑到建筑的生命周期，特设了针对既有建筑与新建建筑的不同版本。

日本绿色建筑
政策法规及评价体系

日本能源、资源十分匮乏，能源安全问题一直是政府的头等大事，特别是近年地球温暖化日益严峻、全球环境问题日益突出。因此，日本政府很早以来就一直不懈地通过法律法规、制度政策等引导全国的建筑节能工作与绿色建筑的推广。日本这方面相关的法律法规、政策制度相当繁多，并且不断推陈出新，形成了较为完善的绿色建筑法律法规体系。

政策制定历程

日本于1979年制定了《节能法》，与节能基本方针、节能判断基准结合，强化了企业计划性和自主性的能源管理，规范了政府、企业和个人之间的用能管理关系和节能行为，是日本开展节能管理的工作基础。2008年修订的最新版《节能法》主要针对温室气体的减排，要求对大型建筑物（建筑面积2000平方米以上，称作“第一种特定建筑物”）除必须提交建筑节能报告书外，如果节能措施明显不完善且不听从进行改善的要求，管理部门将进行公示，并责令其进行整改；同时要求新建独立住宅应采用一定的技术措施提高节能性能。此外，要求中小规模的建筑物（建筑面积300平方米～2000平方米，称作“第二种特定建筑物”）必须在新建与改建时向管理部门提交节能报告，以及节能设备维护保养的相关报告。此外，日本与绿色建筑相关的法律还有1998年颁布的《地球温暖化对策推进法》和2000年颁布的《促进住宅品质保证法》。

针对建造、销售住宅的建造商，采取了“提高新建住宅节能性能措施的制度”，促使其在新建特定住宅（独立式住宅）中采用节能措施，并制定针对住宅建造商的评价标准。面向建筑物设计单位、施工单位，实行国土交通省大臣发布的提高节能性能和性能标识的指导、建议制度。针对建筑物销售者和租赁者，明确规定其必须通过节能性能标识来向普通消费者提供信息。

日本出台的经济激励政策内容丰富，主要包括：

1. 为促进住宅、建筑物的CO_2减排，2009年安排70亿日元的预算（约合5.6亿元人民币）鼓励有助于CO_2：减排技术普及、研发的先进住宅或建筑物的建设。同时，为促进住宅、建筑节能改造事业，鼓励有助于提高住宅、建筑物的节能改造，2009年度第一次预算也为70亿日元。

2. 实施住宅环保积分制度，对环保翻修或新建环保住宅给予可交换各种商品的生态积分。环保积分可用于兑换商品券、预付卡，有助于地区具有杰出节能环保性能的商品出售、新建住宅或节能改造工程施工方追加工程等。在此方面，2009年投入1 000亿日元（约合80亿元人民币），实际增加到2 400亿日元（约合192亿元人民币）。

3. 实行鼓励购置优质住宅的制度。在住宅金融支援机构的证券化支持框架下，对购置性能优异的住宅，将在一定期间内下调贷款利率。鼓励的对象包括：节能性、抗震性、无障碍性、耐久性、可变性等任一性能优异的建筑，以及具有一定节能性或无障碍性的既有住宅，2009年度第二次修订预算4 000亿日元的一部分用于鼓励购置优质住宅。

4. 实施促进节能改造事业的制度。在激励节能改造市场的同时，鼓励提高住宅和建筑物的使用寿命，鼓励减排技术（隔热、设备、自然能源等）普及开发的先进项目。在促进住宅改造、促进建设长久优质住宅、促进住宅CO_2减排方面给予补贴，2010年度预算330亿日元(约合26.4亿元人民币)。

此外，日本政府还采取免除住宅节能改造相关所得税、免除住宅节能改造相关固定资产税、促进能源供求结构改革投资税制（购买节能设备等时，享受法人税、所得税方面的优惠税率）等激励政策。

评价方法

2003年7月，日本的“可持续建筑协会”（The Japan Sustainable Building Con-sortium，简称JSBC)开发了《建筑物综合环境性能评价体系·手册1-绿色设计(DfE）工具》，创立建筑物综合环境性能评价系统——Comprehensive AssessmentSystem for Building Environmental Efficiency（CASBEE）。此评价体系为日本全国认可。JSBC一直持续开发升级CASBEE系统。到2006年8月为止，陆续出版了CASBEE-NC,EB,RN,Hl（用于热岛评估）和UD（用于城市开发）。

日本CASBEE建筑物综合环境性能评价方法以各种用途、规模的建筑物作为评价对象，从“环境效率”定义出发进行评价。其试图评价建筑物在限定的环境性能下，通过措施降低环境负荷的效果。

其将评估体系分为Q（建筑环境性能、质量）与LR（建筑环境负荷的减少）。建筑环境性能、质量包括：Q1——室内环境；Q2——服务性能；Q3——室外环境。建筑环境负荷包括：LR1——能源；LR2——资源、材料；LR3——建筑用地外环境。其每个项目都含有若干小项。

CaseBee采用5分评价制，满足最低要求评为1；达到一般水平评为3。参评项目最终的Q或LR得分为各个子项得分乘以其对应权重系数的结果之和，得出SQ与SLR。评分结果显示在细目表中，接着可计算出建筑物的环境性能效率，既Bee值。

CaseBee中的Q与LR的分项得分可用柱状图形式给出，而Bee值则可在以建筑环境性能、质量与建筑环境负荷为x、y轴的二元坐标系中表现出来，并可根据其所处位置评判出该建筑物的可持续性。

日本对于绿色建筑的推广既有法律的强制性规定，又有大量相关的经济激励政策、补贴制度与参评办法，这些举措无论是对建造者还是对业主都具有很大的吸引力，并推动着日本建筑节能的发展及绿色建筑的大量增长。

图书在版编目（CIP）数据

绿色建筑的探索与实践 / 中城联盟编著. -- 长沙 :湖南人民出版社, 2013.5
ISBN 978-7-5438-9309-2

Ⅰ. ①绿… Ⅱ. ①中… Ⅲ. ①生态建筑－研究－中国
Ⅳ. ①TU18

中国版本图书馆CIP数据核字(2013)第077548号

绿色建筑的探索与实践

编　　著：中城联盟
出 版 人：谢清风
责任编辑：胡如虹
整体监制：李吉军
特约编辑：刘　霁
版式设计：利　锐
封面设计：主语设计

出版发行：湖南人民出版社[http://hnppp.com]
地　　址：长沙市盘营东路3号
邮　　编：410005
经　　销：新华书店

印　　刷：北京京都六环印刷厂
版　　次：2013年5月第1版
　　　　　2013年5月第1次印刷
开　　本：787mm×1092mm 1/16
印　　张：20
字　　数：320千
书　　号：ISBN 978-7-5438-9309-2
定　　价：48.00元
（若有质量问题，请致电质量监督电话：010-84409925）